战略性新兴领域"十四五"高等教育系列教材
纳米材料与技术系列教材　　总主编　张　跃

# 纳米材料化学基础

梁倬健　康　卓　张　跃　邹庆立　赖念筑　编

机械工业出版社

纳米材料由于其独特的尺寸效应和量子效应，表现出与宏观材料截然不同的物理、化学和生物特性，具有广阔的应用前景。本书旨在从化学的视角，系统介绍纳米材料的基本概念、制备原理和方法，内容涵盖了纳米材料的定义、结构、制备、表征、性质和应用等方面，既注重理论讲解，又注重实践应用。全书分为9章，包括绪论、纳米材料的热力学与动力学、纳米材料的晶体学、纳米材料的制备、纳米材料的表征、无机纳米材料化学、有机纳米材料化学、纳米材料超分子化学及纳米材料的应用。

本书可作为高等院校材料科学与工程、化学、物理等相关专业本科生和研究生的教材，也可供从事纳米科学与技术研究和开发的科技工作者参考。

**图书在版编目（CIP）数据**

纳米材料化学基础 / 梁倬健等编. -- 北京：机械工业出版社，2024.12. -- （战略性新兴领域"十四五"高等教育系列教材）（纳米材料与技术系列教材）.
ISBN 978-7-111-77412-9
Ⅰ. TB383
中国国家版本馆CIP数据核字第202464Z7Y5号

机械工业出版社（北京市百万庄大街22号　邮政编码100037）
策划编辑：丁昕祯　　　　　　责任编辑：丁昕祯　王效青
责任校对：郑　婕　宋　安　　封面设计：王　旭
责任印制：刘　媛
北京中科印刷有限公司印刷
2024年12月第1版第1次印刷
184mm×260mm·11.5印张·284千字
标准书号：ISBN 978-7-111-77412-9
定价：43.00元

电话服务　　　　　　　　　　网络服务
客服电话：010-88361066　　　机　工　官　网：www.cmpbook.com
　　　　　010-88379833　　　机　工　官　博：weibo.com/cmp1952
　　　　　010-68326294　　　金　书　网：www.golden-book.com
**封底无防伪标均为盗版**　　机工教育服务网：www.cmpedu.com

# 编 委 会

**主任委员：** 张 跃

**委　　员**（排名不分先后）

| | | | |
|---|---|---|---|
| 蔡　智 | 曹文斌 | 陈春英 | 杜志鸿 |
| 段嗣斌 | 冯　春 | 郭　林 | 何　洋 |
| 姜乃生 | 蒋宝龙 | 康　卓 | 李丽东 |
| 梁倬健 | 廖庆亮 | 刘　颖 | 马　源 |
| 南策文 | 彭开武 | 钱国栋 | 强文江 |
| 任伟斌 | 沈　洋 | 孙颖慧 | 滕　蛟 |
| 王　捷 | 王荣明 | 王守国 | 王欣然 |
| 王宇航 | 徐晓光 | 杨天让 | 郁建灿 |
| 张冰芦 | 张俊英 | 张先坤 | 张　铮 |
| 赵　典 | 赵海雷 | 赵　璇 | 赵宇亮 |
| 郑新奇 | 周　述 | | |

# 序

  人才是衡量一个国家综合国力的重要指标。习近平总书记在党的二十大报告中强调："教育、科技、人才是全面建设社会主义现代化国家的基础性、战略性支撑。"在"两个一百年"交汇的关键历史时期，坚持"四个面向"，深入实施新时代人才强国战略，优化高等学校学科设置，创新人才培养模式，提高人才自主培养水平和质量，加快建设世界重要人才中心和创新高地，为 2035 年基本实现社会主义现代化提供人才支撑，为 2050 年全面建成社会主义现代化强国打好人才基础是新时期党和国家赋予高等教育的重要使命。

  当前，世界百年未有之大变局加速演进，新一轮科技革命和产业变革深入推进，要在激烈的国际竞争中抢占主动权和制高点，实现科技自立自强，关键在于聚焦国际科技前沿、服务国家战略需求，培养"向极宏观拓展、向极微观深入、向极端条件迈进、向极综合交叉发力"的交叉型、复合型、创新型人才。纳米科学与工程学科具有典型的学科交叉属性，与材料科学、物理学、化学、生物学、信息科学、集成电路、能源环境等多个学科深入交叉融合，不断探索各个领域的四"极"认知边界，产生对人类发展具有重大影响的科技创新成果。

  经过数十年的建设和发展，我国在纳米科学与工程领域的科学研究和人才培养方面积累了丰富的经验，产出了一批国际领先的科技成果，形成了一支国际知名的高质量人才队伍。为了全面推进我国纳米科学与工程学科的发展，2010 年，教育部将"纳米材料与技术"本科专业纳入战略性新兴产业专业；2022 年，国务院学位委员会把"纳米科学与工程"作为一级学科列入交叉学科门类；2023 年，在教育部战略性新兴领域"十四五"高等教育教材体系建设任务指引下，北京科技大学牵头组织，清华大学、北京大学、浙江大学、北京航空航天大学、国家纳米科学中心等二十余家单位共同参与，编写了我国首套纳米材料与技术系列教材。该系列教材锚定国家重大需求，聚焦世界科技前沿，坚持以战略导向培养学生的体系化思维、以前沿导向鼓励学生探索"无人区"、以市场导向引导学生解决工程应用难题，建立基础研究、应用基础研究、前沿技术融通发展的新体系，为纳米科学与工程领域的人才培养、教育赋能和科技进步提供坚实有力的支撑与保障。

  纳米材料与技术系列教材主要包括基础理论课程模块与功能应用课程模块。基础理论课程与功能应用课程循序渐进、紧密关联、环环相扣，培育扎实的专业基础与严谨的科学思维，培养构建多学科交叉的知识体系和解决实际问题的能力。

  在基础理论课程模块中，《材料科学基础》深入剖析材料的构成与特性，助力学生掌握材料科学的基本原理；《材料物理性能》聚焦纳米材料物理性能的变化，培养学生对新兴材料物理性质的理解与分析能力；《材料表征基础》与《先进表征方法与技术》详细介绍传统与前沿的材料表征技术，帮助学生掌握材料微观结构与性质的分析方法；《纳米材料制备方法》引入前沿制备技术，让学生了解材料制备的新手段；《纳米材料物理基础》和《纳米材料化学基础》从物理、化学的角度深入探讨纳米材料的前沿问题，启发学生进行深度思考；《材料服役损伤微观机理》结合新兴技术，探究材料在服役过程中的损伤机制。功能应用课程模块涵盖了信息领域的《磁性材料与功能器件》《光电信息功能材料与半导体器件》《纳米功能薄膜》，能源领域的《电化学储能电源及应用》《氢能与燃料电池》《纳米催化材料与电化学应用》《纳米半导体材料与太阳能电池》，生物领域的《生物医用纳米材料》。将前沿科技成果纳入教材内容，学生能够及时接触到学科领域的最前沿知识，激发创新思维与探索欲望，搭建起通往纳米材料与技术领域的知识体系，真正实现学以致用。

　　希望本系列教材能够助力每一位读者在知识的道路上迈出坚实步伐，为我国纳米科学与工程领域引领国际科技前沿发展、建设创新国家、实现科技强国使命贡献力量。

张跃

北京科技大学
中国科学院院士

# 前　言

纳米材料化学是材料学、化学、纳米科学与技术交叉的一门学科。本书的编写旨在为本科生、研究生及相关专业人员提供一个系统、全面地涵盖纳米材料化学基础知识的教材。全书分为9章，从化学的视角，系统介绍纳米材料的基本概念、制备原理和方法，内容涵盖了纳米材料的定义、结构、制备、表征、性质和应用等方面，既注重讲解纳米材料化学的理论基础，又注重介绍几类重要的纳米材料的性质，最后还延伸至纳米材料在不同领域中的具体应用。

本书适用于化学、材料科学、物理学及相关专业的本科生、研究生以及从事纳米材料研究的专业人员，同时也适合对纳米材料感兴趣的科技爱好者阅读参考。读者在阅读本书时，可以根据自己的需求选择章节进行学习。建议先通读基础章节，了解基本概念后，再深入学习各类纳米材料的性质和具体应用。此外，本书中的思考题有助于读者巩固知识，建议读者在阅读过程中积极思考、完成。

本书由北京科技大学纳米材料研究专家团队共同编写。张跃教授对全书的知识体系和撰写思路进行了系统规划，第1、3、4章由北京科技大学的梁倬健编写，第2、7、8章由北京化工大学的邹庆立编写，第5章由北京科技大学的赖念筑编写，第6章、第9章由北京科技大学梁倬健、北京科技大学康卓编写。

感谢各位读者对本书的支持和关注，因受撰写时间及编者水平所限，书中难免有不足之处，我们诚恳地希望读者予以批评指正。

编　者

# 目 录

序
前言
第1章　绪论 ································· 1
　1.1　材料化学的内涵 ······················ 1
　1.2　材料的分类 ··························· 3
　　1.2.1　金属材料 ························· 3
　　1.2.2　无机非金属材料 ················· 4
　　1.2.3　高分子材料 ····················· 5
　　1.2.4　复合材料 ························· 5
　　1.2.5　纳米材料 ························· 6
　1.3　纳米材料的分类 ······················ 6
　1.4　纳米材料的特性 ······················ 7
　　1.4.1　纳米尺度效应 ···················· 7
　　1.4.2　纳米材料特性 ···················· 8
　思考题 ········································ 10
　参考文献 ····································· 11
第2章　纳米材料的热力学与动力学 ··· 12
　2.1　结晶热力学 ··························· 12
　2.2　纳米粒子成核动力学 ················ 14
　　2.2.1　空气/水界面薄膜生成动力学 ···· 15
　　2.2.2　纳米催化剂光催化动力学 ······· 16
　2.3　纳米粒子团聚自发性 ················ 20
　2.4　纳米粒子团聚动力学 ················ 20
　思考题 ········································ 22
　参考文献 ····································· 22
第3章　纳米材料的晶体学 ················ 23
　3.1　关于ZnO的六方晶型 ················ 23
　3.2　纳米晶体生长的取向性 ············· 25
　　3.2.1　ZnO纳米晶体生长的取向性 ····· 25
　　3.2.2　CdS纳米晶体生长的取向性 ····· 26
　3.3　纳米材料的缺陷 ···················· 28
　　3.3.1　纳米材料中缺陷的作用 ········· 28
　　3.3.2　纳米材料中缺陷的合成控制 ···· 30
　思考题 ········································ 31
　参考文献 ····································· 31
第4章　纳米材料的制备 ··················· 33
　4.1　物理法制备纳米材料 ················ 33
　　4.1.1　真空蒸发冷凝法 ················· 33
　　4.1.2　物理粉碎法 ······················· 34
　　4.1.3　溅射法 ···························· 36
　4.2　化学法制备纳米材料 ················ 37
　　4.2.1　化学气相沉积法 ················· 37
　　4.2.2　液相化学反应法 ················· 45
　　4.2.3　固相化学反应法 ················· 54
　思考题 ········································ 57
　参考文献 ····································· 57
第5章　纳米材料的表征 ··················· 59
　5.1　显微镜 ································· 59
　　5.1.1　扫描电镜 ·························· 59
　　5.1.2　透射电镜 ·························· 64
　　5.1.3　原子力显微镜 ···················· 67
　5.2　X射线光谱 ···························· 68
　　5.2.1　X射线衍射光谱分析法 ·········· 68
　　5.2.2　X射线吸收光谱 ·················· 69
　　5.2.3　X射线光电子能谱 ··············· 72
　5.3　分子光谱 ······························ 80
　　5.3.1　紫外-可见-近红外光谱 ·········· 80
　　5.3.2　红外光谱 ·························· 82
　　5.3.3　拉曼光谱 ·························· 84
　5.4　粒度分析技术 ························· 87
　　5.4.1　动态光散射法 ···················· 87
　　5.4.2　激光粒度分析法 ················· 89
　　5.4.3　高速离心沉降法 ················· 93
　　5.4.4　电超声粒度分析法 ··············· 96
　思考题 ········································ 98

| 参考文献 | 99 |

## 第6章  无机纳米材料化学 ... 101

- 6.1 单质纳米材料 ... 101
  - 6.1.1 碳纳米材料 ... 101
  - 6.1.2 硅纳米材料 ... 108
  - 6.1.3 金属单质纳米材料 ... 110
- 6.2 二元无机化合物纳米材料 ... 111
  - 6.2.1 氧族化合物 ... 111
  - 6.2.2 氮化物 ... 117
  - 6.2.3 碳化物 ... 120
  - 6.2.4 硼化物 ... 122
- 6.3 其他无机化合物纳米材料 ... 123
  - 6.3.1 钙钛矿 ... 123
  - 6.3.2 二维 MXene 材料 ... 125
  - 6.3.3 尖晶石 ... 126
  - 6.3.4 硅酸盐 ... 129
  - 6.3.5 层状双金属氢氧化物 ... 134
- 思考题 ... 136
- 参考文献 ... 136

## 第7章  有机纳米材料化学 ... 140

- 7.1 金属有机化合物 ... 140
  - 7.1.1 金属有机框架材料 ... 140
  - 7.1.2 金属-配位纳米粒子和金属-聚合物纳米粒子 ... 141
- 7.2 穴状有机物 ... 143
- 7.3 分子开关 ... 145
  - 7.3.1 化学激活分子开关 ... 145
  - 7.3.2 光激活分子开关 ... 146
- 思考题 ... 147
- 参考文献 ... 147

## 第8章  纳米材料超分子化学 ... 149

- 8.1 超分子 ... 149
- 8.2 自组装 ... 151
  - 8.2.1 冠状化合物的分子组装 ... 152
  - 8.2.2 环糊精的分子组装 ... 154
  - 8.2.3 杯芳烃的分子组装 ... 155
  - 8.2.4 其他合成受体的分子组装 ... 156
- 思考题 ... 158
- 参考文献 ... 158

## 第9章  纳米材料的应用 ... 161

- 9.1 纳米材料在能源环境领域的应用 ... 161
  - 9.1.1 氢气储存 ... 161
  - 9.1.2 电解水制氢 ... 162
  - 9.1.3 燃料电池 ... 162
  - 9.1.4 锂离子电池 ... 163
  - 9.1.5 超级电容器 ... 164
  - 9.1.6 废水处理 ... 166
- 9.2 纳米材料在电子信息领域的应用 ... 166
  - 9.2.1 纳米发光功能材料 ... 167
  - 9.2.2 光子晶体和光子存储 ... 167
  - 9.2.3 磁性液体 ... 169
- 9.3 纳米材料在生物医药领域的应用 ... 170
  - 9.3.1 药物传递 ... 170
  - 9.3.2 医学造影 ... 174
  - 9.3.3 医学诊断 ... 174
- 思考题 ... 175
- 参考文献 ... 175

# 第 1 章

# 绪　论

纳米是一种长度单位，$1\text{nm} = 1 \times 10^{-9}\text{m}$。相较于化学键的长度单位，纳米大近乎一个数量级。一般认为纳米材料需满足两个基本条件，①材料在三维空间尺度上至少有一维处于纳米数量级（<100nm）或由这样的材料为基本单元所组成，②材料应具有区别于常规尺寸材料的一些特殊的物理、化学特性。欧盟委员会则在纳米材料定义中强调了符合纳米尺寸条件的基本颗粒的总数量要在整个材料所有颗粒总数中占比达50%以上。

纳米材料是由尺寸介于原子、分子和宏观体系之间的纳米粒子组成的新一代材料，它扮演着连接原子、分子与宏观体系的重要角色。纳米粒子组成的材料向宏观体系演变过程中，其结构有序度发生变化，状态呈非平衡性质，这些特征显著改变了材料的性质，对纳米材料的研究将使人们对从微观到宏观的过渡有更深入的认识。

纳米科学技术主要是研究由纳米材料组成的体系的运动规律和相互作用，以及可能的实际应用中的技术问题的科学技术，涵盖了从基础研究到应用开发的整个范围，可衍生出纳米电子学、机械学、生物学、材料加工学等。纳米材料科学是纳米技术最基础的学科之一。近年来，随着新能源、半导体、生物医学等新兴领域的蓬勃发展，越来越多的人开始意识到纳米材料的重要性。将特定材料进行纳米化操作，往往会带来许多意想不到的性能提升。纳米材料科学代表一种前沿的科技发展方向，其潜在应用和影响正逐渐显现并深刻改变着人类的生活和工作方式，因此，纳米材料科学的研究具有重要意义。

化学是研究物质组成、制备、结构、性质和应用的科学，是一门历史悠久、知识体系相对完整的基础学科。随着时间的推移，化学也在不断发展，同时又与其他学科相互交叉、互相促进，不断形成新的生长点，颇具代表性的便是化学与材料科学的结合。

20世纪60年代，美国出现了"材料科学与工程"这一学科，不久后又创办了 *Materials Science & Engineering* 等相关学术刊物。"材料化学"是材料科学与传统化学的结合，以基本化学原理和手段去系统研究各类材料的制备、结构、性质及应用的交叉学科。材料化学自20世纪末起便发展迅速，美英两国分别于1989年和1991年创办了学术刊物 *Chemistry of Materials* 和 *Journal of Materials Chemistry*。在国内，材料化学领域的科研教育也于21世纪初蓬勃发展。

本章是纳米材料化学基础的绪论篇章，重点概述材料化学的基本内涵与纳米材料的种类及特性。

## 1.1　材料化学的内涵

材料化学（the chemistry of materials），从字面上理解，应该是与材料相关的化学学科的一个分支。材料（materials）是具有使其能够用于机械、结构、设备和产品性质的物质。具体来说，材料首先是一种物质，这种物质具有一定的性能（performance）或功能（function），从而为人们所使用。材料与化学试剂（chemicals）不同，后者在使用过程中通常被消耗并转化成别的物质，材料则一般可重复、持续使用，除了正常损耗，它不会不可逆地转变成别的物质。另外，化学的研究对象是物质，化学是关于物质组成、结构和性质以及物质相互转变的学科。把材料学与化学结合起来，可以从分子水平到宏观尺度认识结构与性能的相互关系，从而调节、改良材料的组成、结构和合成技术及相关的分析技术，并发展出新型具有优异性质与性能的先进材料。实际上，材料领域有很多方面涉及化学问题，包括材料的化学组成及结构，材料的性能或功能，材料的制备加工以及一些与材料应用相关的化学问题。因此，可以把材料化学简单描述为关于材料结构、性能、制备和应用的化学。

当今世界，生活中越来越多地使用到各种的现代材料，如智能手机、笔记本电脑等常用的电子产品，高效的公共交通系统也越来越成为我们生活必不可少的部分，科学技术的飞速发展为我们带来了前所未有的便利，这些都离不开材料化学的贡献。材料化学在推动科技进步、改善人类生活质量以及保护环境等方面都发挥着至关重要的作用。它是连接基础科学与应用科学的桥梁，为科学技术的发展提供了更多的可能性，使我们能够设计和制造出更多功能性更强、性能更优的材料。

虽然，材料化学是近代才被当作一个相对独立的学科进行研究的，但从很早以前开始，为了更好地利用身边的材料，人们就已经开始了对材料的探索。

早在**新石器时代**，人类就已经认识到**黏土**、**木材**和**石灰石**等自然材料的实用价值。他们利用这些材料制作了各种武器、工具和日常用品。随着时间的推移，人们逐渐掌握了更多关于这些材料的加工技术，生产的工具更为精细和耐用。

进入**铜器时代**，**铜**成了一种重要的材料，人们开始广泛地使用它来装饰和保护物品。在这一时期，人类首次系统地认识到金属的基本性质，如良好的热传导性和延展性，并将这些性质应用于生产和生活中。特别是，人们学会了如何从氧化物矿石（如孔雀石）中提取铜，这一技术的发展极大地推动了铜的应用。

到了**青铜时代**，人们发现通过将铜与其他元素混合，可以显著改善材料的物理性质，这标志着**金属合金**被发现和应用。例如，在公元前3000年的中东地区，含砷的铜器被制造出，这是因为当地的白云岩和黄铁矿石中富含砷和铜。但是，由于砷有使人中毒的风险，这种合金很快被更安全的铜锡合金所取代，即我们熟知的青铜。青铜因其较低的脆性、较低的熔点和更高的硬度而被广泛使用，尤其在制作武器和工具方面。

**铁器时代**的到来，**标志着人类对金属材料的掌握达到了一个新的高度**。由于铁在地壳中的丰富储量和优越的性能，铁基材料被广泛用于建筑和制造业。在这个时期，人们积累了大量关于铁器制造和应用的经验知识。然而，直到18世纪和19世纪，科学家们才开始系统地研究不同的加工工艺和成分对材料性能的具体影响。

早期的材料发现和应用主要依赖于经验和试错，人们对材料的微观结构和宏观性能之间的科学理解尚不成熟。尽管这种经验主义的方法在一定程度上满足了当时的社会需求，但它也限制了新材料发展的速度。随着科学技术的进步，人们逐渐认识到材料科学的重要性，并开始探索材料的内在结构与其性能之间的深层联系。这一转变为后来材料化学的发展奠定了基础。

总体而言，材料化学专注于理解构成材料的分子、离子或原子之间的相互作用，以及这些相互作用是如何影响材料整体物理和结构特性的。因此，表面化学、固态化学和聚合物科学等领域都被纳入材料化学的研究范围。这一广泛的研究领域涵盖了对现有材料的结构和特性进行检测、合成和表征新材料，以及利用先进的计算工具来预测尚未制造出的材料的特性和结构。

本书主要关注的纳米结构材料的研究起源于20世纪80年代中期，这类材料的特点是其结构单元的尺寸处于1~100nm。纳米材料之所以引人注目，是因为它们的尺寸接近电子的相干长度，这导致了由强相干引起的性质变化。此外，纳米材料的尺度接近光的波长，再加上其大表面积带来的特殊效应，使得它们在熔点、磁性、光学性质、导热性和导电性等方面的表现与宏观尺度的物质截然不同。化学在纳米材料的发展中扮演着至关重要的角色。随着分子设计和化学合成技术的不断创新与进步，人们已经开发出了各种纳米结构材料，如纳米半导体薄膜、纳米线、纳米管、纳米陶瓷、纳米瓷性材料以及纳米生物医学材料等。这些材料在电子、能源、环境和医疗等领域展现出了巨大的应用潜力和价值。纳米材料的发展不仅是材料科学领域的一个重要里程碑，也为未来科技的发展提供了无限的可能性和广阔的应用前景。

## 1.2　材料的分类

在材料科学领域，材料的分类通常是基于其化学组成和结构特征。基本的固态材料可分为三大类：金属材料、无机非金属材料和高分子材料。此外，还有一类特殊的材料——复合材料，它们由两种或多种不同的材料通过物理或化学手段结合而成，其结构和性能特征与前述三类材料均有所不同，因此通常被单独列出。从应用的角度出发，材料又可分为结构材料和功能材料两大类。结构材料主要用于构成产品、设备和工程的结构部分，主要性能指标包括强度、韧性和抗疲劳性等力学性质。而功能材料则更注重其光学、电学和磁学等特性，这些材料通常用于制造具有特定功能的产品和设备。随着材料科学的不断发展，新型材料不断涌现，它们具有多样的功能和用途。在实际应用中，人们可能会根据材料的特定功能或用途进行分类，如导电材料、绝缘材料、生物医用材料、航空航天材料、能源材料、电子信息材料和感光材料等。按照组成基元的尺寸可以将材料分为纳米材料和宏观材料。

本节将主要介绍金属材料、无机非金属材料、高分子材料、复合材料和纳米材料。

### 1.2.1　金属材料

金属材料主要由一种或多种金属元素构成。这些材料的显著特点是含有大量的离域电子。这些离域电子不局限于单个原子，而是在整个金属晶格中自由移动。正是这些离域电子赋予了金属诸多独特的物理性质，如优良的导电性、导热性、延展性和塑性等。

工业用钢是应用量最大、应用范围最广的金属材料。碳素钢，由于其冶炼过程简便、可加工性良好以及成本较低，成为工业用钢中应用最广的一种。然而，随着工业技术的不断进步，单纯的碳素钢已无法满足日益提高的性能需求。因此，为了提升碳素钢的性能，人们发展出了合金钢。合金钢是指在碳素钢的基础上，有选择性地加入一种或多种化学元素，即所谓的合金元素，如Cr、Mn、Ni、Si、Mo、V、W等。这些合金元素通过与铁、碳以及其他合金元素的相互作用，改变了钢的组织结构，从而赋予其更加优异或特定的性能，如提高其硬度、耐蚀性或强度。尽管合金钢在性能上具有明显优势，但其生产成本相对较高。因此，在碳素钢能够满足性能要求的情况下，通常不会优先考虑使用合金钢。

铸铁是一种以铁为主体、碳和硅为主要成分的铸造合金，在结晶过程中会经历共晶转变。铸铁的化学成分（质量分数）通常包括：2%~4%的 C、1%~3%的 Si、0.1%~1.0%的 Mn、0.02%~0.25%的 S 及 0.05%~1.0%的 P。铸铁与钢材相比，其碳含量较高，同时含有较多的 S 和 P，由于这类元素对性能有害，因此其力学性能，如强度、塑性和韧性相对较低。然而，铸铁具备出色的耐磨性、减振性和较低的缺口敏感性，以及低廉的价格、优良的铸造性和可加工性，使铸铁在工业生产中得到了广泛的应用，其用量仅次于工业用钢。在机床中，铸铁件的质量占比达到 60%~90%，在汽车和拖拉机中则占 50%~70%。随着铸铁铸造技术的进步，如变质处理、球化处理的应用，以及铸铁合金化和热处理等强化手段的发展，铸铁的应用范围预计将进一步扩大。

在金属材料的分类中，钢铁被广泛认为是黑色金属，而除了 Fe、Cr、Mn 之外的其他金属及合金则被称为有色金属。在工业应用中，有色金属的种类繁多，主要分为五大类：轻金属、重金属、贵金属、稀有金属和放射性金属。重金属是指密度大于 4.5g/cm³ 的金属，如 Cu、Ni、Pb、Zn 和 Sb 等。相对地，轻金属的密度小于 4.5g/cm³，包括 Al、Mg、Be、Li 和 Ca 等。贵金属则是那些在地壳中含量较少、开采和提取难度较大、价格昂贵的金属，如 Au、Ag 和 Pt 等元素。稀有金属通常指地壳中分布较少、开采和冶炼较为困难、在工业上较晚使用的金属，包括稀有轻金属、稀有高熔点金属、稀有分散金属和稀土金属等。放射性金属是指那些具有放射性衰变特性的金属元素，如 Ra、U 和 Th 等。

随着航空航天、原子能、汽车、机电和化工等工业的快速发展，对金属材料的性能要求也越来越高，需具备如高比强度、高蠕变极限、优秀的耐蚀性、高导电性或高电阻、良好的电子放射性和优秀的磁性等特殊性能。在某些情况下，钢铁材料无法满足这些要求，因此必须采用具有特殊性能的有色金属及其合金。然而，由于矿藏资源的限制和生产技术的挑战，一些有色金属目前还不能被大规模使用。由于有色金属的生产技术复杂，需消耗大量的电能，又受到矿石品位的限制，所以其生产成本远高于钢铁材料。稀有金属在地壳中的含量更加稀少，如 W 和 Mo，在地壳中的含量分别仅为 0.0001% 和 0.0002%。因此，在研究和使用有色金属时，除了考虑其必要的性能、产量和成本之外，还应考虑到节约有色金属的重要性，将它们应用在最需要的领域，以便它们能够更有效地服务于人类社会。

## 1.2.2 无机非金属材料

无机非金属材料是一类广泛应用于现代工业的材料，包括陶瓷、玻璃、水泥等化合物材料，以及单晶硅、金刚石、石墨等由无机元素组成的单质材料。在材料科学领域，陶瓷占据了重要的地位，以至于许多教科书将"陶瓷"一词用来代表所有无机非金属材料。陶瓷是主要由金属和非金属元素组成的化合物，如氧化物、硫化物、氮化物、碳化物以及各种硅酸盐和碳酸盐。这些材料通常具有良好的电绝缘性和热绝缘性，质地硬而脆，可用作结构材料、光学材料和电子材料的制作等。

陶瓷材料以其多样性和广泛的应用而闻名。传统上，"陶瓷"一词是指陶器和瓷器的总称。随着时间的推移，这一术语已经扩展到包括整个硅酸盐材料类别，如玻璃、水泥、耐火材料以及陶瓷本身。为了满足航天、能源、电子等新兴技术领域的需求，人们在传统硅酸盐材料的基础上，利用无机非金属物质作为原料，通过粉碎、配制、成型和高温烧结等工艺，制造出了大量的新型无机材料，如功能陶瓷、特种玻璃和特种涂层等。

与传统硅酸盐材料相比，新型无机材料在组成和性能上都有显著的差异。在组成上，它们不仅限于硅酸盐，除氧化物和含氧酸盐之外，还有碳化物、氮化物、硼化物、硫化物及其他盐类和单质。在性能上，这些材料不仅具有高熔点、高硬度、良好的化学稳定性、耐高温和耐磨损的优点，而且某些特殊陶瓷还具备如介电性、压电性、铁电性、半导电性、软磁性和硬磁性等特殊性能。这些特性使得特殊陶瓷成为高新技术发展的关键性材料，在现代工业中的应用也越来越广。

半导体材料则包括单质如单晶硅，以及化合物如砷化镓、磷化铟、磷化镓等。半导体的电性质介于导体和绝缘体之间，其电性能受微量杂质或晶体缺陷的影响极大，这一特性是半导体材料在电子工业中应用的关键。半导体材料是制造大规模集成电路的核心材料，同时也用于固态激光器、发光二极管、晶体管等电子器件的制造。

### 1.2.3 高分子材料

在现代工业的快速发展中，工程材料的研究和开发已经迈入一个新的历史阶段。高分子材料因其独特的性能，如轻质、高比强度、高比模量、良好的耐蚀性和绝缘性，被广泛应用于工程结构领域。

高分子材料是主要由高分子化合物组成的一类材料。这些化合物具有很大的相对分子质量，每个分子可能包含数千甚至数十万个原子。根据其组成不同，高分子材料可分为有机高分子材料（塑料、橡胶、合成纤维等）和无机高分子材料（松香、纤维素等）。有机高分子材料主要由碳和氢元素组成的相对分子质量超过 $1\times10^4$ 的有机化合物构成。

高分子材料的分子链结构决定了其物理性质。一些高分子材料的分子链相对独立，分子链间没有化学键相连，这类材料通常可通过加热熔融，被称为热塑性高分子。而另一些分子链之间通过化学键交联，当交联密度足够大时，这类材料在加热时不会熔化，在溶剂中只能膨胀，因此被称为热固性高分子。热塑性高分子通常具有较好的延展性，易于加工成型；热固性高分子则通常较硬且脆。

高分子材料既包括天然高分子，如木材、天然橡胶、棉花和动物皮毛，也包括合成高分子，合成高分子又分为塑料、合成橡胶和合成纤维三大类。涂料和胶黏剂的主要成分也是高分子，又被归类为高分子材料。随着科技的进步，高分子材料正在向高性能化和功能化方向发展，衍生出了许多具有特殊性能或功能的新型高分子材料，如工程塑料、导电高分子、高分子半导体、光导电高分子、磁性高分子、光功能高分子、液晶高分子、高分子信息材料、生物医用高分子材料、反应性高分子、离子交换树脂、高分子分离膜、高分子催化剂和高分子试剂等。

### 1.2.4 复合材料

随着现代机械、电子、化工、国防等工业的发展及航天、信息、能源、激光、自动化等高科技的进步，对材料性能的要求越来越高。材料不仅需要具备高比强度、高比模量、耐高温和耐疲劳等基本性能，还需满足耐磨性、尺寸稳定性、减振性、无磁性和绝缘性等特殊要求。某些应用场合甚至需要材料同时具备看似矛盾的特性，如既要求导电又要求绝热，或强度超过钢材而弹性胜过橡胶并且能够进行焊接。传统的单一材料，如金属、陶瓷和高分子材料，往往无法满足这些复杂的要求。因此，通过复合技术将具有不同性能的材料结合起来、取长补短，现代复合材料便应运而生。

复合材料是由两种或多种不同性质的材料通过物理或化学方法结合而成的材料。在复合材料中，通常有一种材料作为连续相基体，而其他材料则作为分散相增强体。这些不同的材料在复合过程中相互补充，产生协同效应，使得复合材料不仅保留了原有组分材料的特性，还获得了单一材料所不具备的优异特性。根据基体材料的不同，复合材料可分为聚合物基复合材料、金属基复合材料和陶瓷基复合材料（包括玻璃和水泥）。此外，根据结构特点，复合材料还可以分为纤维复合材料、夹层复合材料、细粒复合材料和混杂复合材料。

复合材料在自然界中广泛存在，如树木和竹子是纤维素和木质素的复合体，动物骨骼则由无机磷酸盐和蛋白质胶原复合而成。人类使用复合材料的历史悠久，可追溯至古代，如用稻草增强黏土制作器物和用麻纤维与土漆复合制作漆器。在现代建筑中，钢筋混凝土已有百年以上的应用历史。"复合材料"这一术语起源于20世纪40年代发展起来的玻璃纤维增强塑料（即玻璃钢）。如今，复合材料已广泛应用于航空航天、汽车制造、化工、纺织、机械制造、医学和建筑工程等领域。

### 1.2.5 纳米材料

当组成材料的基本单元为纳米级时，其结构和光、电、磁、热学、化学等各种性能都具有特殊性，因此引起人们广泛的兴趣和关注。基于这些尺寸特性，这类材料被归类为纳米材料。纳米材料（或称纳米构造材料）已成为国际上发展新材料领域中的一个重要内容，并在材料科学中引出了新的研究方向——纳米材料学。

我国著名科学家钱学森在1991年曾预言：纳米左右和纳米以下的结构将是下一阶段科技发展的重点，会引发一次技术革命，将是21世纪又一次产业革命。今天纳米材料科学的飞速发展正在把这个预言变为现实。人们已经能够制备包含几十个原子的纳米微粒，并把它们作为基本结构单元，创造出组成相同、性能奇异的各种纳米材料。这对生产力的发展将产生深远影响，并有可能从根本上解决人类面临的能源、交通、环保及健康等一系列问题。经过几十年对纳米技术的研究探索，现在科学家已经能在实验室操纵单个原子，使纳米技术有了飞跃式的发展。纳米技术的应用研究正在半导体芯片、癌症诊断、光学新材料和生物分子追踪4大领域高速发展。可以预测：在不久的将来，纳米金属氧化物半导体场效应管、平面显示用发光纳米粒子与纳米复合物、纳米光子晶体应运而生；用于集成电路的单电子晶体管、记忆及逻辑元件、分子化学组装计算机将投入应用；分子、原子簇的控制和自组装、量子逻辑器件、分子电子器件、纳米机器人、集成生物化学传感器等将被研究并制造出来。目前从整体上看，纳米材料虽然仍处于实验研究和小规模生产阶段，但从历史的角度看，纳米材料在未来必将取得极大的发展。

## 1.3 纳米材料的分类

纳米材料的提出者德国科学家 H·Gleiter 早在2000年就对纳米材料进行了分类：①低维纳米材料，包括纳米粉、纳米线（如硅线）、纳米管（如碳管）；②表层纳米材料，包括各种表面处理技术（如离子注入、激光处理、物理气相沉积、化学气相沉积、表面机械研磨等）制备的用以提高表面性能（如耐磨性、耐蚀性等）的固体表层结构；③块体纳米材料，由尺度为纳米级的结构单元构成，包括单相纳米材料、多相纳米材料、复合纳米材料和复合纳米结构等。

近年来，随着纳米材料的深入、系统研究，人们对于纳米材料的分类逐渐趋于完善。根据不同的分类依据，纳米材料可以有不同的分类方法。

按照纳米材料的维度进行分类（图 1-1），纳米材料可以分为三类：①零维纳米材料，在空间三维尺度上的三个维度都符合纳米尺度，典型代表材料有纳米颗粒、原子团簇等；②一维纳米材料，在空间三维尺度上有两个维度符合纳米尺度，典型代表材料有纳米丝、纳米棒、纳米管等；③二维纳米材料，在空间三维尺度上有一个维度符合纳米尺度，典型代表材料有超薄膜、多层膜和超晶格等。

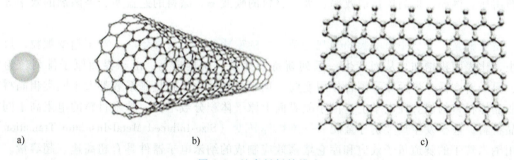

图 1-1 纳米材料的维度
a）零维纳米材料 b）一维纳米材料 c）二维纳米材料

除了上述提及的按照维度对纳米材料进行分类，还可按照材料的形态、化学组成、物理性能、功能应用等方法对纳米材料进行分类。表 1-1 列出了常见的纳米材料分类方法及其对应的纳米材料类别。

表 1-1 常见的纳米材料分类方法及其对应的纳米材料类别

| 分类方法 | 纳米材料类别 |
| --- | --- |
| 维度 | 零维纳米材料，如纳米颗粒、原子团簇等；一维纳米材料，如纳米丝、纳米棒、纳米管等；二维纳米材料，如超薄膜、多层膜、超晶格等 |
| 形态 | 纳米粉末材料、纳米纤维材料、纳米膜材料、纳米块体材料、纳米溶胶材料等 |
| 化学组成 | 纳米金属材料、纳米非金属材料、纳米高分子材料、纳米复合材料 |
| 物理性能 | 纳米半导体、纳米铁电材料、纳米热电材料、纳米超导材料、纳米磁性材料、纳米非线性光学材料等 |
| 功能应用 | 纳米电子材料、纳米生物材料、纳米储能材料、纳米光敏材料、纳米热敏材料等 |

## 1.4 纳米材料的特性

### 1.4.1 纳米尺度效应

纳米材料具有一系列基本特性，本节重点讲述纳米尺度下特有的表面效应与界面效应、小尺寸效应和量子隧道效应。

### 1. 表面效应与界面效应

纳米材料由于其纳米粒子尺寸小，所以微粒表面所占有的原子数目远多于相同质量的非纳米材料粒子表面所占有的原子数目。随着微粒粒径变小，其表面所占粒子数目呈几何级数增加。例如，微粒粒径从 100nm 减小到 1nm，其表面原子占粒子中原子总数的百分数从 20% 增加到 99%。因为随着粒径减小，粒子比表面积增大，粒径为 1nm 的粒子比表面积是相等质量的粒径为 100nm 的粒子比表面积的 100 倍。

单位质量粒子比表面积增大，表面原子数目骤增，使原子配位数严重不足。高比表面积带来的高表面能，使粒子表面原子极其活跃，很容易与周围的气体反应，也容易吸附气体。这一现象称为纳米材料的表面效应（界面效应）。

利用这一性质，人们可以在许多方面使用纳米材料来提高材料的利用率并开发纳米材料的新用途。例如，提高催化剂效率、吸波材料的吸波率、涂料的遮盖率、杀菌剂的效率等。

### 2. 小尺寸效应

由于颗粒尺寸变小所引起的宏观物理性质的变化称为小尺寸效应。对于超微颗粒，尺寸变小，比表面积增加，从而产生一系列新奇的性质。在热学上，由于界面原子排列较为混乱、原子密度低、界面原子耦合作用变弱，纳米材料的比热和热胀系数都大于同类粗晶材料和非晶体材料的值。在电学上，由于晶界面上原子体积分数增大，纳米材料的电阻高于同类粗晶材料，甚至发生尺寸诱导金属——绝缘体转变（Size-Induced Metal-Insulator Transition）。利用纳米粒子的隧道量子效应和库仑堵塞效应制成的纳米电子器件具有超高速、超容量、超微型、低能耗的特点，有可能在不久的将来全面取代目前的常规半导体器件。

### 3. 量子隧道效应

纳米材料中粒子具有的穿过势垒的能力称为量子隧道效应。量子隧道效应是从量子力学的粒子具有波粒二象性的观点出发，解释粒子能够穿越比总能量高的势垒，这是一种微观现象。当粒子遇到势垒时，即使总能量低于势垒的能量，量子隧道效应仍允许粒子通过势垒，进入势垒的另一侧。

近年来，研究人员还发现一些宏观量也具有类似的隧道效应，这种宏观量的量子相干器件中的隧道效应称为宏观隧道效应，如磁化强度，具有铁磁性的磁铁，其粒子尺寸到达纳米级时，即由铁磁性变为顺磁性或软磁性。这一发现拓宽了我们对隧道效应的理解，其不仅局限于微观领域，而且在宏观尺度上也具有重要意义。

## 1.4.2 纳米材料特性

在纳米尺度领域，传统的化学与物理定律不再适用。在强化学键存在的材料中，价电子的离域是广泛的，离域的程度随体系尺寸的不同而变化。这种效应与由尺寸变化引起的结构变化协同作用，产生了不同的物理化学性质。事实上，材料的许多性质都依赖于纳米粒子的尺寸，这些特殊性质包括力学性质、热学性质、磁性质、光学性质、电学性质、化学活性等。

### 1. 特殊力学性质

纳米材料具有很大的界面，而界面的原子序列非常混乱，这导致原子在外力作用下容易发生迁移，使得材料表现出良好的韧性及延展性。

在 $Al_2O_3$ 陶瓷材料中加入少量的纳米 SiC，其性能有显著的提高，抗弯强度由原来的 300~400MPa 提高到 1.0~1.5GPa，断裂韧度也提高了 40%。这种复合材料力学性能的提升主要可以归因于纳米 SiC 的引入。纳米级别尺寸 SiC 的力学性质表现出与传统材料不同的特点，为复合材料力学性能的提升提供了基础。此外，纳米颗粒的引入可以增大材料的晶界密度，促进晶界滑移和变形，这种晶界增强效应有助于提高材料的强度和韧性，使其更加耐久和抗拉伸。因此，纳米 SiC 的添加可以有效强化 $Al_2O_3$ 基体，并抑制裂纹的扩展，提高了抗弯强度和断裂韧度。

**2. 特殊热学性质**

纳米材料具有特殊的热学性能，如熔点下降。Au 的常规熔点为 1064℃，而 10nm 的 Au 的熔点为 1037℃，2nm Au 的熔点为 327℃；常规 Ag 的熔点为 670℃，纳米 Ag 的熔点小于 100℃。纳米微粒的熔点、开始烧结的温度和晶化温度均比常规粉体低得多。由于纳米微粒的粒径小、表面能高、比表面原子数多，这些比表面原子近邻配位不全、活性大，因此纳米粒子熔化时所增加的内能小得多，这就使得纳米微粒熔点急剧下降。

**3. 特殊磁性质**

当纳米物质的颗粒足够小时，则呈现超顺磁性。磁性超细微颗粒具有高的矫顽力。如 Fe-Co 合金，氧化铁作为高贮存密度的磁记录磁粉，大量应用于磁带、磁盘、磁卡等。

**4. 特殊光学性质**

当纳米粒子的粒径与超导相的波长、玻尔半径以及电子的德布罗意波波长相当时，小颗粒的量子尺寸效应十分显著。与此同时，大的比表面积使处于表面的原子、电子与处于小颗粒内部的原子、电子的行为产生很大的差异，这种表面效应和量子尺寸效应对纳米微粒的光学特性有很大的影响，甚至使纳米微粒具有同样材质的宏观大块物体所不具备的新的光学特性。

纳米材料的可见光谱学是研究纳米尺度下材料对可见光相互作用的重要分支。纳米粒子的光学性质随粒径、形状、化学成分，甚至内部填充和表面形貌的变化而变化，从而表现出与常规材料截然不同的特征。这种独特的光电子特性使得纳米材料在能源、化学、医学、环境和材料科学等学科中广受重视。通过对纳米材料在可见光范围内的吸收、散射和发射行为的研究，可以深入了解其光学性质，有助于纳米材料的合理设计与应用。

（1）可见光谱学基础　可见光谱学是研究物质对可见光的吸收、散射和发射行为的科学。可见光谱通常涵盖的波长范围为 380nm（紫外）到 750nm（红外）。纳米材料的吸收谱是指在可见光范围内材料对光的吸收情况。纳米尺度的结构使得材料的吸收谱常发生变化，如表现出增强吸收或表面等离激元共振等现象。纳米材料的散射谱是指材料对入射光的散射行为。由于尺寸和形状对散射产生的影响，纳米材料的散射谱往往呈现特殊的特征，如散射光的偏振性和散射角度的依赖性。纳米材料的发射谱是指材料受到激发后发出的光谱。一些纳米材料如量子点和纳米荧光体，因其特殊的能级结构而表现出特定的发射光谱，应用于光电子学和生物医学成像等领域。

纳米材料的可见光谱学研究为许多领域的应用提供了基础。例如，在太阳能电池中，对纳米材料的吸收谱进行调控可以提高光电转换效率；在生物医学中，利用纳米荧光体的发射谱可以实现高灵敏度的细胞成像和药物输送。纳米材料的可见光谱学为我们深入理解纳米结构对光的相互作用提供了重要的工具和方法。随着对纳米材料光学性质的深入研究，其在光电子学、生物医学和环境监测等领域的应用前景将更加广阔。

（2）光谱特性

1）**量子尺寸效应**。当纳米材料的尺寸缩小到与光波长相当的量级时，量子尺寸效应会显著影响其光学性质。在这种情况下，电子和空穴的量子限制会使光学能级量子化，从而改变材料对光的吸收和发射特性。

2）**表面等离激元共振**。纳米材料的表面与体积之间的比例关系发生变化，导致表面等离激元共振的出现。这种表面等离激元的共振可以显著增强纳米材料在特定波长范围内的吸收和散射，产生明显的光学特征。

3）**材料吸收和散射增强**。纳米材料的大比表面积使其对光的吸收和散射能力大大增强。这导致纳米材料在可见光谱范围内表现出更强的吸收和散射效应，使其光学特性与体块材料明显不同。

4）**形态和结构效应**。纳米材料的形态和结构对其光学性质具有重要影响。例如，纳米颗粒、纳米管、纳米片等不同形态的纳米材料在光谱特性上表现出明显差异，这与其特定的形态效应和结构调控有关。

5）**量子点效应**。一些纳米材料如量子点，由于其特殊的量子结构，表现出离散的光谱特性。量子点的能带结构和尺寸可调性使其在光电子学和生物医学成像等领域具有重要的应用价值。

**5. 特殊电学性质**

众所周知，Ag 是优良的导体，但是 10~15nm 的 Ag 微粒电阻突然升高，失去了金属的特征，变成了非导体。典型共价键结构的氮化硅、二氧化硅等，当其尺寸达到 15~20nm 时电阻却大大下降，用扫描隧道显微镜观察时，无需在其表面镀导电材料就能观察表面的形貌。

**6. 特殊化学活性**

纳米粒子随着粒径减小，表面原子数迅速增加，表面能升高。由于表面原子增多，原子配位不足及较高的表面能，使表面原子有很高的化学活性，极不稳定，很容易与其他原子结合。惰性的 Pt 制成纳米微粒后成为活性极好的催化剂。

纳米科学技术是在纳米尺度内通过对物质反应、传输和转变的控制来创造新材料、开发器件及充分利用它们的特性，并探索在纳米尺度内物质运动的新现象和新规律。纳米材料与纳米技术之所以能迅速发展，正是因为它集中体现了小尺寸、复杂构型、高集成度和强相互作用以及高表面积等现代科学技术发展的特点，社会发展、经济振兴对高科技的需要越来越迫切，元器件的超微化、高密度集成和高空间分辨等对材料的尺寸要求越来越高。

纳米材料的物理、化学性质既不同于微观的原子、分子，也不同于宏观物体，纳米介于宏观世界与微观世界之间，人们把它称为介观世界。在纳米世界，人们可以控制材料的基本性质，如熔点、硬度、磁性、电容，甚至颜色，而不改变其化学组分。因此，纳米材料具备其他一般材料所没有的优越性能，可广泛应用于电子、医药、化工、军事、航空航天等众多领域，在整个新材料的研究应用方面占据着核心位置。

<h1 style="text-align:center">思 考 题</h1>

1. 材料化学在现代科技中的作用如何？请举例说明纳米材料化学在电子、能源等领域中的应用。

2. 金属材料与无机非金属材料在应用中的主要区别有哪些？分别适用于哪些工程领域？
3. 纳米材料有哪些基本特性？请简述其概念。
4. 请从力学、热学、磁学、光学、电学、化学等角度叙述纳米尺度对材料产生的影响。

## 参 考 文 献

[1] 曾兆华，杨建文. 材料化学 [M]. 2版. 北京：化学工业出版社，2013.
[2] FARROKHPAY S. The fundamentals of materials chemistry [M]. Burlington：ArclerPress，2023.
[3] FAHLMAN B D. Materials chemistry [M]. Switzerland：Springer，2023.
[4] 赵品，谢辅洲，孙振国. 材料科学基础教程 [M]. 哈尔滨：哈尔滨工业大学出版社，2016.
[5] 王祝堂. 纳米材料定义与分类 [J]. 轻金属，2020（5）：20.
[6] 苑蕾、张静玉、刘海燕. 纳米材料的合成与应用研究进展 [J]. 山东化工，2020，49（20）：46-47.
[7] 殷锦捷，任鑫. 材料化学 [M]. 沈阳：东北大学出版社，2004.

# 第 2 章

# 纳米材料的热力学与动力学

热力学在物理化学中占有很大的分量,其重要性不言而喻。在纳米材料以及纳米结构的研究领域中,也时常出现以热力学为基础或者为背景的工作,这些工作或是作为一个单元存在于一个完整的纳米科技研究报道中,或扮演相关研究工作的主角,不断探索和揭示出纳米世界可能存在的奇特的热力学现象。

## 2.1 结晶热力学

很多纳米材料(尤其是无机纳米材料)都可在一定的条件下形成晶体结构,显然,已经被反复研究的物质结晶过程以及所产生的相关结果、理论将同样对纳米晶体颗粒的形成条件控制、机理分析等工作带来积极影响和有益的帮助。

物质结晶过程的热力学研究已有较为悠久的历史。物质的结晶过程可发生在人们所熟知的液相,也可发生在气相或固相。如图 2-1 所示,某种物质 M 从 A 相中析出、形成晶体(此时晶体为 B 相)并且逐渐长大,首先建立在晶种 $B_i$ 生成的基础之上。

$$mA_1 = B_m, \ B_m + A_1 = B_{m+1} + \cdots + B_{(i-1)} + A_1 \approx B_i$$

式中,$A_1$ 代表物质 M 在 A 相中将参与结晶的独立单位;$B_m$ 是 $m$ 个 $A_1$ 单元进入 B 相后形成的集合体。值得注意的是,集合体 $B_m$ 尺寸很小($m$ 值通常为 2),还未形成晶种,$B_m$ 还可与 $A_1$ 继续结合并不断长大,最终 $m+1+1+1+\cdots$ 的和趋近于 $i$(在溶液蒸发法结晶过程中,$i$ 值有时可达 80 左右),形成晶种 $B_i$,并达到平衡态,其晶种的浓度 $n(B_i)$ 为

$$n(B_i) = Ce^{-\Delta G/kT}$$

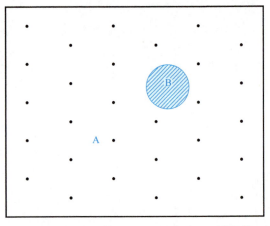

图 2-1 某种物质 M 从 A 相中析出、形成晶体

式中,$C$ 为常数;$k$ 为玻尔兹曼(Boltzmann)常数;$T$ 是温度;$\Delta G$ 是晶种 $B_i$ 形成时的吉布斯自由能变化值。

$$\Delta G = 4\pi\sigma\left(r^2 - \frac{2r^3}{3r^*}\right)$$

式中，$\sigma$ 为晶种的表面张力（mN/m）；$r$ 为晶种粒子的半径（m）；$r^*$ 为其中的一个特殊值，从图 2-2 中晶种的能垒曲线（图中实线）可以确定 $r^*$ 值，它对应的能量值为能垒曲线的极大值。从图 2-2 中的 $\Delta G$ 曲线（图中虚线）可以看出，随着晶种半径 $r$ 的增大，$\Delta G$ 值也随之迅速增加，这可导致晶种的浓度 $n(B_i)$ 急剧下降。

还可从另一个角度进一步讨论晶种（或晶核）形成时的自由能变化值 $\Delta G$ 的物理化学意义，即

$$\Delta G_n = n\Delta G' + A_n\sigma$$

式中，$\Delta G_n$ 为 $n$ 个分子形成一个晶核时的自由能变化值；$\Delta G'$ 为一个分子的相变自由能变化值，因为结晶过程是该分子从某一相转移至另一相的过程；$\sigma$ 为晶核的表面张力；$A_n$ 为这 $n$ 个分子形成一个晶核时的表面积，它等于

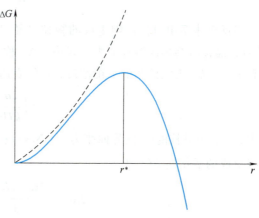

图 2-2　晶种的能垒曲线

$$A_n = (36\pi)^{1/3} v^{2/3} n^{2/3}$$

式中，$v$ 等于一个分子的体积（m³）。

以上讨论阐明了一个晶核形成时的自由能变化值 $\Delta G_n$ 的基本构成，即它是由该晶核形成时的相变自由能变化值和表面自由能变化值两大部分构成的，前者通常为负值，后者通常为正值。进一步研究表明，$\Delta G_n$ 的构成有时还要考虑其他影响因素，比如，当一个晶核从气相中析出时，晶核平动引起的动能对 $\Delta G_n$ 的影响应加以考虑，而在凝聚态中，这一影响因素是可以忽略的。另外，在固相中发生的结晶过程，要考虑应力的变化对 $\Delta G_n$ 的影响，而在一些液相中的结晶过程，应力的影响因素可以忽略。

常用一个分子在结晶过程中自由能变化值的计算公式为

$$\Delta G' = \frac{\Delta S_f(T-T_m)}{N_A}$$

式中，$\Delta S_f$ 为结晶物质的熔化熵；$T$ 为结晶温度；$T_m$ 为结晶物质的熔点；$N_A$ 为阿伏伽德罗常数。该公式与硅酸锂的结晶过程有关，同时也适用于其他一些物质结晶过程自由能变化值的估算。

在化学方法制备纳米材料的研究中，液相沉淀法是其中常用的湿化学方法之一，其目标产物通过预先选择、设计的化学反应从液相反应体系中沉淀析出的过程与该目标产物的结晶过程密切相关，甚至常是同步进行的。水相中离子沉淀反应的通式为

$$x A^{y+}_{(aq)} + y B^{x-}_{(aq)} \rightleftharpoons A_xB_y(s) \quad K_{sp} = (a_A)^x(a_B)^y$$

式中，$K_{sp}$ 为沉淀物 $A_xB_y$ 的活度积；$a_A$、$a_B$ 分别为阳离子 $A^{y+}$ 和阴离子 $B^{x-}$ 的活度，可定义 $S$ 为沉淀过程的超饱和度，则

$$S = \frac{a_A a_B}{K_{sp}}$$

目标产物从超饱和溶液中沉淀析出、结晶的临界半径 $R^*$ 为

$$R^* = \frac{\alpha}{\Delta C}$$

当反应体系中目标产物生成的颗粒半径 $R>R^*$ 时，晶核将得以生存并逐渐长大；当 $R<R^*$ 时，晶核将会再次溶解消失。式中，$\Delta C$ 称为沉淀的驱动力，$\Delta C = C - C_\infty$，$C$ 为沉淀物的饱和浓度，$C_\infty$ 为沉淀物的平衡浓度；$\alpha$ 的表达为

$$\alpha = \left(\frac{2\sigma_{SL}}{kT\ln S}\right) v C_\infty$$

式中，$\sigma_{SL}$ 为晶核的固-液界面张力（mN/m）；$T$ 为温度（K）；$v$ 为溶质的原子体积（m³）。晶核形成的活化能 $\Delta G^*$ 为

$$\Delta G^* = \frac{4\pi \sigma_{SL} R^{*2}}{3} = \frac{16\pi \sigma_{SL}^3 v^2}{3k^2 T^2 \ln^2 S}$$

最终与此相关的目标产物（沉淀物）结晶速度 $R_N$ 将通过下式表现出来。

$$R_N = \left(\frac{dN}{dt}\right)\frac{1}{V} = A\exp\left[\frac{-(\Delta G^*)}{kT}\right]$$

$$R_N = A\exp\left(\frac{-16\pi \sigma_{SL}^3 v^2}{3k^3 T^3 \ln^2 S}\right)$$

式中，$N$ 为晶核数目；$t$ 为结晶持续时间；$V$ 为溶液体积；$A$ 为形成一个晶核时表面积。这些涉及结晶动力学的内容还将在本章中的最后再做进一步的介绍。

## 2.2 纳米粒子成核动力学

在本节及后两节中，将利用普通物理化学中的一些化学反应动力学原理去分析纳米粒子、薄膜制备以及纳米材料光催化降解有机物的相关过程。以下是利用金属配合物 $ML^{2+}$ 或者是 $ML_2^{2+}$（$M = Cd^{2+}$、$Pb^{2+}$、$Zn^{2+}$、$Cu^{2+}$ 等二价金属离子；L = 1,3-丙二胺、三乙胺、乙二胺四乙酸等螯合剂）与 $S^{2-}$ 离子反应制备纳米硫化物的化学反应动力学过程分析。

当中心离子 $M^{2+}$ 与配体 L 按 1∶1 摩尔比配位时，可分别建立基于 $ML^{2+}$、$M^{2+}$ 和目标产物 MS 浓度变化之上的三个动力学方程，即

$$ML^{2+} \rightleftharpoons M^{2+} + L$$

$$M^{2+} + S^{2-} \xrightarrow{k_g} MS$$

$$-\frac{d[ML^{2+}]}{dt} = k_1[ML^{2+}] - k_1'[M^{2+}][L]$$

$$\frac{d[ML^{2+}]}{dt} = k_1[ML^{2+}] - k_1'[M^{2+}][L] - k_g[M^{2+}][S^{2-}]$$

$$\frac{d[MS]}{dt} = k_g[M^{2+}][S^{2-}]$$

在上述动力学过程中，$M^{2+}$ 因存在近似稳定状态，即 $d[M^{2+}]/dt \approx 0$，故可得到

$$[M^{2+}] = \frac{k_1[ML^{2+}]}{k_1'[L]+k_g[S^{2-}]} \cdot \frac{d[ML^{2+}]}{dt}$$

$$= \frac{k_1 k_g[S^{2-}][ML^{2+}]}{k_1'[L]+k_g[S^{2-}]}$$

当 $k_g[S^{2-}]/k_1'[L] \gg 1$ 时，可得以下一级动力学方程，即

$$\frac{d\ln[ML^{2+}]}{dt} = -k_1$$

$$\ln\frac{[ML^{2+}]}{[ML^{2+}]_0} = -k_1 t$$

令 $[M^{2+}]_1^e = k_1[ML^{2+}]/k_1'[L]$，可得

$$\frac{[M^{2+}]}{[M^{2+}]_1^e} = \frac{k_1'[L]}{k_g[S^{2-}]} \ll 1$$

当中心离子 $M^{2+}$ 与配体 L 按 1:2 摩尔比配位时，采用以上类似的推导方法可得出以下动力学方程

$$ML_2^{2+} \underset{k_2'}{\overset{k_2}{\rightleftharpoons}} ML^{2+} + L$$

$$ML^{2+} \underset{k_1'}{\overset{k_1}{\rightleftharpoons}} M^{2+} + L$$

$$M^{2+} + S^{2-} \overset{k_g}{\longrightarrow} MS$$

$$\frac{d\ln[ML_2^{2+}]}{dt} = \frac{-k_2}{1+\frac{k_2'[L]}{k_1}\left(1+\frac{k_1'[L]}{k_g[S^{2-}]}\right)}$$

上述利用金属配合物与 $S^{2-}$ 离子反应制备相应纳米硫化物的动力学方程可为实验结果所证实，如图 2-3 所示，所推导的一级动力学方程在相应的制备条件下确实是真实存在的。

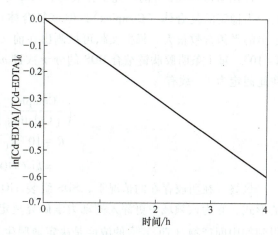

图 2-3　纳米硫化物制备的一级动力学方程

## 2.2.1　空气/水界面薄膜生成动力学

可以钛酸正丁酯作原料、十二烷基硫酸钠（SDS）作模板，并以明胶作稳定剂，在空气-水的界面上组装 $TiO_2$ 薄膜，SDS 组装 $TiO_2$ 薄膜的基本反应式为

$$xSDS + y(TiO)_n^{2n+} \longrightarrow 薄膜$$

$(TiO)_n^{2n+}$ 离子是反应物 $Ti(O-t-Bu)_4$ 在强酸介质下按以下方程进行控制性水解得到的产物，$(TiO)_n^{2n+}$ 是后续 $TiO_2$ 薄膜制备的中间产物。

$$nTi(O-t-Bu)_4 + 2nH^+ + nH_2O \rightleftharpoons (TiO)_n^{2n+} + 4n-t-BuOH$$

$TiO_2$ 薄膜生成的动力学方程是

$$R = k_1[SDS]^a[(TiO)_n^{2n+}]^b$$

在制备体系中存在以下平衡

$$mSDS + Gelatin \rightleftharpoons Complex$$
$$SDS + 1/m\,Gelatin \rightleftharpoons 1/m\,Complex$$

Complex 代表 SDS 分子与明胶肽链形成的复合体。该可逆反应的平衡常数表达式为

$$K = \frac{[Complex]^{1/m}}{[SDS][Complex]^{1/m}}$$

经变换可得

$$[SDS] = \frac{[Complex]^{1/m}}{K[Gelatin]^{1/m}}$$

将此方程代入上述动力学公式中有

$$R = k_1 \left( \frac{[Complex]^{1/m}}{[SDS][Complex]^{1/m}} \right)^a [(TiO)_n^{2n+}]^b$$

$$= \frac{k_1}{K^a} \left( \frac{[Complex]}{[Gelatin]} \right)^{a/m} [(TiO)_n^{2n+}]^b$$

T. H. Whitesides 等的研究工作表明，SDS 分子与明胶肽链相互之间通过静电作用力可形成较为稳定的复合体（Complex），但该复合体也可解离，故体系中存在着一化学平衡，测定出的平衡常数很大。根据文献可推测出在前文的实验条件下，SDS 与明胶结合的平衡常数 $K = 10^6$，每 1 条明胶肽链结合 SDS 的分子数目 $m = 100$。同时，其反应级数一般应为 0.5~2，在此假定为 1，故有

$$\left( \frac{[Complex]}{[Gelatin]} \right)^{1/100} = 1$$

$$R = 10^{-6} k_1 [(TiO)_n^{2n+}]^b$$

$$= k[(TiO)_n^{2n+}]^b$$

最终，在明胶存在的情况下，SDS 组装 $TiO_2$ 薄膜的动力学方程被近似简化为方程所示的形式，它为该领域中更深入的动力学研究奠定了基础，表明由反应物 Ti(O—t—Bu)$_4$ 水解得到的中间产物 $(TiO)_n^{2n+}$ 的浓度是决定薄膜生长速率的主要变量。

## 2.2.2 纳米催化剂光催化动力学

研究工作表明，以纳米 $TiO_2$ 为突出代表的纳米光催化剂可较为有效地应用于有机污染物、废气的催化降解，其中对光催化历程、相关动力学的分析是这些研究中的重要组成部分。

下面的分析是纳米 $TiO_2$ 参与的光催化反应历程的基本模式。首先，纳米 $TiO_2$ 吸收光能产生光电子 $e^-$ 和正电荷空穴 $h^+$，此过程应在 $h\nu = E_g$ 的条件下发生，其中，$h$ 为普朗克常数，$\nu$ 为入射光频率，$E_g$ 为纳米 $TiO_2$ 的电子能隙。光电子 $e^-$ 和正电荷空穴 $h^+$ 也可重新结合，同时释放出热量，该过程不利于纳米 $TiO_2$ 光催化效率的提高。$e^-$ 可与吸附在纳米 $TiO_2$ 表面的氧气 $O_{2(ad)}$ 结合生成负氧离子同理，$h^+$ 也可与 $TiO_2$ 表面的 $H_2O$ 或 $OH^-$ 反应生成氢氧自由基 ·OH，·OH 是最终引发有机物发生降解反应的关键中间体，它可以同有机物（RH，X，Y）发生多种形式的反应，包括自由基转移反应、自由基与有机物的化合等。

$$TiO_2 + h\nu \longrightarrow e^- + h^+$$
$$e^- + h^+ \longrightarrow 热量$$
$$e^- + O_{2(ad)} \longrightarrow O_2^-$$
$$h^+ + H_2O \longrightarrow \cdot OH + H^+$$
$$h^+ + OH_{(ad)}^- \longrightarrow \cdot OH$$
$$\cdot OH + RH_{(ad)} \longrightarrow \cdot R + H_2O$$
$$\cdot OH + X_{i(ad)} \longrightarrow X_i \cdot + H_2O$$
$$OH + X_{i(ad)} \longrightarrow X_j$$
$$OH + Y_{i(ad)} \longrightarrow Y_j$$

D. W. Bahnemann 等采用激光时间分辨技术，以硫氰根离子 $SCN^-$ 和二氯代醋酸根离子 $DCA^-$ 作为模型污染物，以直径为 2.4nm 的锐钛矿型 $TiO_2$（掺杂金属铂）作光催化剂，进行了催化历程、相关动力学的分析研究工作。

首先涉及硫氰根二聚体负离子自由基 $SCN_2^{\cdot-}$ 量子产率计算问题，它为 $(SCN)_2^{\cdot-}$ 的浓度与所吸附光子密度的比值，即

$$\phi[SCN_2^{\cdot-}] = \frac{[SCN_2^{\cdot-}]}{N_{ph}}$$

研究工作表明，$(SCN)_2^{\cdot-}$ 是 $SCN^-$ 光催化氧化过程中形成的重要中间体，$TiO_2$ 中正电荷空穴 $h^+$ 与吸附在纳米 $TiO_2$ 表面 $SCN^-$ 的作用可引发 $(SCN)_2^{\cdot-}$ 的生成反应，即

$$SCN_{ads}^- + h^+ \xrightarrow{k_1} SCN_{ads}^{\cdot}$$
$$SCN_{ads}^{\cdot} + SCN^- \underset{k_2'}{\overset{k_2}{\rightleftharpoons}} SCN_2^{\cdot-}$$

还对纳米 $TiO_2$ 光催化历程进行了深入研究，从下列多种转化过程可以看出，光辐照纳米 $TiO_2$ 后生成的正电荷空穴 $h^+$ 可继续转化为深势阱 $h_{tr}^+$ 和浅势阱 $h_{tr}^+ \cdot$ 两种状态，$h_{tr}^+$ 的化学活性较差，而 $h_{tr}^+ \cdot$ 具有较强的化学活性。

$$TiO_2 + h\nu \longrightarrow e^- + h^+$$
$$e^- \longrightarrow e_{tr}^-$$
$$h^+ \longrightarrow h_{tr}^+$$
$$O_{2(ad)} + e^- \longrightarrow O_{2(ad)}^{\cdot-}$$
$$e_{tr}^- + h_{tr}^+ \longrightarrow TiO_2$$
$$h^+ \longleftarrow h_{tr}^+ \cdot$$
$$h_{tr}^+ \cdot \longrightarrow h_{tr}^+$$

在光催化过程中，光电子可与掺杂的铂团簇（因铂团簇在纳米 $TiO_2$ 中呈离散性分布，铂团簇也被称为铂岛）形成结合体，表明掺杂的铂团簇是光电子的一种势阱，即

$$e^- + (Pt)_n \rightarrow (Pt)_n^-$$

对于纳米 $TiO_2$ 光催化 $DCA^-$ 的反应，类似地有

$$h^+ + DCA^- \longrightarrow DCA \cdot$$

此时正电荷空穴 $h^+$ 的生成速率表示为

$$\frac{dp}{dt} = -k[\text{DCA}^-]p - k_{rec}p - k_{tr}p = -(k' + k_{rec} + k_{tr})p$$

式中，$p$ 为 $h^+$ 的浓度；$k' = k[\text{DCA}^-]$，$k_{rec}$ 和 $k_{tr}$ 分别为 $h^+$ 与光电子 $e^-$ 结合、$h^+$ 转化为 $h_{tr}^+$ 的反应常数，积分后得

$$p = p_0 \exp[-(k' + k_{rec} + k_{tr})t]$$

$h_{tr}^+$ 的生成速率为

$$\frac{dp_{tr}}{dt} = k_{tr}p = k_{tp}p_0 \exp[-(k' + k_{rec} + k_{tr})t]$$

积分后得

$$p_{tr} = \frac{k_{tr}p_0}{(k' + k_{rec} + k_{tr})}\{1 - \exp[-(k' + k_{rec} + k_{tr})t]\}$$

由于 $(k' + k_{rec} + k_{tr})$ 的和很大，故 $\exp[-(k' + k_{rec} + k_{tr})t] = 0$，最终可得

$$p_{tr} = \frac{k_{tr}p_0}{(k' + k_{rec} + k_{tr})} = \frac{k'_{tr}}{k[\text{DCA}^-] + k_{rec} + k_{tr}}$$

$$(p_{tr})^{-1} = \frac{k}{k'_{tr}}[\text{DCA}^-] + \frac{k_{rec} + k_{tr}}{k'_{tr}}$$

这一结果表明，$h_{tr}^+$ 生成速率的倒数与 $\text{DCA}^-$ 的浓度成正比，即 $h_{tr}^+$ 生成速率与 $\text{DCA}^-$ 的浓度成反比。该推论已被实验证实。

M. Lewandowski 等采用"双反应区域"模型研究了纳米 $TiO_2$ 光催化降解甲苯的动力学问题，反应体系为甲苯蒸气与水蒸气的混合物，采用 UV 光辐照。该模型将纳米 $TiO_2$ 表面分为两种区域，第一种区域可吸附甲苯（标记为 A），并在该区域发生氧化反应；第二种区域不利于甲苯的吸附。A 的有效吸附速率为

$$-r_1 = C_{T_1}(k_{(ad),A}P_A\theta_{S_1} - k_{(des),A}\theta_A)$$

式中，$C_{T_1}$ 为第一种区域在催化剂表面的数量；$k_{(ad)}$ 和 $k_{(des)}$ 分别为 A 分子的吸附和脱附速率常数；$P_A$ 为 A 的分压；$\theta_{S_1}$ 为第一种区域未被分子覆盖的分数；$\theta_A$ 为第一种区域已被 A 分子覆盖的分数。利用 Langmuir 方程可分别求出 $\theta_A$ 和第一种区域已被水分子覆盖的分数 $\theta_1$，它们分别为

$$\theta_A = \frac{K_A P_A}{1 + K_A P_A + K_1 P_1}$$

$$\theta_1 = \frac{K_1 P_1}{1 + K_A P_A + K_1 P_1}$$

式中，$K_A$ 和 $K_1$ 分别为 A 和水在第一种区域中的吸附平衡常数；$P_1$ 为水蒸气的分压。吸附在第一种区域中的甲苯被氧化为 CO（标记为 B）的动力学方程为

$$-r_2 = C_{T_1}k_I\theta_A$$

式中，$k_I$ 为相关反应速率常数。

吸附在第一种区域中的 CO 继续被氧化为 $CO_2$（标记为 C）的动力学方程为

$$-r_3 = C_{T_1}k_{II}\theta_{B_1}$$

式中，$k_{II}$ 为相关反应速率常数；$\theta_{B_1}$ 为第一种区域已被 CO 分子覆盖的分数。

同时，在纳米 $TiO_2$ 光催化剂表面的第二种区域中也可发生 CO 被氧化为 $CO_2$ 的反应，相关动力学方程为

$$-r_4 = C_{T_2} k_{\text{III}} \theta_{B_2}$$

式中，$C_{T_2}$ 为第二种区域在催化剂表面的数量；$k_{\text{III}}$ 为相关反应速率常数；$\theta_{B_2}$ 为第二种区域已被 CO 分子覆盖的分数。

CO 分子在催化剂表面第一、二种区域之间的交换速度为

$$-r_5 = C_{T_1} C_{T_2} (k_{P_2} \theta_{B_1} \theta_{S_2} - k_{P_1} \theta_{B_2} \theta_{S_1})$$

式中，$k_{P_1}$ 为 CO 分子从第二种区域迁移至第一种区域的速率常数；$k_{P_2}$ 为 CO 分子从第一种区域迁移至第二种区域的速率常数；$\theta_{B_1}$ 和 $\theta_{B_2}$ 分别为 CO 分子在第一、二种区域的分子覆盖的分数。

在此可将上述第一、二种区域分别发生的反应，以及两区域之间的反应归纳为

第一区域： $A(g) \longleftrightarrow A(g) \longrightarrow B(g) \longrightarrow C_{气体}$

区域间交换： $B_{(S_1)} \longleftrightarrow B_{(S_2)}$

第二区域： $B_{(S_2)} \longleftrightarrow C_{气体}$

甲苯、CO 在各区域覆盖分数的变化速率为

$$\frac{d\theta_A}{dt} = k_{A(ad)} P_A \theta_{S_1} - k_{A(des)} \theta_A - k_{\text{I}} \theta_A$$

$$\frac{d\theta_{B_1}}{dt} = k_{\text{I}} \theta_A - k_{\text{II}} \theta_{B_1} - C_{T_2}(k_{P_2} \theta_{B_1} \theta_{S_2} - k_{P_1} \theta_{B_2} \theta_{S_1})$$

$$\frac{d\theta_{B_2}}{dt} = -k_{\text{III}} \theta_{B_2} + C_{T_1}(k_{P_2} \theta_{B_1} \theta_{S_2} - k_{P_1} \theta_{B_2} \theta_{S_1})$$

第一、二种区域中各自的总覆盖情况分别为

第一区域： $\theta_{T_1} = \theta_{S_1} + \theta_A + \theta_{B_1} + \theta_{I_0}$

第二区域： $\theta_{T_2} = \theta_{S_2} + \theta_{B_2}$

式中，$\theta_{I_0}$ 为第一种区域反应起始时已被水分子覆盖的分数。

研究人员利用以上基本原理进一步模拟了甲苯的光催化降解曲线，结果如图 2-4 所示，模拟结果与实验结果（气相色谱测定）吻合较好。

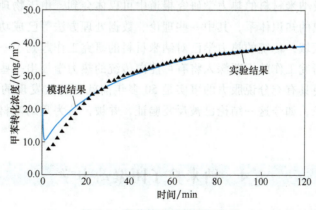

图 2-4 甲苯的光催化降解曲线

图 2-5a 所示为甲苯和 CO 在纳米 $TiO_2$ 光催化剂表面的第一种区域中覆盖分数随反应时间变化的模拟结果,反应 40min 后,该区域表面已完全被甲苯和 CO 占据,在整个反应过程中,甲苯的吸附量逐渐降低,而 CO 的吸附量呈上升趋势。图 2-5b 反映出在纳米 $TiO_2$ 光催化剂表面的第二种区域中,仅有 CO 被吸附,覆盖分数随反应时间的增加而上升。

纳米材料领域中的动力学研究报道还有不少,以上介绍的几个方面是具有代表性的,包括经典理论的引入和借鉴、理论推导和模拟,以及常规与新型仪器分析、验证等。

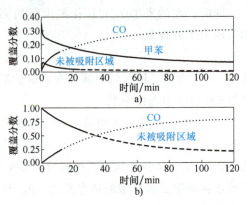

图 2-5 甲苯和 CO 的光催化降解模拟曲线

## 2.3 纳米粒子团聚自发性

物质在敞开体系中加热时,构成物质的基本质点之间的距离总是变大(扩散过程)的,如物质的熔化、蒸发、升华等。另外,化合物的分解反应都是需要加热的。这两类熵增加的过程(物理变化、化学变化)都被证实可自发进行,即在等温、等压和不做非体积膨胀功的情况下,当有 $T\Delta S > \Delta H$ 时, $\Delta G < 0$。

相反,纳米粉体在加热时则一般都为颗粒的团聚过程,而非扩散过程,对这种熵减少自发过程的分析从一个角度体现出纳米材料被称为"介观材料"的原因所在。构成介观材料的基本质点小于宏观块状材料基本质点的尺寸,大于分子、原子等微观粒子的尺寸。对于一定量的物质,当其表面积较小时,则表面性质对物质一般性质的影响可以忽略,但物质的表面积明显增加时,表面现象就显得十分重要了。纳米材料(介观材料)的比表面积相对宏观块状材料而言有了质的增加,即表面能显著增加,表面能为颗粒的表面张力($G$)与颗粒比表面积($S$)的乘积,且 $S$ 是影响表面能大小的主要因素。根据能量最低原理,纳米材料的表面能由大变小的过程是自发的,显然,纳米颗粒受热时出现团聚可导致 $S$ 值的减少,从而使表面能降低。

从以上多种涉及纳米材料的热力学研究报道中可以体会到,由于物理化学中的热力学早已形成了稳定、成熟的知识体系,其中一些理论、数据处理方法等已成功或较为成功地应用于纳米材料的研究领域,传统的热力学已对纳米材料的研究工作起到了一定的引导作用。另一方面,纳米材料研究工作的不断深入将有可能向传统的热力学提出一些挑战,除了以上的研究报道,另一个更具有充分说服力的事实是 50 多年前就已经被发现的同种材料超细化后熔点下降的实验现象,如今这一结论已被反复验证,并被公认为是纳米材料具有的物理、化学特性之一。

## 2.4 纳米粒子团聚动力学

物理化学动力学主要包括化学反应历程分析、反应速度方程的建立、反应级数的求算、

**活化能的计算**等内容。

结晶动力学的研究有着悠久的历史，所积累的一些相关知识与理论如今已应用于纳米材料的研究之中。另一方面，胶体粒子的团聚研究已有数十年的历史，这一研究已经延伸到纳米粒子以及超微粒子的团聚问题。

E. Matijevic 等总结了自己的小组以及他人所开展的液相中纳米粒子形成机理的一些研究工作，图 2-6 所示为建立在这些总结基础之上的湿法制备纳米晶粒子的基本过程示意图。从超饱和溶液中析出的晶核在逐渐长大后最终老化转变为一次粒子，如果一次粒子处于大量的水等分散剂（极稀溶液）中或处于良好的稳定体系中，它们将处于单分散状态。在其他一些情况下，如离子强度的增加或 pH 值的变化都有可能降低一次粒子的静电势垒，产生一次粒子间的相互团聚现象，生成的团聚体称为二次粒子，值得指出的是，所形成的二次粒子并非都是杂乱无章的，一次粒子可控制条件下的团聚也有可能形成粒径呈窄分布、分散性良好的二次粒子。目前比较普遍的观点是，通过 XRD 检测并利用谢乐（Scherrer）公式计算得到的纳米粒子平均粒径可近似为一次粒子的直径。

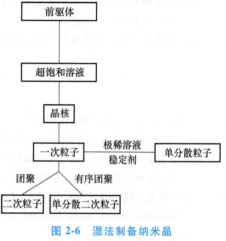

图 2-6　湿法制备纳米晶粒子的基本过程示意图

二次粒子形成速度的表达式为

$$\frac{dN_s}{dt} = \omega_{s-1}N_{s-1} - \omega_s N_s \quad (s>1)$$

式中，$N_s$ 为二次粒子的浓度（$s$ 是每一个二次粒子所包含的一次粒子数目），它随时间 $t$ 的变化而变化，故也可写成 $N_s(t)$。$\omega_s$ 的具体表达式为

$$\omega_s(t) = 4\pi R_s D N_1(t)$$

式中，$R_s$ 为二次粒子的半径；$D$ 为一次粒子的扩散系数；$N_1(t)$ 为 $t$ 时刻一次粒子的浓度。$R_s$ 与一次粒子半径 $r$ 的关系为

$$R_s = 1.2 r s^{1/3}$$

一次粒子的形成速度为

$$p(t) = 4\pi \alpha n_{cns}^{\frac{1}{3}} D c^2(t) e^{-\Delta G_{cns}/kT}$$

式中，$\Delta G$ 为一次粒子形成的自由能变化值；$c(t)$ 为前驱体（原子、离子或分子）$t$ 时刻的浓度；$\alpha$ 为前驱体的半径；$n$ 为每一个晶种中的前驱体数目；$D$ 为前驱体扩散系数，可表示为

$$D = \frac{kT}{6\pi \alpha \eta}$$

式中，$\eta$ 为纳米粒子制备体系中的黏度系数，由此可得

$$p(t) = \frac{2}{3\eta} kT n_{cns}^{\frac{1}{3}} c^2(t) e^{-\Delta G_{cns}/kT}$$

上述内容分别讨论了一次粒子、二次粒子形成的动力学问题,从而进一步认识了纳米粒子形成的微观过程和相关机理。

## 思 考 题

1. 简述纳米材料粒子晶种半径变化和晶种形成时的自由能变化之间的关系。
2. 什么是一次粒子和二次粒子?
3. 简述纳米粒子在加热过程中粒子和能量的变化。

## 参 考 文 献

[1] CUSHING B L, KOLESNICHENKO V L, O'CONNOR C J. Recent advances in the liquid-phase syntheses of inorganic nanoparticles [J]. Chemical reviews, 2004, 104 (9): 3893-3946.

[2] EVANS D J, COHEN E G D, MORRISS G P. Probability of second law violations in shearing steady states [J]. Physical review letters, 1993, 71 (15): 2401-2404.

[3] WANG G M, SEVICK E M, MITTAG E, et al. Experimental demonstration of violations of the second law of thermodynamics for small systems and short time scales [J]. Physical review letters, 2002, 89 (5): 050601.

[4] MER V K L. Nucleation in phase transitions [J]. Industrial & engineering chemistry, 1952, 44 (6): 1270-1277.

[5] KELTON K F, GREER A L. Transient nucleation effects in glass formation [J]. Journal of non-crystalline solids, 1986, 79 (3): 295-309.

[6] LOTHE J, POUND G M. Reconsiderations of nucleation theory [J]. The journal of chemical physics, 1962, 36 (8): 2080-2085.

[7] WHITESIDES T H, MILLER D D. Interaction between photographic gelatin and sodium dodecyl sulfate [J]. Langmuir, 1994, 10 (9): 2899-2909.

[8] ALMQUIST C B, BISWAS P. Role of synthesis method and particle size of nanostructured $TiO_2$ on its photoactivity [J]. Journal of catalysis, 2002, 212 (2): 145-156.

[9] BAHNEMANN D W, HILGENDORFF M, MEMMING R. Charge carrier dynamics at $TiO_2$ particles: reactivity of free and trapped holes [J]. The journal of physical chemistry B, 1997, 101 (21): 4265-4275.

[10] LEWANDOWSKI M, OLLIS D F. A two-site kinetic model simulating apparent deactivation during photocatalytic oxidation of aromatics on titanium dioxide ($TiO_2$) [J]. Applied catalysis B-environmental, 2003, 43: 309-327.

[11] PRIVMAN V, GOIA D V, PARK J, et al. Mechanism of formation of monodispersed colloids by aggregation of nanosize precursors [J]. Journal of colloid and interface science, 1999, 213 (1): 36-45.

[12] SCHAEFER D W, MARTIN J E, WILTZIUS P, et al. Fractal geometry of colloidal aggregates [J]. Physical review letters, 1984, 52 (26): 2371-2374.

[13] MEAKIN P. Diffusion-controlled cluster formation in 2—6-dimensional space [J]. Physical review A, 1983, 27 (3): 1495-1507.

[14] SUGIMOTO T. The theory of the nucleation of monodisperse particles in open systems and its application to agbr systems [J]. Journal of colloid and interface science, 1992, 150 (1): 208-225.

# 第 3 章

# 纳米材料的晶体学

晶体学在纳米材料研究中占有重要地位，这是因为晶体学可以帮助我们深入理解纳米材料结构和性能之间的关系。纳米材料晶体学建立在普通晶体学的基础之上，通过如 XRD 和电子显微镜等晶体学技术，可以分析纳米材料的原子排列、晶格缺陷等特征，从而揭示这些结构特征如何影响纳米材料的电子、光学、力学等性能。通过本章的学习，读者将了解晶体学在纳米材料科学中的核心地位，掌握利用晶体学原理和技术方法来研究和优化纳米材料性能的基本方法。这不仅为后续章节的学习打下坚实基础，也为未来纳米科技领域的创新应用提供重要的理论支持。

## 3.1 关于 ZnO 的六方晶型

纳米材料晶体学中，了解和认识 ZnO 的六方晶体类型具有重要意义。ZnO 是一种重要的纳米材料，ZnO 具有宽禁带、高激子束缚能、强紫外发光和优良的半导体性能等特点，广泛应用于电子、光电、传感和催化等领域。在纳米尺度下，ZnO 表现出显著的尺寸效应和表面效应，这些效应对其光学、电学和催化性能有重大影响。

在纳米 ZnO 的研究中，最为常见的晶体结构为六方晶系纤锌矿（hexagonal wurtzite）的结构，如图 3-1 所示。图 3-1a 所示为 ZnO 晶体结构，纤锌矿结构 ZnO 的空间群属于 P6$_3$mc，

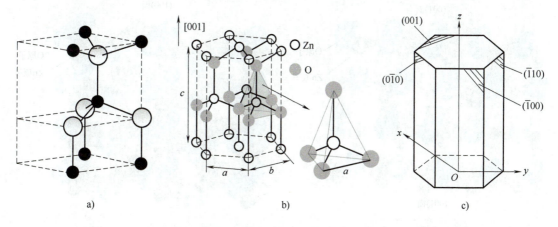

图 3-1　ZnO 的晶体结构示意图

a）ZnO 晶体结构　b）Zn 和 O 构成的锌氧四面体［ZnO$_4$］的示意　c）六方晶系的晶面结构简图

晶格常数为 $a=b=0.32498\text{nm}$，$c=0.52066\text{nm}$，其中 Zn 原子和 O 原子的排列情况相似，Zn 原子和 O 原子各组成完全相同的简单密排六方晶格，在每个 Zn 原子周围有 4 个氧原子，构成锌氧四面体 [$ZnO_4$]，如图 3-1b 所示。O 原子的晶格相对 Zn 原子沿 [001] 晶轴方向平移约 $\frac{3}{8}c$，即形成 ZnO 理想纤锌矿结构的晶格。用六方点阵表示时，每个晶胞中有 2 个 Zn 原子以及 2 个 O 原子，共 4 个原子。其中 Zn 原子位于 (0, 0, 0) 和 $\left(\frac{1}{3}, \frac{2}{3}, \frac{1}{2}\right)$，O 原子位于 (0, 0, $u$) 和 $\left(\frac{1}{3}, \frac{2}{3}, u+\frac{1}{2}\right)$，其中 $u$ 约为 $\frac{3}{8}$。图 3-1c 所示为六方晶系的晶面结构简图，$x$ 轴和 $y$ 轴位于正六边形所在的晶面上，$z$ 轴垂直于该晶面。

晶体表面科学认为，一些晶体 [指单晶 (single crystal)] 可存在极性 (polar) 的表面。按此理论，如图 3-1 所示，如果将六方 ZnO 晶胞的上表面记为 (001) 面，则该晶胞对应的下表面必为 (00$\bar{1}$) 面。如图 3-2 所示，在 (00$\bar{1}$) 表面，该晶面实为 O 原子构成的，但此时 O 与 Zn 原子的配位已不同于晶体内部。在晶体内部，1 个 O 原子与 4 个 Zn 原子配位，而以 (00$\bar{1}$) 面作主要表面时，1 个 O 原子只与 3 个 Zn 原子配位，形成配位空缺，导致 O 原子带有额外的电荷 ($\delta^-$)；反之，在以 Zn 原子构成的 (001) 面作主要表面时，Zn 原子的配位空缺导致 Zn 原子带有额外的电荷 ($\delta^+$)。因此，(00$\bar{1}$) 和 (001) 两个晶面作为主要表面时都具有极性，所带电荷相反，但绝对值相等，故整个晶体仍呈电中性。

与六方 ZnO 晶体的 (00$\bar{1}$) 和 (001) 面作为主要表面时不同，当 ($\bar{1}$00) 面作为主要表面时，如图 3-3 所示，其表面不具有极性，即该表面呈电中性，这是由于 ($\bar{1}$00) 面作表面时自身结构决定的，该结构中，($\bar{1}$00) 面由 O 原子与 Zn 原子构成，尽管此时的 O 原子与 Zn 原子都存在不饱和配位，但由于 O 原子与 Zn 原子数量相同，故多余的正、负电荷相互抵消，整个表面呈电中性。

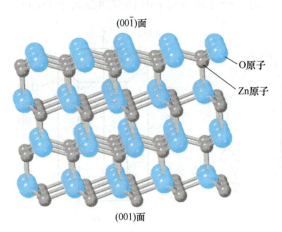

图 3-2 (00$\bar{1}$) 面和 (001) 面为主要表面的六方 ZnO 晶体结构

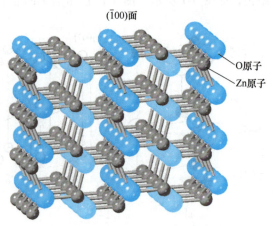

图 3-3 ($\bar{1}$00) 面为主要表面的六方 ZnO 晶体结构

## 3.2 纳米晶体生长的取向性

纳米晶体生长的取向性不仅影响纳米晶体的形貌和尺寸，还直接关系到其光学、电学、磁学和力学性能。实际应用中，无论是电子器件、光电材料，还是生物医用材料和催化剂中，纳米晶体的取向性都会显著影响其功能表现。因此，理解和控制纳米晶体的生长取向对于开发高性能纳米材料至关重要。下面通过介绍 ZnO 和 CdS 的纳米晶体生长的取向性加以说明。

### 3.2.1 ZnO 纳米晶体生长的取向性

图 3-4 给出了两种形状的纳米 ZnO 的 TEM 图像，可以观察到它们的形状分别为准球状和棒状。

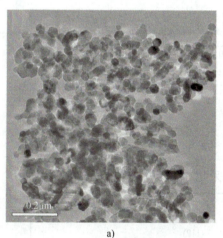 

图 3-4 两种形状的纳米 ZnO 的 TEM 图像
a) 准球状　b) 棒状

图 3-5 为上述两种形状纳米 ZnO 的 XRD 谱图，它们都属于六方晶系纤锌矿结构。从它们的 XRD 谱图可以看出，两种 ZnO 纳米晶体具有明显不同的生长取向。对比图 3-5 中的 a、b 曲线，可以看出曲线 b 中（002）衍射峰的强度明显增大，该衍射峰实为（001）晶面的二级衍射，表明对应晶体的生长优势取向是沿［001］晶轴方向（图 3-6）。由于图 3-5 曲线 b 中所示的晶体沿［001］晶轴取向性生长，导致棒状纳米 ZnO 晶体的生成；反之，图 3-5 曲线 a 中找不出生长取向性明显的晶面，或者说各主要晶面的生长速度大致相同，故对应产物的几何形状为准球形。

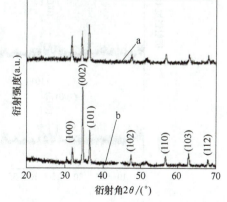

图 3-5 两种形状纳米 ZnO 的 XRD 谱图
a—准球状　b—棒状

需要指出的是，XRD 谱图中一个样品的衍射峰衍射强度有时会受多种因素影响，这些影响可对晶

25

面取向性分析产生干扰,因此,要注意干扰因素的排除。图 3-7 所示为棒状纳米 ZnO 的 XRD 谱图(取向性生长的极端结果),是六方 ZnO 沿 [001] 晶轴方向生长更加有说服力的 XRD 谱图,该图中 (002) 衍射峰极强,使六方 ZnO 晶体中其他大多数衍射峰弱到可忽略不计的程度,故可称之为沿 [001] 晶轴方向生长的极端结果。

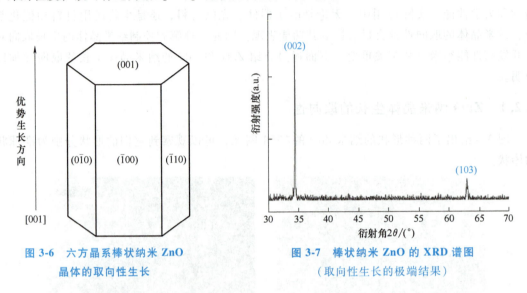

图 3-6　六方晶系棒状纳米 ZnO 晶体的取向性生长

图 3-7　棒状纳米 ZnO 的 XRD 谱图（取向性生长的极端结果）

### 3.2.2　CdS 纳米晶体生长的取向性

图 3-8 所示为在 220℃ 以二硫醇为硫源,采用水热反应的方法分别反应 1h、120h 和

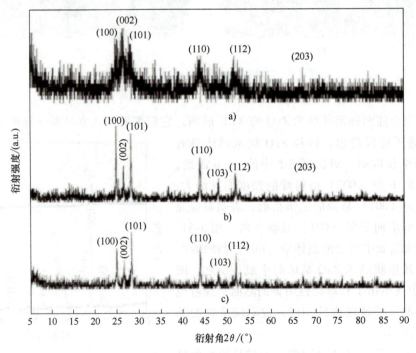

图 3-8　在 220℃ 下不同反应时间合成的 CdS 的 XRD 图谱
a) 1h　b) 120h　c) 240h

240h 合成的 CdS 的 XRD 图谱。所有样品的 XRD 谱图均与六方纤锌矿型 CdS 一致，其中几个突出的峰对应于晶面（100）、（002）、（101）、（110）、（103）、（112）和（203）。然而，随着反应时间从 1h 增加到 240h，某些衍射峰的强度相对增强。CdS 纳米颗粒（1h 的 CdS）的衍射峰变宽，明显表明形成了超细颗粒。然而，CdS 纳米线（120h 和 240h 的 CdS）的衍射峰相对强度偏离了 CdS 纳米颗粒（1h 的 CdS）的衍射峰强度，这表明纳米线的生长方向是定向的。XRD 图谱显示，一些特定方向上的峰强特别强，这表明晶体内部的原子排列不是随机的，而是有特定方向的。当比较 CdS 纳米线（120h 和 240h 的 CdS）和 CdS 纳米颗粒（1h 的 CdS）的（100）、（002）和（101）峰的强度时，发现 1h 的 CdS，最大相对强度顺序是（002）>（100）≈（101）；120h 的 CdS，最大相对强度顺序是（101）≈（100）>（002）；240h 的 CdS，最大相对强度顺序是（101）>（100）>（002）。综上表明纳米线的生长沿［101］方向进行。

图 3-9a～图 3-9c 所示为在 220℃下合成 1h、2h 和 3h 的 CdS 纳米颗粒，平均粒径分别约为 9.6nm、17.2nm 和 17.9nm。在 220℃下，将反应时间延至 4h，如图 3-9d 所示，发现大多数 CdS 以纳米线的形式附着一些纳米颗粒。如图 3-9e～图 3-9g 所示，如果在 220℃下将反应时间延长至 24h、36h、48h，也可得到附着一些颗粒的纳米线。

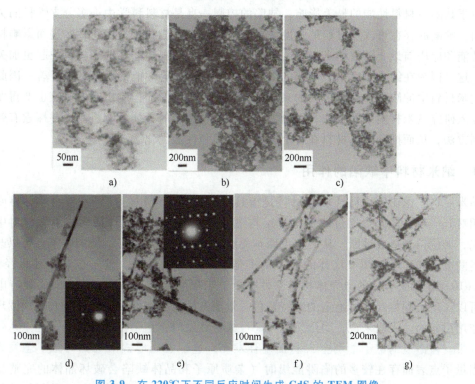

**图 3-9 在 220℃下不同反应时间生成 CdS 的 TEM 图像**
a) 1h  b) 2h  c) 3h  d) 4h［ED（electron diffraction，电子衍射）图］
e) 24h［ED 图］  f) 36h  g) 48h

晶体取向性生长受内在因素和外在因素的双重影响。内在因素是指材料本身的特性。例如，ZnO 晶体在各种氧化物中更容易形成棒状结构；在 220℃以二硫醇为硫源，采用水热反应方法合成的 CdS，反应时间短时，形成纳米颗粒，反应时间长，则形成纳米线。这种内在因素为晶体取向性生长奠定了基础。而外在因素则包括各种外部控制条件，如使用不同类型的模板、事先植入的晶种等，这些导向性控制条件可以有效调节晶体的生长方向和形貌。此外，合成过程中的环境条件，如温度、压力、反应物浓度和表面活性剂的使用，也在很大程度上影响晶体的取向性生长。这些外在因素通过改变晶体生长的动力学过程和界面能，进一步调控晶体的取向性。通过内在因素与外在因素的协同作用，研究人员努力实现了对纳米晶体生长过程的精确控制，从而优化其性能并扩展其应用范围。

## 3.3 纳米材料的缺陷

大多数材料都是由规律的、周期性的排列的组成原子构成的。这些原子排列为材料科学家所熟知，称为材料的晶体结构。理解这种晶体结构与材料性能之间的关系是材料科学的核心，然而材料的原子结构往往会有原子偏离整体周期结构的情况，它们被称为缺陷。缺陷发生在从零维到三维的各种长度尺度上。零维缺陷由晶格中原子的增加或减少导致，分别称为间隙或空位。当原子的整个平面偏离晶体结构时，就会出现一维缺陷，称为位错。二维缺陷是存在于材料二维平面内的结构缺陷，包括晶界、堆垛层错和孪晶界等。

由于缺陷对材料性能的显著影响，缺陷的控制一直是材料科学中许多分支学科的关键研究方向。缺陷的存在可改变材料的强度、导电性、光学性能和化学稳定性，进而影响材料的整体性能和应用前景。随着纳米材料的兴起，研究人员发现缺陷在纳米材料中起更加关键的作用。这是因为在纳米尺度下，缺陷的影响被放大，对材料性能的调控效果显著。因此，人们对纳米材料中的缺陷产生了极大的兴趣，对其产生、演变和控制机制的研究也变得尤为重要。深入研究纳米材料中的缺陷，可以揭示其对材料性能的具体影响机制，并探索有效的缺陷控制方法，从而推动纳米材料在各个领域的应用和性能优化。

### 3.3.1 纳米材料中缺陷的作用

纳米材料也像块体材料（块体材料是指具有大块连续体积的材料，与纳米材料或薄膜材料相对）一样，缺陷可通过改变电子结构进而影响纳米粒子的性质。在纳米材料中，一些缺陷，如位错会造成键断，从而产生原本无法实现的新的电子态，新的电子态可以改变纳米材料的电子和光学性质。这样的一个例子是量子点的光发射。量子点是一种直径为2~10nm（10~50个原子）的半导体材料，具有介于宏观半导体和离散分子之间的独特电子性质，可以产生由颗粒尺寸所确定的独特颜色。量子点的发光特性由电子、空穴及周围环境的相互作用引起的。一般来说，当激发能级超过禁带宽度时，量子点吸收光子使电子从价带跃迁至导带。被激发的电子能与空穴直接复合发光，这种发光形式常被称为激子态发光。然而，当量子点表面存在较多的陷阱能级时（杂质原子和晶体缺陷会破坏晶体的完整晶格周期性，凡在晶格周期性遭到破坏的地方，都有可能产生新的局部能级，这些能级被称为陷阱能级），被激发的电子可能会被陷阱能级捕获，之后与空穴进行非辐射复合（非辐射复合是指在半导体材料或纳米材料中，电子和空穴结合时不以光子的形式释放能量，而是通过如热能、声子等其他途径散失能量的过程），这时电子与空穴的直接复合或被陷阱能级的捕获之间处于相互竞争的关系，如果量子点表面缺陷较多，激子态的发光方式无法占主导，会造成量子点发光效率的降低。提高量子点发光效率的主要方法在于尽量减少其表面缺陷的产生，恢复激子态发光的主导作用。

缺陷也会在晶格中引起应变来影响纳米材料的力学性能，应变也会影响能带结构，从而影响纳米材料电子和化学等性质。主要表现为：①缺陷引起的应变提升一维纳米结构的力学性能。有研究用分子动力学技术计算模拟证明，固有缺陷可增强低维材料的力学性能。与完美的纳米带相比，存在缺陷的纳米带的临界应力和杨氏模量分别高出63%和26%。在实际情况下，纳米线中也观察到了这种力学性能的提升。其力学性能的提升是由于局部层错引起的应力与表面应力之间的相互作用。这种相互作用在缺陷部位改变原子排列和键合力，增强局部模量和硬度。②缺陷引起的应变提高金属纳米颗粒的催化性能。用于催化的纳米颗粒的催化活性受纳米颗粒的形状和应变状态的强烈驱动。例如，Pd纳米颗粒形成二十面体需要一个中心的位错和二十个孪晶界，这些缺陷会导致颗粒产生很大的应变，所以当Pd纳米颗粒呈高度应变的二十面体形状时，与八面体（相对未应变的形状）相比，其催化$CO_2$反应的能力显著提高。不同形状的Pd纳米颗粒的TEM图像如图3-10所示，二十面体Pd纳米颗粒催化活性提高是由于形成这些形状所需的缺陷。颗粒中受应变的原子改变了催化反应过程中关键中间体的吸附强度，进而影响纳米颗粒的催化性能。③半导体纳米颗粒中缺陷引起的应变导致纳米材料的光电特性发生变化。层错会导致半导体纳米线的光发射红移（红移指光或其他电磁辐射的波长向更长波长方向移动的现象，即向红色端移动）。层错引入的局部应变会使材料的带隙变窄。由于带隙的变窄，电子和空穴复合时释放的能量降低，发射的光子能量也随之降低。根据能量与的波长关系（$E = h\nu$，$E$是能量，$h$是普朗克常数，$\nu$是频率），这会导致光发射的波长变长，即发生红移。

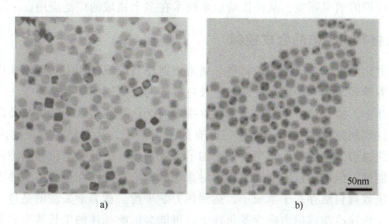

图3-10 不同形状的Pd纳米颗粒的TEM图像
a）正八面体 b）二十面体

缺陷不仅可直接影响纳米材料的性能，也可通过引导生长过程来影响纳米材料的最终形状。其中一个例子是，当纳米线的中心存在螺型位错时，纳米线可能表现出螺旋或分支的特性，这导致了Eshelby（埃舍比）扭转的产生。Eshelby扭转是一种晶体生长现象，其中，晶体沿着含有螺型位错的轴线以螺旋方式生长，导致整个晶体结构呈连续的扭转或螺旋形态。Eshelby扭转通常可通过螺型位错中心纳米线的分支螺旋生长观察到，PbS纳米线的SEM图像如图3-11所示。

综上所述，缺陷会影响纳米材料的结构、形状以及最终的物理化学性质。由于纳米颗粒

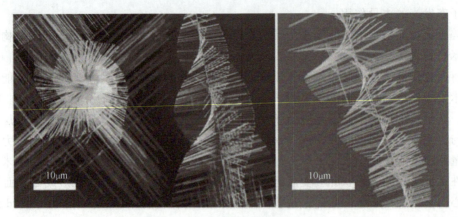

图 3-11　PbS 纳米线的 SEM 图像

的形状及性质对于其功能表现至关重要，因此，在生长过程中对缺陷的控制显得尤为关键。然而，缺陷的存在并不总是一致的，这增大了纳米材料研究的复杂性。缺陷可能会导致纳米颗粒样品的非均质性，即使在同一批次的合成过程中，颗粒中不同的缺陷类型和分布也可能不同。这种非均质性不仅影响纳米颗粒的整体性能和可重复性，还使得研究人员在表征和理解其行为时面临更大的挑战。因此，深入研究纳米颗粒中缺陷的形成机制、分布特征和演变规律，并开发有效的缺陷控制策略，是确保纳米材料性能一致性和优化其应用效果的关键。这不仅有助于在工业和技术应用中实现高性能纳米材料的稳定生产，也会为生物医用等领域提供更可靠和可控的纳米颗粒，从而推动纳米技术在多个领域的广泛应用。

### 3.3.2　纳米材料中缺陷的合成控制

通过溶液中化学反应合成的纳米材料，通常依据经典的成核和生长理论来理解其晶体结构及缺陷。热力学和动力学是控制成核与生长过程的两大关键因素。热力学关注的是系统的稳定性和平衡状态。根据热力学原理，系统总是倾向于达到能量最低及熵值最高的状态。纳米材料中，空位和间隙原子的形成会破坏原有的晶体结构，从而增加系统的内部能量。然而，它们的形成也引入了额外的无序度，增加了系统的熵。因此，空位和间隙原子的形成虽然增加了系统能量，但也通过增加熵来平衡对系统的影响。所以在适当的条件下，空位和间隙原子会以一定数量自然存在于系统中，达到热力学平衡。动力学关注的是过程进行的速度和方式。例如，快速冷却或应力应变等条件下，可能会影响晶体的生长速率和晶体结构，从而导致位错等缺陷的形成。

然而，现实情况是，在纳米材料及缺陷的形成过程中发生了许多非经典的成核和生长过程。纳米颗粒的生长可能涉及多个过程。目前，有研究阐述了成核、晶种稳定以及纳米颗粒在生长时发生的非经典过程。有研究已经直接观察到了早期的非均相成核过程，发现成核是一个极其动态的过程，在这个过程中，原子核在无定形状态和结晶状态之间波动，直到达到足够大的粒径，从而稳定了晶体结构。形成一个稳定的小晶种后，经典热力学认为，它会不断积累单体，逐渐生长成能量最低的结构。然而有研究表明，实际情况并不一定如非经典热力学认为的那样，实际上，晶种也可能参与某种形式的粒子附着，晶种与非晶颗粒的附着可能帮助形成新的晶种，从而提供一个生成纳米晶体的新途径。

粒子附着存在一种特殊情况——定向附着，在定向附着过程中，晶种可能会与其他颗粒的晶面对齐或错位结合。错位的晶面结合会导致位错、孪晶界等缺陷的形成，这是纳米材料可能产生缺陷的一种方式。从含有缺陷的晶种中生长出来的颗粒，可能会为了缓解由缺陷结构引起的应力而产生更多的缺陷。

此外，附着原子沉积速率、温度和其他合成参数也被证明对纳米颗粒中缺陷形成有影响。但对于纳米颗粒中缺陷形成的因素，特别是早期晶种形成阶段，仍有许多需要了解的地方。

## 思 考 题

1. 简述纳米晶体学和晶体学的异同。
2. 什么是六方纤锌矿结构？请描述其晶格参数和典型纳米材料实例。
3. 分析图 3-1 中 ZnO 结构的对称性。
4. 在纳米材料中，常见的晶体缺陷有哪些？请描述这些缺陷及其对材料性能的影响。
5. 如何利用纳米晶体的 TEM 图像分析其生长取向？
6. 已知 $C_{60}$ 晶体在常温下为立方面心晶胞，若晶胞边长为 1.42nm，一个碳原子的质量为 $2\times10^{-23}$ g，则此 $C_{60}$ 晶体的密度为多少？
7. 举例说明什么是晶体晶面的取向性生长。

## 参 考 文 献

[1] 胡赓详，蔡珣，戎咏华. 材料科学基础 [M]. 3 版. 上海：上海交通大学出版社，2010.

[2] KOZUKA Y, TSUKAZAKI A, Kawasaki M. Challenges and opportunities of ZnO-related single crystalline heterostructures [J]. Applied physics reviews，2014，1 (1)：011303.

[3] 卢焕明. 硅基 ZnO 薄膜与一维 ZnO 材料的显微结构研究 [D]. 杭州：浙江大学，2006.

[4] WÖLL C. The chemistry and physics of zinc oxide surfaces [J]. Progress in surface science，2007，82 (2/3)：55-120.

[5] 汪信，刘孝恒. 纳米材料学简明教程 [M]. 北京：化学工业出版社，2010.

[6] YAN X, LI Z, Chen R, et al. Template growth of ZnO nanorods and microrods with controllable densities [J]. Crystal growth and design，2008，8 (7)：2406-2410.

[7] CAO H, WANG G, ZHANG S, et al. Growth and optical properties of wurtzite-type CdS nanocrystals [J]. Inorganic chemistry，2006，45 (13)：5103-5108.

[8] GROSCHNER C K. Electron microscopy for the study of defect development in nanomaterials [M]. Berkeley：University of California，2021.

[9] 周家宇. 半导体磷化铟核壳量子点与二氧化硅基荧光纳米颗粒的制备研究 [D]. 天津：天津理工大学，2022.

[10] 李娇阳. 超窄荧光发射的绿色 CdSe 核壳量子点的合成 [D]. 郑州：河南大学，2022.

[11] ATTARIANI H, REZAEI S E, MOMENI K. Mechanical property enhancement of one-dimensional nanostructures through defect-mediated strain engineering [J]. Extreme mechanics letters 2019 (27)：66-75.

[12] HUANG H, JIA H, LIU Z, et al. Understanding of strain effects in the electrochemical reduction of $CO_2$：using Pd nanostructures as an ideal platform [J]. Angewandte chemie international edition，2017，56

(13): 3594-3598.

[13] LIU R, BELL A, PONCE F A, et al. Luminescence from stacking faults in gallium nitride [J]. Applied physics letters, 2005, 86 (2): 021908.

[14] LIU B D, YANG B, DIERRE B, et al. Local defect-induced red-shift of cathodoluminescence in individual ZnS nanobelts [J]. Nanoscale, 2014, 6 (21): 12414-12420.

[15] BIERMAN M J, LAU Y K A, KVIT A V, et al. Dislocation-driven nanowire growth and eshelby twist [J]. Science, 2008, 320 (5879): 1060-1063.

[16] HENS Z, DE ROO J. Atomically precise nanocrystals [J]. Journal of the American chemical society, 2020, 142 (37): 15627-15637.

[17] JEON S, HEO T, HWANG S Y, et al. Reversible disorder-order transitions in atomic crystal nucleation [J]. Science, 2021, 371 (6528): 498-503.

[18] XIA Y, GILROY K D, PENG H C, et al. Seed-mediated growth of colloidal metal nanocrystals [J]. Angewandte chemie international edition, 2016, 56 (1): 60-95.

[19] LIM B, XIONG Y, XIA Y. A water-based synthesis of octahedral, decahedral, and icosahedral Pd nanocrystals [J]. Angewandte chemie international edition, 2007, 46 (48): 9279-9282.

# 第 4 章

# 纳米材料的制备

包括纳米材料在内的众多材料及技术研究领域，材料的制备总是需要优先考虑的。如果材料无法规模化制备，那么相应的一系列后续研究也将无从做起。纳米材料的制备是纳米技术研究最重要的基础技术，是众多技术研究及产业化应用的先决条件，也是众多研究学者始终关注和探索的重点。为了较好地阐述纳米材料制备过程中涉及的物理和化学机理，本章将按照物理方法和化学方法的分类来介绍纳米材料的多种制备方法，但两者其实并没有严格的区分界限，分类上仍存在不同观点。

## 4.1 物理法制备纳米材料

纳米材料的物理制备方法一般指制备过程中的变化以物理变化为主的方法，也有以物理、化学方法共同作用的制备技术。

### 4.1.1 真空蒸发冷凝法

真空蒸发冷凝法，又称气体冷凝法，是在 20 世纪 80 年代初由德国萨尔大学的 H. Gleiter 教授等人首先提出并报道的。主要工作原理为：在高真空度的舱室内，导入一定压力的氩气、氮气等惰性气体，使得金属原料、合金或者陶瓷等受到高温蒸发、汽化后与惰性气体碰撞、冷却，最终使金属原子或原子簇可以重新凝聚在冷凝装置表面形成纳米微粒。

真空蒸发冷凝法的原理示意图如图 4-1 所示，整个过程均在高真空室内进行。首先通过气泵使舱室真空度达到 0.1kPa 以上，后接入压力约为 2kPa、气体纯度约为 99.9996%（体积分数）的 He 或 Ar 等惰性气体。将制备产物所需原材料放置于坩埚内，通过钨电阻加热器或石墨加热器等加热装置将材料蒸发、汽化成烟雾，烟雾由于惰性气氛的对流会逐渐上升移动至充液氮的冷却棒附近（冷阱，温度为 77K）。原材料蒸发得到的原子与惰性气体分子碰撞进而失去能量而迅速冷却，从而形成高的局域过饱和，使得在靠近冷却棒的过程中，众多原子先

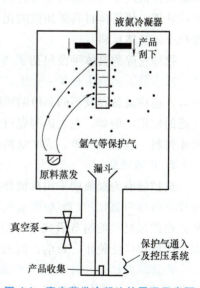

图 4-1 真空蒸发冷凝法的原理示意图

形成原子簇再形成单个的纳米微粒,单个纳米微粒聚合长大直到在冷却棒表面聚集生长,用聚四氟乙烯刮刀将其刮下,收集得到纳米粉末。调节惰性气体的方向、流速及气体压力来控制沉积的位置、沉积速率、颗粒大小,也可通过调节衬底的温度(加热或制冷)来调节蒸发温度、蒸发速率来控制产物的结晶度、颗粒大小和均匀性等。

真空蒸发冷凝法需要在高真空或低压环境下进行,以确保材料蒸汽或离子的自由传播,避免与气体分子发生碰撞而降低沉积效率。真空环境的建立可通过真空泵等设备实现。在材料加热方面,目标材料被加热至其蒸发温度,材料的表面原子或分子获得足够的能量,以克服表面张力并转变为气态。用真空蒸发冷凝法制备的纳米微粒主要具有三个优点:①纯度高,且有良好结晶度、表面洁净;②粒度齐整,粒径分布窄;③粒度易控制。理论上该方法适用于任何被蒸发的元素以及化合物,多用于制备纳米薄膜或者纳米粉体。由于这些优点,许多研究者对真空蒸发冷凝法进行了深入研究,在此基础上,对制备方法进行了改进,产生了许多新的纳米微粒制备方法,并扩大了制备纳米微粒的范围。目前,根据加热源或加热方式的不同,真空蒸发冷凝法可分为电阻加热蒸发法、激光束加热蒸发法、电子束加热蒸发法、电弧放电加热蒸发法等。

### 4.1.2 物理粉碎法

由固体块材制备纳米材料最直接的方法就是粉碎法,即通过添加外力作用将固体块材不断细化,直到达到纳米尺度。粉碎法在生活中也很常见,如将蒜捣成蒜泥、将小麦研磨成面粉、将黄豆打成豆浆等。该过程中常用到的捣、研磨两个动作,即通过重力势能将块体砸碎,对块体施加应力将其碾碎。物理粉碎法是一种通过物理方法得到纳米粒子的方法,在粉碎过程中,由于机械力的作用,物料内部结构被破坏,引起化学键合断裂,生成不饱和基团、自由离子和电子,产生新的表面,造成晶格缺陷,从而使物料内能增高,处于一种不稳定的化学活性状态,这是一种瞬时状态且释放的自由离子和电子的数目非常有限,一旦粉碎过程停止,这些自由离子和电子很快就会被周围环境捕获或重新结合。物理粉碎法不涉及化学反应,因此保持了物料原有的化学性质。此外,物理粉碎法还可用于化学法制备的粉体材料后处理,使粉体材料更加微细化,在合适的控制手段下,甚至可以制备出粒度分布均匀、颗粒小的粉体材料。

物理粉碎的具体手段包括机械研磨、喷气式超细粉碎法等,这种方法的特点是操作简单、成本低,适合大批量工业生产。物理粉碎法涉及的设备包括球磨机、砂磨机、气流粉碎机等,这些设备以及不同品级的研磨介质的使用,使得物理粉碎法在粉体材料的制备中具有广泛的应用。例如,在先进陶瓷行业中,物理粉碎法通过机械粉碎、电火花爆炸等方法得到粉体材料,其操作简单、成本低的优点使其成为一种常用的粉体制备工艺。

**1. 机械研磨**

机械研磨为经典的采用机械能制备超细材料和纳米材料的方法,即利用各种超微粉碎机械设备将原料直接粉碎、研磨成超微粉体,常用于矿物加工、陶瓷工艺和粉末冶金等加工领域。在纳米材料的制备研究中,由于该方法具有较低成本、高产量以及制备工艺简单等优点,因此被广泛使用。目前,国内市场已有行星磨、分子磨等各种高能球磨机产品。

高能球磨机是一种通过高速旋转的磨筒和内部研磨球产生高能冲击作用,实现材料粉碎和混合的设备。与传统筒式低能球磨机相比,该设备的优势在于磨球的运动速度较大,适合大规模生产和纳米材料制备。行星磨是高能球磨机的一种，其特点是磨球在磨腔中不仅随磨盘一起旋转，还围绕磨盘的中心轴做行星运动，产生高能冲击和磨削作用。这种运动方式增加了磨球与材料之间的碰撞次数和能量，从而提高了磨碎效率和材料的混合均匀性，对加工对象的要求是硬度适中且具备较好的脆性，以及适合硬质材料的粉碎和混合，侧重于实验室研究和新材料研制。分子磨工作原理与行星磨类似，但更侧重于实现分子级别的粉碎，主要通过对待加工产物进行低温冷冻的预处理，使待加工产物由高弹态进入玻璃态，脆性增加。实际操作中需将冷空气或者液氮不断输入带有保温装置的球磨机中，使加工体系处于一定的低温环境，适用于新鲜动植物、橡胶等韧性较大的高分子材料或聚合物。以图 4-2 所示球磨法为例，球磨机转盘上可安装多个球磨罐，转盘转动时，由于机器的高速运转，球磨罐内的球磨珠通过猛烈撞击、碾压、研磨物料，最终实现材料的粉碎。

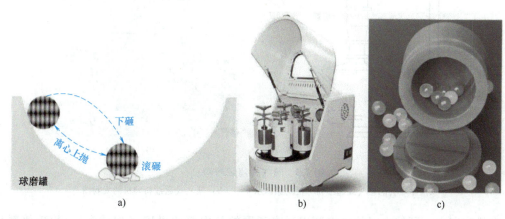

图 4-2 球磨法

a）球磨法工艺示意图 b）球磨机 c）球磨珠

使用球磨法需要注意两个问题。第一个问题是随着物料粒径的不断减小，颗粒的比表面积不断增加，颗粒的表面能也随之增加，此时颗粒之间的吸附、团聚现象逐渐增强。球磨到一定时间后，粉碎和团聚达到动态平衡，即使延长时间，物料也不容易磨碎。为打破此平衡，可以添加适当的助磨剂来降低物料的内聚力、防止颗粒团聚，使颗粒更容易磨碎，同时改善物料的流动性使其分布更均匀，提高研磨效率。例如，湿法研磨锆英石时加入 0.2% 的三乙醇胺，使研磨时间减少 3/4。另一个重要问题是如何避免球磨过程中对材料的污染，如球磨珠磨损导致的金属污染，材料与空气接触产生的氧化等，一般通过减少球磨时间、采用真空密封以及在手套箱中操作等措施尽量减少球磨法所带来的污染。因此，通过添加水或者其他液体与物料混合进行的湿法球磨应用得较多，这是因为湿法球磨可通过液体介质帮助控制温度，减少过热风险，液体介质也会提供一定的润滑作用而减少磨损，可以减少材料的氧化和污染，使能耗更低；但干法球磨的优势在于无需水或者其他液体介质，避免了材料的干燥、脱水步骤，同时由于没有液体介质的携带作用，物料损耗较少，也不会产生废液，得到的粉末具有较好的流动性和分散性，减少了粉末颗粒间的黏附力，降低了结块的可能性。

**2. 喷气式超细粉碎法**

喷气式超细粉碎是使物料颗粒与固定的冲击板进行高速冲击碰撞，或颗粒之间相互碰撞的方法。图 4-3a 所示为单喷管的喷气式超细粉碎机的原理示意图。从进料口送入的物料在高压气流的推动下高速撞击冲击板,形成粗细不同的颗粒。涡轮机向上鼓风,将粗细不同的颗粒向上推送。较粗的颗粒逐渐下沉至粉碎室,而较细的颗粒上浮进入分级器(或风选器)。调节涡轮机的风力,使满足条件的颗粒一直上浮至出料口。未达到要求的粗颗粒则从管道返回粉碎室,进行下一轮的粉碎。为了使物料实现超细粉碎,可采用双喷管对喷。物料在高速气流的推动下对喷,具有冲击强度大、能量利用率高、产物粒径小,以及获得的颗粒表面光滑、形状规则、纯度高、活性大、分散性好等优点。图4-3b所示为喷气式超细粉碎机的实物图。

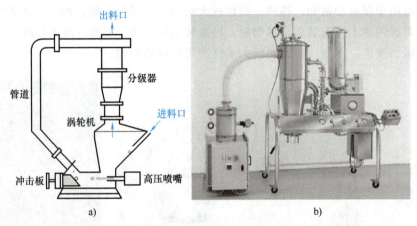

图4-3 喷气式超细粉碎机
a) 单喷管的喷气式超细粉碎机的原理示意图  b) 喷气式超细粉碎机的实物图

在粉碎室中,颗粒之间的碰撞频率远高于颗粒与内壁的碰撞(如球磨),粉碎效率高、粒径可达1~5nm。因此,气流粉碎具备高效率、低能耗、系统封闭、可在低温下操作等优点,适用于脆性材料、聚集性颗粒、凝聚体颗粒的超细粉碎。但同时由于设备成本高、噪声大、存在物料损耗、分级和收集过程复杂、困难等缺点,所以该方法的大规模应用受到了限制。

## 4.1.3 溅射法

溅射法是一种利用高能粒子轰击靶材来制备薄膜的现代技术方法。溅射法的工作原理如图4-4a所示,将两块金属板(Al阳极板和蒸发原料靶阴极板)平行放置在氩气气氛中(气体压力为40~250MPa),在两极间施加0.3k~1.5kV的电压,产生辉光放电形成Ar离子束,在电场作用下,离子束轰击阴极的蒸发原料靶,使离子的动能和动量转移给固体表面的原子,因化学键断裂而飞出(或称飞溅)原料靶的原子由表面被撞击出来后,与惰性气体碰撞冷却或与活性气体反应形成纳米微粒沉积在阳极板上。在规模化应用过程中,普通溅射法存在低效率、衬底温度高等缺点,19世纪后期逐渐发展了磁控溅射技术,其工作原理如图4-4b所示,该技术是在阴极靶中引入磁场,利用电子在磁场中的洛伦兹力延长电子的运动轨迹,增加电子与气体分子的碰撞概率,提高气体分子的电离效率,可以有效提高轰击阴极靶的离子数,提高溅射效率。阴极板材料可以是金属、合金或非金属元素。粒子的大小和尺寸分布主要取决于两电极间的电压、电流和气体压力。同时,靶材的面积越大,原子的蒸发速度越高,获得的超细微粒的量也越多。同时,如果将蒸发靶材做成几种元素(金属或

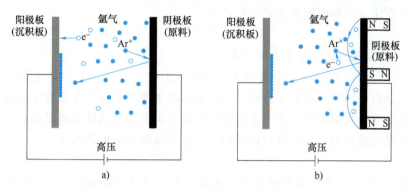

图 4-4 溅射法
a) 溅射法的工作原理示意图　b) 磁控溅射的工作原理示意图

者化合物）的组合，也可制备复合材料的纳米微粒。

溅射法制备纳米微粒的优点：①改变蒸发原料靶可以制备不同纳米微粒，包括不同熔点的金属（常规蒸发法仅适用于低熔点金属制备），甚至是制备多元化合物；②增大原料靶蒸发面可以获得更多的纳米微粒；③可以制备可控的纳米颗粒薄膜等。溅射法制备生成的纳米微粒平均粒径可以控制在 10~40nm，且粒度分布窄，该方法是一种产物粒度很整齐的纳米微粒制备方法。

## 4.2　化学法制备纳米材料

### 4.2.1　化学气相沉积法

化学气相沉积（chemical vapor deposition，CVD）法是利用气态原料在衬底表面发生化学反应制备材料的方法，过程包括反应气体到达基材表面、反应气体分子被基材表面吸附、在基材表面发生化学反应和形核以及生成物在基材表面扩散和沉积等过程。这种方法已广泛引用于单晶、多晶、非晶的生长，还可用于外延、异质结、超晶格和特定纳米结构形态的沉淀。

**1. CVD 的反应原理**

CVD 是涉及与化学反应有关的反应热力学和反应动力学的复杂过程。按照热力学原理，化学反应的自由能变化 $\Delta G_r$ 可用反应生成物的标准自由能 $G_f$ 来计算，即

$$\Delta G_r = \sum \Delta G_f(\text{生成物}) - \sum \Delta G_f(\text{反应物})$$

$\Delta G_r$ 与反应系统的平衡常数 $K_p$（以分压表示）之间的关系为

$$\Delta G_r = -2.3RT\lg(K_p)$$

在实际化学反应中，动力学问题包括反应气体在表面的扩散、吸附、化学反应以及产物和副产物从表面解吸与扩散等过程。当基片温度较低时，反应速率 $\tau$ 随温度呈指数规律变化，即

$$\tau = Ae^{-\Delta E/RT}$$

式中，$A$ 为有效碰撞的频率因子；$\Delta E$ 为活化能；$R$ 为气体常数，$R = 8.314\text{J}/(\text{mol}\cdot\text{K})$。当基片温度较高时，反应速率较快，反应物及副产物的扩散速率成为决定反应速率的主要因

素，此时，反应速率 $\tau$ 与温度的关系可表示为

$$\tau \sim T^{1.5 \sim 2.0}$$

在 CVD 中，常见的化学反应有以下 3 种：

(1) **热分解反应** 热分解反应是最简单的沉积方式。许多元素的氢化物、羟基化合物和有机金属化合物可以以气体形式存在，且在适当的条件下会在基片上发生热分解反应。热分解一般指在简单的高温炉中，在真空或惰性气体保护下加热基体至所需的温度后，导入反应物气体使之发生热分解，最后进行沉积的过程。热分解反应的通式为

$$AB(g) \longrightarrow A(s) + B(g)$$

在这一反应中，A、B 代表两种元素（或化合物），s 表示固相，g 表示气相。一个比较典型的例子是，$SiH_4$ 热解沉积多晶硅和非晶硅的反应，即

$$SiH_4(g) \xrightarrow{700 \sim 1100℃} Si + 2H_2 \uparrow$$

(2) **化学合成反应** 化学合成法比热分解应用范围更广。多数沉积过程都涉及两种或多种气态反应物在一个加热基体上发生的化学反应，这类反应称为化学合成反应。较为普遍的是用氢气还原卤化物来沉积各种金属和半导体材料。此外，选用合适的氢化物、卤化物或金属有机化合物来沉积薄膜，也属于化学合成反应。化学合成反应的实例为

$$SiCl_4 + 2H_2 \xrightarrow{1150 \sim 1100℃} Si + 4HCl$$

$$SiCl_4 + CH_4 \xrightarrow{1400℃} SiC + 4HCl$$

(3) **化学输运反应** 将需要沉积的物质作为源物质（非挥发性物质），借助适当的气体介质与之发生反应而形成一种气态化合物，这种气态化合物经化学迁移或利用载体（载气）传输而输运到与原区温度不同的沉积区，并在基片上再发生逆向的反应，使源物质重新在基片上沉积，这种反应过程称为化学输运反应，气体介质称为输运剂。

**2. 常见的 CVD 技术**

CVD 装置一般包括：反应气体和载体的供给和气体的计量装置；必要的加热和冷却系统；反应副产物气体的排除装置。在沉积温度下，反应物必须有足够高的蒸气压，要保证能以适当的速度被引入反应室。除了必需的反应产物，其他物质必须易挥发。下面介绍几种常用的 CVD 技术。

(1) **常压 CVD** 常压 CVD 技术是 CVD 反应中最常用的一种类型，如图 4-5 所示。这类反应通常在常压下进行，因而装料、卸料方便。整个反应装置一般包括气体净化系统、气体测量和控制部分、反应器、尾气处理系统和真空系统等。

选择常压 CVD 技术时，原料不一定在室温下都是气体。若使用液体原料，需加热使其产生蒸气，再由载流气体携带进入反应室；若用固体原料，加热升化后产生的蒸气由载流气体带进入反应室。这些反应物进入沉积区之前，一般不希望它们之间能相互反应。因此，在低温下会发生相互反应的物质，进入沉积区之前应隔开。

常压 CVD 的工艺特点是能够连续供气和排气，物料运输一般是通过不参加反应的惰性气体来实现。由于至少有一种反应产物可连续地从反应区排出，这就使反应总处于非平衡状态，从而利于形成薄膜层。另外，常压 CVD 沉积工艺容易控制，工艺重复性较好，工件容易取放，同一反应器配置可反复多次使用。

(2) **低压 CVD** 低压 CVD 的技术原理与常压 CVD 基本相同，如图 4-6 所示，其主要区

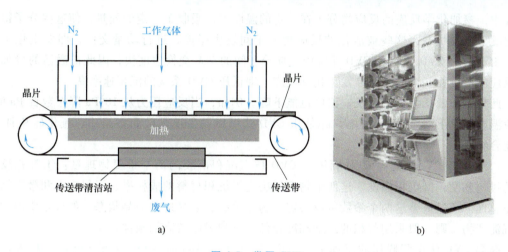

图 4-5　常压 CVD
a）常压 CVD 的工作原理　b）常压 CVD 设备的外观

别是：由于低压下气体的扩散系数增大，使气态反应剂与副产物的质量传输速度加快，沉积的反应速度增加。由气体分子运动论可知，气体的密度（$n$）和扩散系数都与压力有关，其中前者与压力成正相关，而后者与压力成反比。气体分子的平均自由程 $\bar{\lambda} = 1/\sqrt{2}\,\pi\sigma^2 n$，其中，$\sigma$ 为分子直径。当反应容器内的压力从常压（约 $10^5$ Pa）降至低压 CVD 所采用的压力 $10^2$ Pa 以下时，即压力降低了 1000 倍，分子平均自由程将增大（较常压）1000 倍左右。因此，低压 CVD 系统内气体的扩散系数比常压 CVD 大 1000 倍。扩散系数大，意味着质量传输速度快，气体分子的不均匀分布能够在很短的时间内消除，使整个系统空间气体分子均匀分布。所以能生长出厚度均匀的薄膜。而且由于气体的扩散系数和扩散速度都增大，基片就能以较小的间距迎着气流方向垂直排列，使生产率流程大大提高，并且可以减少自掺杂，进而改善杂质分布。

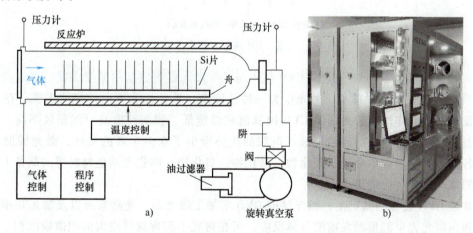

图 4-6　低压 CVD
a）低压 CVD 的工作原理　b）低压 CVD 设备的外观

由于气体分子的运动速度快，参加反应的气体分子在各点所吸收的能量大小相差很少，因此它们的化学反应速度在各点也就大体相同，这是均匀沉积的原因之一。在气体分子输运过程中，参加化学反应的反应物分子在一定的温度下，吸收了一定的能量，使这些分子得以活化处于激发状态，这些被活化的反应物分子间发生碰撞，进行动量交换，即发生化学反应。由于低压 CVD 比常压 CVD 系统中气体分子间的动量交换速度快，因此被激活的参加化学反应的反应物气体分子间易发生化学反应，即低压 CVD 系统的沉积速率高。

此外，随着压力下降，反应温度也能下降。例如，当反应压力从 $10^5$Pa 降至数百 Pa 时，反应温度可以下降至 150℃ 左右。用低压 CVD 法可以制备单晶硅和多晶硅、氮化硅和 Ⅲ-Ⅴ 族化合物等。

(3) 高温 CVD　高温 CVD 利用了 CVD 技术沉积薄膜的两个重要物理量：①气相反应物的过饱和度，②沉积温度。这两个物理量决定了沉积材料的成核率、沉积速率和微观结构的完整性。通过调整这两个参数可以决定产物是单晶、多晶还是非晶状态。如果希望得到单晶沉淀产物，则一般采用气相的过饱和度较低、沉积温度较高的条件。

高温 CVD 法沉积膜层的原理是，利用挥发性的金属卤化物和金属有机化合物等，在高温下发生气相化学反应，包括热分解、氢还原、氧化、置换反应等，在基板上沉积所需的氮化物、氧化物、碳化物、硅化物、硼化物、高熔点金属、半导体等薄膜，如图 4-7 所示。

在反应过程中，以气体形式提供构成薄膜的原料，反应尾气由抽气系统排出。热能（辐射、热传导、感应加热等）除加热基板到适当温度之外，还对气体分子进行激发、分解，促进其反应发生。分解生成物或反应产物沉积在基板表面形成薄膜。

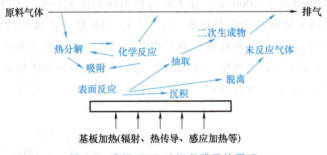

图 4-7　高温 CVD 法沉积膜层的原理

(4) 激光辅助 CVD　激光辅助 CVD 技术是采用激光作为辅助的激发手段，促进或控制 CVD 过程进行的一种沉积技术。激光作为一种强度高、单色性和方向性好的光源，在 CVD 过程中发挥着重要作用。激光辅助 CVD 因其沉积温度低、膜层纯度高、沉积效率高、成膜材料种类广以及无需掩膜的高精度选区沉积的优势吸引了众多学者的关注，激光辅助 CVD 技术在各类薄膜材料如单金属、碳化物、氮化物、氧化物、陶瓷类功能材料等的制备上，具有巨大的技术优势与应用潜力。

在常规 CVD 设备的基础上，激光辅助 CVD 增加了激光器、光路系统以及激光功率测量装置，利用激光光束能量激发前驱气体反应，可在衬底上实现选区或大面积薄膜沉积。几乎所有适用于常规 CVD 沉积的材料都可用于激光辅助 CVD 方法。按激光作用机制，激光辅助 CVD 被划分为热解激光辅助 CVD 和光解激光辅助 CVD，其工作原理如图 4-8 所示，也有光热混合激光辅助 CVD。

1) 热解激光辅助 CVD。激光能量对基片的加热作用可促进衬底表面的化学反应，从而在对基片加热温度不太高时也能达到化学气相沉积的目的。

2）光解激光辅助 CVD。高能量光子可直接促进反应物气体分子的分解。由于许多常用反应物分子（如 $SiH_4$、$CH_4$ 等）的分解要求的光子波长均小于 220nm，因而一般只有紫外波段的准分子激光才具有这一效应。

热解激光辅助 CVD 中，激光束诱导基体局部升温，热流区域附近的反应气体分子受热碰撞，发生局部化学反应，生成大量的活性基团，随后这些活性基团在基体吸附、凝结、结晶、生长成薄膜，与光解激光辅助 CVD 相比，热解激光辅助 CVD 过程中的前驱气体化学反应充分、激光光源能量高、薄膜沉积速率高、具有良好的晶体取向和微观结构控制性。然而，由于涉及超快的升温降温过程，热解激光辅助 CVD 通常要求衬底导热性好、热力学性能好、热稳定性好、不易熔化。不同于热解激光辅助 CVD，光解激光辅助 CVD 中的激光通常采用平行于衬底的水平辐照形式，使用具有高光子能量的短波长脉冲激光作为光解激光辅助 CVD 系统的光源。与热解激光辅助 CVD 相比，光解激光辅助 CVD 更有利于降低沉积温度、制备薄膜的热应力小，而且在沉积过程中，不易发生熔解与再结晶，所制备的薄膜均匀性好。但是，在高能量密度和高沉积气压条件下，光解反应易生成均一的分子团，这些分子团容易扩散到沉积腔内壁和通光窗口等处，生长区域难以控制，导致沉积效率一般低于热解激光辅助 CVD。其另一缺点是未完全分解的大分子基团作为副产物与待制备材料共沉积，影响薄膜纯净度。通过热效应和光效应，激光辅助 CVD 可以实现反应物在机体表面的薄膜选择性沉积，即只在需要沉积的地方才用激光束照射机体表面，从而获得所需的沉积图形。

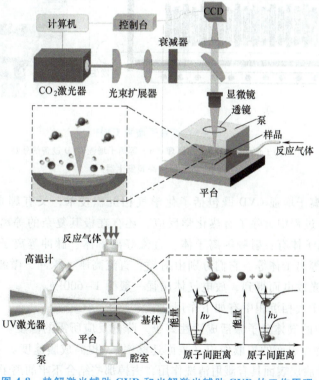

图 4-8　热解激光辅助 CVD 和光解激光辅助 CVD 的工作原理

CCD—charge-couple device，电耦合器件　$h$—普朗克常数　$\nu$—频率

（5）等离子增强CVD 无论是常压CVD还是低压CVD，都是利用发生在基体表面的反应来制作薄膜的。为此，必须使基体温度达到数百摄氏度。在集成电路和电子元器件的制作中，越来越多地使用微细加工技术制备元件，但这类元件难以承受几百摄氏度的高温，因此必须开发能低温成膜的CVD技术。

等离子增强CVD利用辉光放电的物理作用来激活化学气相沉积反应，如图4-9所示。辉光放电所形成的等离子体中，由于电子和离子的质量相差悬殊，二者通过碰撞交换能量的过程比较缓慢，所以在等离子体内部，各种带电粒子各自达到其热力学平衡状态，于是在这样的等离子体中将没有统一的温度，就只有所谓的电子气温度和离子温度。此时，电子气温度比普通气体分子的平均温度高 10~100 倍，电子能量为 1~10eV，相当于温度 $10^4 \sim 10^5$ K，而气体温度在 $10^3$ K 以下，一般情况下，原子、分子、离子等粒子的温度只有 25~300℃。所以，从宏观上来看，这种等离子体的温度不高，但其内部却处于受激发的状态，其电子能量足以使气体分子键断裂，并导致具有化学活性的物质（活化分子、离子、原子等）产生。当处于等离子体场中时，由于反应气体的电激活而大大降低了反应温度，使本来需要在高温下才能进行的化学反应，在较低的温度甚至在常温下也能发生，并在基体上形成固体薄膜。

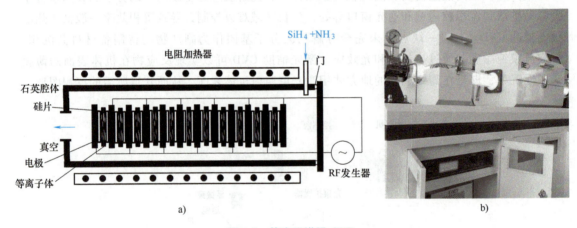

图 4-9 等离子增强 CVD
a）等离子增强 CVD 的工作原理  b）等离子增强 CVD 设备的外观
RF 发生器—高频发生器

由此可见，等离子增强CVD既包括了化学气相沉积技术，又有辉光放电的增强作用。在等离子增强CVD过程中，除了有热化学反应，还存在极其复杂的等离子体化学反应。用于激发CVD的等离子体有：射频等离子体、直流等离子体、脉冲等离子体、微波等离子体以及电子回旋共振等离子体等。它们分别由射频、直流高压、脉冲、微波和电子回旋共振激发稀薄气体进行辉光放电而得到，放电气体压强一般为1~600Pa。

等离子体在化学气相沉积中有如下作用：
1）将反应物中的气体分子激活成活性离子，降低反应所需的温度。
2）加速反应物在表面的扩散作用（表面迁移率），提高成膜速度。
3）对于基体及膜层表面具有溅射清洗作用，去掉那些结合不牢的离子，从而加强附着力。
4）由于反应物中的原子、分子、离子和电子之间的碰撞和散射作用，使形成的薄膜厚度均匀。

因此，等离子增强 CVD 相较于普通 CVD 有如下优点：

1) 可以低温成膜（常用温度是 300~350℃），对基体影响小，并可避免高温成膜造成的膜层晶粒粗大以及膜层与基体生成脆性相等问题。

2) 等离子增强 CVD 在较低的压强下进行，反应物中的分子、原子和等离子基团与电子之间的碰撞、散射和电离等作用，提高了沉积材料成分的均匀性，使其针孔少、组织致密、内应力小、不易产生裂纹。

3) 扩大了等离子增强 CVD 的应用范围，特别是提高了在不同基体上制取各种金属、非晶态无机以及有机材料的可能性。

4) 等离子增强 CVD 沉积材料对基体的附着力大于普通 CVD。

(6) 金属有机化合物 CVD　金属有机化合物 CVD 是一种利用金属有机化合物的热分解反应以及随即发生的化学合成反应进行气相外延生长薄膜的 CVD 技术。该方法目前在化合物半导体薄膜的气相生长中得到了比较广泛的应用。金属有机化合物 CVD 设备的外观如图 4-10 所示。

金属有机化合物 CVD 中作为含有半导体化合物元素的原料化合物必须满足以下条件：常温下较稳定且容易处理；反应副产物不应妨碍晶体生长、不污染生长层；在室温附近具有一定的蒸气压。金属有机化合物 CVD 是近十几年迅速发展起来的新型外延技术，被成功用于制备超晶格结构、超高速器件和量子阱激光器等。其主要优点是沉积温度低，应用范围广，几乎可生长所有的化合物和合金半导体。金属有机化合物 CVD 技术比较容易控制沉积速率，也可多次沉积不同

图 4-10　金属有机化合物 CVD 设备的外观

成分的极薄的薄膜层，因而可制造超晶格材料和外延生长各种Ⅲ-Ⅴ族和Ⅱ-Ⅵ族化合物半导体异质结薄膜，还有高温超导陶瓷薄膜。

金属有机化合物 CVD 的特点是：

1) 金属有机化合物 CVD 沉积温度低。例如 ZnSe 薄膜，采用普通 CVD 技术时的沉积温度为 850℃左右，而采用金属有机化合物 CVD 时仅为 350℃左右；又如用四甲基硅烷为源制备 SiC，沉积温度<300℃，远低于用 $SiCl_4$、和 $C_3H_8$ 为源的沉积温度（1300℃）。由于沉积温度低，因而减少了自污染（衬底、反应器等的污染）、提高了薄膜的纯度；由于许多宽禁带材料有易挥发组分，高温生长易产生空位，形成无辐射跃迁中心，空位与杂质的存在是造成自补偿的原因，所以低温沉积利于降低空位密度并解决自补偿问题，对衬底取向要求低。

2) 由于金属有机化合物 CVD 不采用卤化物原料，在沉积过中不存在刻蚀反应，以及可通过稀释载气来控制沉积速率等，利于沉积沿膜厚度方向成分变化极大的膜层和多次沉积不同成分的极薄膜层（几纳米厚），因而可用制备超晶格材料和外延生长各种异质结构。

3) 金属有机化合物 CVD 的适用范围广，几乎可以生长所有化合物和合金半导体，而且金属有机化合物 CVD 是非平衡的生长过程。

4) 仅单一的生长温度范围是金属有机化合物 CVD 正常进行的必要条件，反应装置容易

设计，较气相外延简单。生长温度范围较宽，生长易于控制，适宜于大批量生产。

5) 金属有机化合物 CVD 可在蓝宝石、尖晶石基片上实现外延生长。

但是传统金属有机化合物 CVD 工艺是采用气态金属有机物先驱体，对于组分复杂的金属氧化物薄膜，往往不能获得相应的气态先驱体，或者气态先驱体成本太高。考虑很多薄膜材料的金属有机物液态先驱体容易制备或获得，近年来发展了液态源金属有机化合物 CVD，它作为一种新方法已经应用于制备多组元金属氧化物薄膜，能很好地避免多源输送面临的复杂性问题，将各种源溶入有机溶剂，得到混合良好的先驱体溶液，然后送入汽化室得到气态源物质，再经过流量控制送入反应室，或者直接向反应室注入气体，在反应室内汽化、沉积。这种方式的优点是简化了源输送方式，对源材料的要求降低，便于实现多种薄膜的交替沉积以获得超晶格结构等。

**3. 影响 CVD 材料层质量的因素**

(1) 反应混合物的供应分压　毫无疑问，对于任何沉积体系，反应混合物的供应是决定材料层（沉积物）质量最重要因素之一。在材料研制过程中，总要通过实验选择最佳反应物分压与其相对应。

(2) 沉积温度　沉积温度是最主要的工艺条件之一。由于沉积机制不同，它对沉积物质量的影响程度也不同。同一反应体系在不同温度下，沉积物可以是单晶、多晶、无定形物，甚至根本不发生沉积。

(3) 衬底材料　化学气相沉积法制备无机薄膜材料，都是在一种固态基体表面（衬底）上进行的。对于沉积物质量，基体材料是一个十分关键的影响因素。

(4) 系统内总压和气体总流速　系统内总压和气体总流速在封管系统中起重要作用。它们直接影响输运速率，进而波及生长层的质量。开管系统一般在常压下进行，很少考虑总压力的影响，但也有少数情况下是在加压或减压下进行的。在真空（1Pa 至几百帕）且沉积作用日益增强的情况下，它往往会改善沉积层的均匀性和附着性等。

(5) 反应系统装置因素　反应系统的密封性、反应管和气体管道的材料以及反应管的结构型式对产品质量也有不可忽视的影响。

(6) 原材料的纯度　大量事实表明，器件质量不合格往往是由于材料问题，而材料质量又往往与原材料（包括载气）纯度有关。

**4. CVD 制备纳米薄膜材料的实例**

用化学气相沉积法制备 $IrTe_2$ 薄膜的管式炉的图示如图 4-11 所示，其典型过程如下：

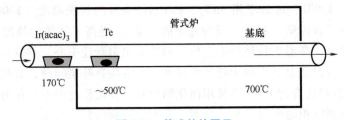

图 4-11　管式炉的图示

(1) 准备衬底　本实验用到 3 种不同的衬底。

1) 六角 BN（h-BN）衬底。h-BN 晶体粉末在 $SiO_2/Si$ 晶圆上机械剥离得到 h-BN 薄片。将 $SiO_2/Si$ 晶圆上的 h-BN 薄片在空气中 500℃ 下退火 1~2h，以去除可能的聚合物残留物。

2) 蓝宝石衬底。实验前将蓝宝石衬底在1000℃退火1~2h。

3) 云母衬底。使用前先去除云母片的外皮，得到新鲜的衬底。

(2) 用 Ir(acac)$_3$ 前驱体生长 IrTe$_2$ 薄膜　将装有 Ir(acac)$_3$ 前驱体（10~20mg）的氧化铝舟放在炉外（温度约为170℃），将另一只装有 Te 粉（约20g）的氧化铝舟置于炉子上风口（温度约为500℃），基底放在炉子中央（温度为700℃）。

使用流量为20sccm（sccm 的全称为 standard cubic centimeter per minute，标准立方厘米每分钟）的氩气和20sccm 的氢气作为载气，总压力维持在约5kPa。通过优化反应时间、反应温度、Ir 前驱体的加热温度、通量率和载气比例等实验条件来生长薄膜。

(3) 用 IrCl$_3$ 前驱体生长 IrTe$_2$　将装有 Te 粉（约4g）的氧化铝舟放在双温区炉的第一温区，温度为500℃。将另一只装有 IrCl$_3$ 的 SiO$_2$/Si 衬底的氧化铝舟置于第二温区，温度为700℃。载气是流量为100sccm 的氩气和20sccm 的氢气，将总压力保持在标准大气压下。通过优化反应时间、反应温度、Ir 前驱体的加热温度、通量率和载气比例等实验条件来生长薄膜，其 SEM 图像如图4-12a 所示。

(4) 用 Ir 前驱体生长 IrTe$_2$　利用真空蒸发法在 SiO$_2$/Si 衬底上沉积约20nm 厚的金属铱膜。将含有 Te（约4g）的氧化铝舟放入双温区炉的第一温区，温度为500℃，将另一个装有衬底的氧化铝舟放在第二温区，温度为800℃。载气是流量为1000sccm 的氩气和20sccm 的氢气，将总压力保持在大气压下。制备的 IrTe$_2$ 薄膜的 SEM 图像如图4-12b 所示。

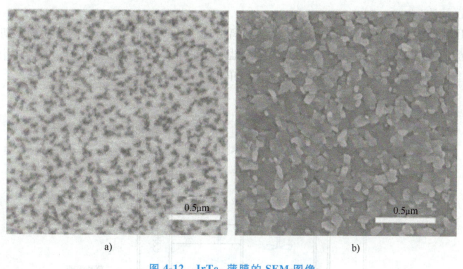

图 4-12　IrTe$_2$ 薄膜的 SEM 图像
a) 用 IrCl$_3$ 前驱体　b) 用 Ir 前驱体

## 4.2.2 液相化学反应法

液相化学反应法是目前实验室和工业生产经常采用的合成纳米材料的方法之一，其特点是以均相溶液为出发点，通过各种途径使溶质和溶剂分离，溶质形成一定形状和大小的颗粒或其前驱体，干燥或热分解后得到纳米材料。与固相反应相比，使用液相化学反应法生长纳米材料的反应条件比较温和。液相化学反应法不需要在高温下长时间焙烧，也可以合成高熔点、多组分的化合物。液相化学反应法主要包括沉淀法、水解法、喷雾法、溶剂热法和微乳液法等。

## 1. 沉淀法

沉淀法是在原料溶液中添加适当的沉淀剂，使原料溶液中的阳离子形成各种形式的沉淀物，该方法是液相化学方法中制备高纯度纳米微粒使用最广泛的方法之一。用沉淀法制备纳米微粒的过程：在包含一种或多种离子的可溶性盐溶液中加入沉淀剂（$OH^-$、$C_2O_4^{2-}$、$CO_3^{2-}$ 等）后，沉淀剂与金属阳离子反应，形成不溶性的氢氧化物、水合氧化物或盐类，从溶液中析出，将溶剂和溶液中原有的阴离子洗去，经热解或脱水即可得到目标纳米微粒。

沉淀法通常在溶液状态下将不同化学成分的物质混合，存在于溶液中的离子 $A^+$ 和 $B^-$，当它们的离子浓度积超过其溶度积，即 $[A^+][B^-]>K_{sp}$ 时，$A^+$ 和 $B^-$ 之间开始结合，进而形成晶核。由于晶核生长和重力的作用，产物发生沉降，形成沉淀物。一般而言，当微粒粒径在 1μm 以上时就形成沉淀。沉淀物的粒径取决于晶核形成与晶核成长的相对速度。控制反应条件，使晶核形成速度大于晶核成长速度，则产物粒径变小，即可得到纳米微粒。在纳米材料制备中常用的共沉淀法和均相沉淀法均是基于以上基本原理。

（1）共沉淀法　共沉淀法是指当溶液中含有两种或多种阳离子且它们以均相存在于溶液中时，可加入沉淀剂经沉淀反应得到各种成分均一的沉淀。它是制备含有两种或两种以上金属元素的复合氧化物纳米微粒的重要方法。根据共沉淀的类型可以将共沉淀分为单相共沉淀和混合物共沉淀。

1）单相共沉淀法。沉淀物为单一化合物或单相固溶体时，称为单相共沉淀法，也称为化合物沉淀法。

采用共沉淀法制备复合氧化物纳米微粒的离子时，草酸盐是一种常见的沉淀剂，如在 Ba、Ti 的硝酸盐或氯盐的混合水溶液中，加入草酸盐后均可得到单相化合物 $BaTiO(C_2O_4)_2·4H_2O$ 沉淀。图 4-13 所示为以草酸盐作为沉淀剂进行单相共沉淀的装置示意图。

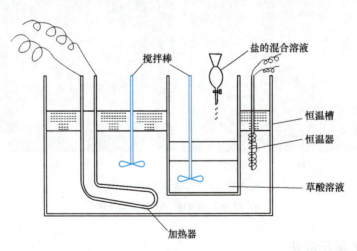

图 4-13　以草酸盐作为沉淀剂进行单相共沉淀的装置示意图

要得到最终的氧化物纳米微粒，还需对沉淀物进行热处理。但在热处理之后，纳米微粒是否还保持其组成的均匀性尚有争议。例如，高温煅烧 $BaTiO(C_2O_4)_2·4H_2O$ 沉淀，经过热分解和固相合成反应（450~750℃），可得到 $BaTiO_3$ 纳米微粒。反应方程式为

$$BaTiO(C_2O_4)_2·4H_2O \longrightarrow BaTiO(C_2O_4)_2+4H_2O$$

$$BaTiO(C_2O_4)_2 + 1/2O_2 \longrightarrow BaCO_3(无定形) + TiO_2(无定形) + CO + 2CO_2$$
$$BaCO_3(无定形) + TiO_2(无定形) \longrightarrow BaCO_3(结晶) + TiO_2(结晶)$$

热处理过程中，$BaTiO_3$ 不是由沉淀物 $BaTiO(C_2O_4)_2 \cdot 4H_2O$ 的热分解直接获得的，而是分解为 $BaCO_3$ 和 $TiO_2$ 之后，再通过它们之间的固相反应来合成的。固相反应开始于 450℃，因为热分解得到的 $BaCO_3$ 和 $TiO_2$ 粒径较小，反应活性很高，所以在未达到 750℃ 时，很多中间产物参与 $BaTiO_3$ 的生成，并且这些中间产物的反应活性不尽相同。因此，$BaTiO(C_2O_4)_2 \cdot 4H_2O$ 沉淀后，其原本的化学计量比可能会被改变。几乎在所有利用共沉淀法制备纳米微粒的过程中，都伴随中间产物的生成，因此，中间产物之间的热稳定性差别越大，所合成的纳米微粒其组成的不均匀性就越大。

2) 混合物共沉淀法。沉淀产物为混合物时的共沉淀法，称为混合物共沉淀法，本质上是分别沉淀。混合物共沉淀法的过程非常复杂，沉淀物通常是氢氧化物或水合氢氧化物，也可能是草酸盐、碳酸盐等。溶液中有些阳离子不能同时沉淀，如 Zr、Y、Mg、Ca，发生沉淀的 pH 值范围不同，如图 4-14 所示。在不同的 pH 值，上述离子分别沉淀，形成氢氧化锆和其他氢氧化物的混合沉淀物。

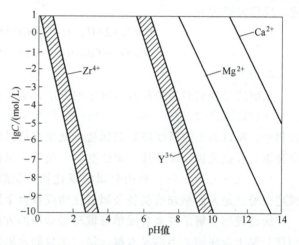

图 4-14　不同金属离子发生沉淀的 pH 值范围

以使用 $ZrOCl_2 \cdot 4H_2O$ 和 $Y_2O_3$ 为原料制备 $ZrO_2\text{-}Y_2O_3$ 纳米微粒为例，盐酸溶解 $Y_2O_3$ 得到 $YCl_3$，然后将 $ZrOCl_2 \cdot 4H_2O$ 和 $YCl_3$ 配制一定浓度的混合溶液，加入 $NH_4OH$ 后，便有 $Zr(OH)_4$ 和 $Y(OH)_3$ 的沉淀物缓慢形成，经过洗涤、脱水、煅烧可得到 $ZrO_2\text{-}Y_2O_3$ 纳米微粒，反应方程式为

$$ZrOCl_2 + 2NH_4OH + H_2O \longrightarrow Zr(OH)_4 \downarrow + 2NH_4Cl$$
$$YCl_3 + 3NH_4OH \longrightarrow Y(OH)_3 \downarrow + 3NH_4Cl$$
$$Zr(OH)_4 \longrightarrow ZrO_2 + 2H_2O$$
$$2Y(OH)_3 \longrightarrow Y_2O_3 + 3H_2O$$

为了获得均匀的沉淀物，通常将含多种阳离子的盐溶液慢慢加到过量的沉淀剂中并进行搅拌，使所有沉淀离子的浓度大大超过沉淀的平衡浓度，尽量使各组分按比例同时沉淀出来，从而得到较均匀的沉淀物。但由于组分之间的沉淀产生的浓度及沉淀速度存在差异，故沉淀物难以在原子尺寸上实现成分的均匀混合。

(2) 均相沉淀法　不直接加入沉淀剂，而是利用某一化学反应在溶液中逐渐产生沉淀剂，使其浓度缓慢增加，保证溶液中的沉淀处于平衡状态，且沉淀能在整个溶液中均匀出现，这种方法称为均相沉淀法。

均相沉淀法的基本原理是在溶液中加入某种物质，这种物质不直接作为沉淀剂与阳离子发生反应、生成沉淀，而是在溶液中发生化学反应，缓慢地生成沉淀剂，再与金属阳离子发生化学反应生成沉淀物，沉淀物再经过适当处理得到所需的纳米微粒。该方法避免了直接添加沉淀剂而产生的体系局部浓度不均匀的现象,使过饱和度维持在适当范围,从而控制粒子的生长速度,制得粒度均匀的纳米微粒。

对于氧化物纳米微粒的制备,常用的沉淀剂是尿素,例如,尿素水溶液的温度升高至70℃左右时,尿素发生分解,反应方程式为

$$(NH_2)_2CO+3H_2O \longrightarrow 2NH_4OH+CO_2\uparrow$$

由此生成的沉淀剂 $NH_3 \cdot H_2O$ 在金属盐溶液中分布均匀,且浓度低,从而使得沉淀物均匀生成。由于尿素的分解速度受加热温度和尿素浓度的控制,因此,可以在很大程度上降低尿素的分解温度,以获得多种盐的均匀沉淀,如利用此方法制备金属氢氧化物或碱式盐沉淀,反应方程式为

$$CoCl_2+2NH_4OH \longrightarrow Co(OH)_2\downarrow +2NH_4Cl$$
$$PbAc_2+NH_4OH \longrightarrow Pb(OH)Ac\downarrow +NH_4Ac$$

### 2. 水解法

水解法是合成纳米微粒材料常用的方法,是**在高温下先将一定浓度的金属盐水解,生成氢氧化物或水合物沉淀,再加热分解得到纳米微粒的一种方法**。因为水解反应的原料是金属盐和水,所以如果能高度精制金属盐,就很容易得到高纯度的纳米微粒。早为人们熟知的这类金属盐有氯化物、硫酸盐、硝酸盐、铵盐等无机盐和金属醇盐。

(1) **无机盐水解法** 利用金属的氯化物、硫酸盐、硝酸盐溶液,通过胶体化的手段合成超微粉,是人们熟知的制备金属氧化物或水合金属氧化物的方法。

通过控制水解条件来合成单分散球形微粉的方法被广泛应用于新材料的合成。除了金属和部分碱土金属的盐类不易水解,绝大多数的金属盐类在水溶液中都能发生水解反应,生成可溶性碱式盐。例如,氧化锆纳米粉的制备,将四氯化锆和锆的含氧氯化物在沸水中循环地加水分解。图4-15所示为该方法的流程图。生成的沉淀是水合氧化锆,其粒径、形状和晶型等随溶液初期浓度和pH值等而变化,可得到一次颗粒的粒径为20nm左右的微粉。

由于单分散、球形氧化物随粒径变化,其色调也在很宽的范围变化,所以胶体的粒径调制法也正向颜料应用的方向开发。特别是在硫酸离子和磷酸离子存在的条件下,用20min到两周左右缓慢地水解铬矾溶液、硫酸铝溶液、氯化钛溶液和硝酸溶液时,可分别得到含水氧化铬、含水氧化铝、金红石、含水氧化钛的单分散球状颗粒,它们有望用作涂料和宝石原料。

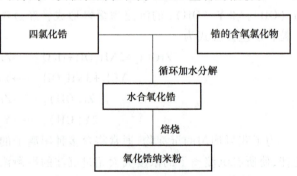

图4-15 用无机盐水解法制备氧化锆纳米粉的流程图

(2) **金属醇盐水解法** 金属醇盐水解法是利用金属有机醇盐能溶于有机溶剂,并与水反应生成氢氧化物或氧化物沉淀的特性,以制备纳米微粒的一种方法。

金属醇盐是金属与醇反应生成的含有M—O—C键的金属有机化合物,其通式为 $M(OR)_n$,其中,M为金属,R为烷基或烯丙基。它是醇(ROH)中羟基的H被金属M置换而形成的一种化合物,如 $Zr(OC_2H_5)_4$(称为锆乙醇盐或乙醇锆)。也可把它看作是金属氢氧化物 $M(OH)_n$ 中氢氧根的H被烷基R置换而得到的一种化合物,如 $Si(OC_2H_5)_4$、

B[$(OC_2H_5)_3$、Ti$(OC_2H_5)_4$（习惯上称为硅酸乙酯、硼酸乙酯、钛酸乙酯）。金属醇盐活性高，易水解生成金属氧化物、氢氧化物或水合物沉淀，控制反应条件，可以制备相应的金属氧化物纳米微粒。并且，金属醇盐有一定的挥发性（可经由减压蒸馏纯化），能溶于普通有机溶剂，因而较易精制。

金属醇盐合成所用的方法，主要取决于金属醇盐中中心金属原子的电负性。一般来说，常用的合成方法主要有五种：①金属与醇的直接反应或催化下的直接反应；②金属卤化物与醇进行的醇解反应；③金属氢氧化物、氧化物与醇进行的酯化反应；④金属醇盐的交换反应；⑤醇解法。

利用金属醇盐水解法制备金属氧化物纳米微粒的优点：①金属醇盐通过减压蒸馏或在有机溶剂中重结晶纯化，可降低杂质离子的含量；②金属醇盐中加入纯水，可得到高纯度、高表面积的氧化物纳米微粒，并避免杂质离子的进入；③如控制金属醇盐或混合金属醇盐的水解程度，则可发生水解-缩聚反应，在接近室温条件下形成金属-氧-金属的网络结构，从而大大降低材料的烧结温度；④由于金属醇盐易溶于有机溶剂，多种金属醇盐可一起进行分子级水平的混合。但该方法所使用的金属醇盐的合成成本高，价格昂贵。

氧化物纳米微粒在组成上的均一性是复合金属氧化物纳米微粒最重要的指标之一，金属醇盐水解法可有效实现这一点。如用金属醇盐水解法合成 $BaTiO_3$ 或 $SrTiO_3$：将 Ba$(OC_3H_7)_2$ 和 Ti$(OC_5H_{11})_4$ 以等摩尔量充分混合，然后进行水解，再经过滤、干燥、焙烧等处理，即可得到 $BaTiO_3$ 纳米微粒，其粒径小于 15nm，纯度达 99.98%以上。由金属醇盐水解法制备的 $SrTiO_3$ 纳米微粒的组成见表 4-1，此表显示出其组成的一致性。由表可知，不同浓度的金属醇盐合成的 $SrTiO_3$ 纳米微粒的 Sr/Ti 含量之比都非常接近 1。实验结果还显示：随着金属醇盐浓度的升高，单个微粒的组成偏差变大，这是因为低浓度的金属醇盐溶液是完全透明的溶液，其在分子级水平上混合，在高浓度下其为乳浊液，两种物质混合不均匀，从而导致组分偏离化学计量比。

表 4-1 由金属醇盐水解法制备的 $SrTiO_3$ 纳米微粒的组成

| 金属醇盐浓度(溶剂)/(mol/L) | 水解的水量[相对理论量] | 水解后的回流时间/h | 阳离子比 | | | |
|---|---|---|---|---|---|---|
| | | | 平均值 | | 标准偏差 | |
| | | | Sr | Ti | Sr | Ti |
| 0.117 | 20 倍 | 4 | 1.005 | 0.998 | 0.0302 | 0.0151 |
| 0.616 | 20 倍 | 2 | 1.009 | 0.996 | 0.0458 | 0.0228 |
| 3.610 | 6.8 倍 | 2 | 1.018 | 0.991 | 0.0629 | 0.0314 |

**（3）溶胶-凝胶法** 溶胶-凝胶法制备纳米微粒的基本原理是以液态的化学试剂配制金属无机盐或金属醇盐前驱物，前驱物溶于溶剂中形成均匀的溶液，溶质与溶剂产生水解或醇解反应，反应生成物形成稳定的溶胶体系，长时间放置或干燥处理溶胶后会转化为凝胶，再经热处理即可得到产物。简单地讲，就是用含高化学活性组分的化合物作前驱体，在液相下将这些原料均匀混合，并进行水解、缩合反应，在溶液中形成稳定的透明溶胶体系，溶胶经陈化，胶粒间缓慢聚合，形成三维空间网络结构的凝胶，凝胶网络间充满了失去流动性的溶剂，再将凝胶干燥、煅烧，去除有机成分，最后便得到无机材料。

溶胶-凝胶法包括以下几个过程：

1) **溶胶的制备**。有两种制备溶胶的方法。一是先将部分或全部组分用适当的沉淀剂沉淀出来，经解凝，使原来团聚的沉淀颗粒分散成原始颗粒。因原始颗粒的大小一般与溶胶体系中胶核的大小相当，因而可制得溶胶。另一种方法是由同样的盐溶液出发，通过对沉淀过程的仔细控制，使最初形成的颗粒不会因团聚大颗粒而沉淀出来，从而直接得到溶胶体系。

2) **溶胶-凝胶转化**。溶胶中含大量的水，凝胶化过程中，体系失去流动性，形成一种开放的骨架结构。实现溶胶到凝胶的转化有两个途径：①化学法，即控制溶胶中电解质的浓度；②物理法，即使胶粒间相互靠近，克服斥力而实现凝胶化。

3) **凝胶干燥**。在一定条件下（如加热），使溶剂蒸发，即得到粉料。干燥过程中，凝胶结构变化很大。通常根据原料的种类溶胶-凝胶法制备纳米微粒可分为有机途径和无机途径两类。

在有机途径中，通常是以金属醇盐为原料，通过水解与缩聚反应制得溶胶，并进一步缩聚而得到凝胶，加热去除有机溶液便得到金属氧化物纳米微粒。

金属醇盐水解反应方程式为

$$M(OR)_4 + nH_2O \longrightarrow M(OR)_{4-n}(OH)_n + nHOR$$

金属醇盐失水缩聚反应方程式为

$$2M(OR)_{4-n}(OH)_n \longrightarrow [M(OR)_{4-n}(OH)_{n-1}]_2O + H_2O$$

金属醇盐失醇缩聚反应方程式为

$$—M—OR + HO—M \longrightarrow —M—O—M— + ROH$$

总反应方程式为

$$M(OR)_4 + 2H_2O \longrightarrow MO_2 + 4HOR$$

式中，M 为金属；R 为有机基团。

在无机途径中，原料一般为无机盐，由于原料的制备方法不同，故没有统一的工艺。此途径中，溶胶可通过无机盐的水解来制得，即

$$M^{n+} + nH_2O \longrightarrow M(OH)_n + nH^+$$

通过向溶液中加入碱液（如氨水）使得这一水解反应不断地向正方向进行，并且逐渐形成 $M(OH)_n$ 沉淀，然后将沉淀物充分水洗、过滤并分散于强酸溶液中便得到稳定的溶胶，再经一定的处理（如加热脱水）使溶胶变成凝胶，凝胶经干燥和焙烧后即形成金属氧化物纳米微粒。

溶胶-凝胶法的优点：由于在制备的起始原料是分子级的，所以能制备比较均匀的材料；制备过程中无需机械混合，不易引入杂质；微粒粒径较小（一般胶粒尺寸小于 100nm）、粒度分布窄、粒子分散性好；此法可控制孔隙度，容易形成各种微结构，制备能耗低，可以降低烧结过程的温度。例如，溶胶-凝胶法制备出的氧化铝纳米微粒的烧结温度比传统方法低 400~500℃，而且工艺和设备简单、组成可调、反应易控制。不足之处为原料价格高、存在残留小孔洞、有机溶剂含毒性以及高温下热处理会使微粒快速团聚。

目前，采用溶胶-凝胶法制备纳米微粒的具体技术或技术过程相当多，但按其形成溶胶-凝胶的过程机制可分为三种类型：传统胶体型、无机聚合物型和络合物型。不同类型溶胶-凝胶形成过程如图 4-16 所示。

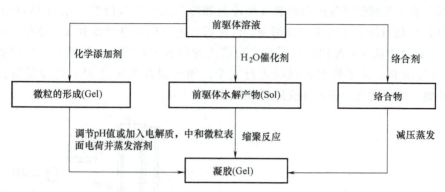

图 4-16　不同类型的溶胶-凝胶形成过程

20世纪80年代前后,科学家对溶胶-凝胶法的研究主要集中在无机聚合物型,无机聚合物型溶胶凝胶过程易控制,多组分体系凝胶及处理前驱体溶液后,产物在理论上具有良好的均匀性,因而越来越多地用于纳米微粒的制备。但是,上述过程一般需要可溶于有机溶剂的醇盐或无机盐作为前驱体,而许多低价(小于+4价)的金属醇盐或无机盐不溶或微溶于有机溶剂,制备其他组成材料的应用方面受到限制。为此,人们将金属离子形成络合物,使之成为有机溶剂的可溶性原料,再经过络合物型溶胶凝胶过程形成凝胶。早期主要采用柠檬酸作为络合剂形成络合物凝胶,但柠檬酸络合剂并不适合所有金属离子,并且其凝胶相当容易潮解。而采用单元有机酸或有机胺作为螯合剂,可形成相当稳定且又均匀、透明的凝胶。

**3. 喷雾法**

喷雾法是将溶液通过各种物理手段进行雾化获得纳米微粒的一种化学与物理相结合的方法。基本过程包括:溶液的制备、喷雾、干燥、收集和热处理。其特点是颗粒分布比较均匀,但颗粒尺寸为亚微米到10μm。具体的尺寸范围取决于制备工艺和喷雾的方法,根据化学反应类型的不同,可分为喷雾热解法和喷雾水解法。

(1)**喷雾热解法**　喷雾热解法是指将金属盐溶液以喷雾状喷入高温气氛,此时立即引起溶剂的蒸发和金属盐的分解,随即分解产物因过饱和而以固相析出,捕集得到的产物直接或经过热处理之后得到纳米微粒。

喷雾热解法制备纳米微粒的装置示意图如图4-17所示。这个装置可将金属盐的溶液送到雾化器中进行雾化,然后干燥,用旋风收尘器收集,再用烘箱进行焙烧得到纳米微粒。例如,将铝盐Al(NO$_3$)$_3$、碳酸铝铵等溶液用雾化器喷入到高温的气氛中,溶剂的蒸发和铝盐的热分解同时迅速进行,从而直接制得40~150nm的α-Al$_2$O$_3$纳米微粒。该方法操作较为简单,但热分解时产生大量的氮氧化物,污染环境,给工业化生产带来一定困难。

(2)**喷雾水解法**　喷雾水解法是将醇盐溶液喷入高温气氛中制成溶胶,溶胶与水蒸气反应,发生水解形成分散性颗粒,经过煅烧获得纳米微粒。

喷雾水解法制备氧化铝纳米微粒的装置模型如图4-18所示,其具体过程为:使丁基醇铝蒸气通过含有氯化银的载气,冷却后生成以氯化银为中心的丁基醇铝气溶胶,让气溶胶与水蒸气接触发生水解反应,从而形成单分散性氢氧化铝颗粒,焙烧得到氧化铝纳米微粒。载气经过干燥剂(氯酸镁和硫酸钙柱)干燥,再经过微孔过滤器和锅炉,使丁基醇铝在载气中达到饱和。载气流速为500~2000cm$^3$/min,锅炉温度为122~155℃,丁基醇铝的蒸气压为

133.322Pa。被丁基醇铝蒸气饱和的载气经冷凝器冷却而生成气溶胶。在约130℃的加热器（加热元件）中将气溶胶中的丁基醇铝完全汽化后，再一次用冷凝器凝缩。冷凝器的温度保持在25℃。载气中的丁基醇铝再次凝缩之后就成为只含丁基醇铝的气溶胶。气溶胶在水解器中与水蒸气混合，为了使水解反应进行完全，须让混合物通过25℃的冷凝器，然后在300℃的玻璃管中使之完全固化并收集到微孔过滤器上。

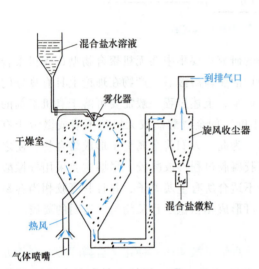

图 4-17　喷雾热解法制备纳米微粒的装置示意图

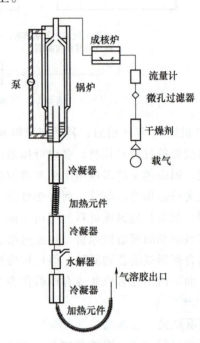

图 4-18　喷雾水解法制备氧化铝纳米微粒的装置示意图

**4. 溶剂热法**

溶剂热反应是指在高温高压（溶剂自生压力）下，在溶剂（水或有机溶剂等）中进行有关反应的总称。根据溶剂不同可分为水热法和有机溶剂法，其中对水热法进行的研究较多。

（1）**水热法**　水热法是一种在密闭容器内完成的湿化学方法，与沉淀法等其他液相化学反应法的区别在于温度和压力，并且一般无需烧结即可直接获得结晶粉末，从而省去研磨过程及由此带来的杂质。水热法的温度范围在水的沸点和临界温度（374℃）之间，通常使用的是130~250℃，相应的水蒸气压是0.3~4MPa。水的压力-温度关系如图4-19所示。

水热法可以制备包括金属、氧化物

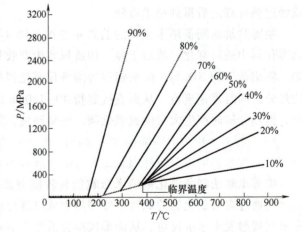

图 4-19　水的压力-温度关系
（虚线上的数字为填充率百分数）

和复合氧化物在内的 60 多种粉末，所得粉末的粒度范围为几个微米至几个纳米，且一般具有结晶好、团聚少、纯度高、粒度分布窄以及多种情况下形貌可控等特点。在纳米微粒的各种制备方法中，水热法被认为是环境污染少、成本较低、易于商业化的一种具有较强竞争力的方法。归纳起来，可分为以下几种类型：

1) 水热氧化，其反应方程式为

$$m\text{M} + n\text{H}_2\text{O} \longrightarrow \text{M}_m\text{O}_n + n\text{H}_2$$

其中，M 为铬、铁及合金等。

2) 水热沉淀，其反应方程式为

$$2\text{KF} + \text{MnCl}_2 \longrightarrow 2\text{KCl} + \text{MnF}_2$$

3) 水热合成，其反应方程式为

$$\text{FeTiO}_3 + 2\text{KOH} \longrightarrow \text{K}_2\text{O} \cdot n\text{TiO}_2 + \text{Fe(OH)}_2$$

4) 水热还原，其反应方程式为

$$\text{Me}_x\text{O}_y + y\text{H}_2 \longrightarrow x\text{Me} + y\text{H}_2\text{O}$$

5) 水热分解，其反应方程式为

$$\text{ZrSiO}_4 + \text{NaOH} \longrightarrow \text{ZrO}_2 + \text{Na}_2\text{SiO}_3$$

6) 水热结晶，其反应方程式为

$$\text{Al(OH)}_3 \longrightarrow \text{Al}_2\text{O}_3 \cdot \text{H}_2\text{O}$$

（2）有机溶剂热法　有机溶剂热法是以有机溶剂（如甲酸、苯、乙二胺、四氯化碳或乙醇等）代替水作为溶媒，采用类似于水热合成的原理制备纳米微粒的一种方法。

同水溶剂相似，非水溶剂处于近临界状态下，能够发生通常条件下无法实现的反应，并能生成具有介稳态结构的材料。苯由于其稳定的共轭结构，是溶剂热合成的优良溶剂，如钱逸泰等人使用有机溶剂热法技术制备了 InAs 和 GaN 纳米微粒。他们用苯代替水作为溶剂，将 $\text{Li}_3\text{N}$ 和 $\text{GaCl}_3$ 分散在苯溶剂中，升高温度使化学反应迅速进行，于 280℃ 制备出粒径约为 30nm 的 GaN 纳米微粒。这个温度比传统方法（高温固相合成法）的温度低很多，同时 GaN 的产率可达到 80%。

**5. 微乳液法**

微乳液法制备纳米微粒是利用两种互不相溶的溶剂在表面活性剂的作用下形成一个均匀的乳液，反应在乳液内发生，从乳液中析出固相，可使成核、生长、聚结、团聚等过程局限在一个微小的球形液滴内，从而可形成球形或类球形的颗粒，且避免微粒之间进一步团聚，从而制得纳米微粒。

微乳液是由水（或电解质水溶液）、油（有机溶剂，通常为碳氢化合物）、表面活性剂（分子中同时含有亲水和疏水基团）和助表面活性剂（通常为醇类）组成的透明或半透明的、各向同性的热力学稳定体系。微乳液的形成无需外加功，主要依靠体系中各组分的匹配。决定微乳液稳定性的主要因素为表面活性剂的种类及水和油的比例。表面活性剂分子的亲水基团和疏水基团使互不相溶的水相和油相转变为相当稳定且难以分层的乳液。

微乳液分为<u>水包油（oil in water，O/W）型</u>和<u>油包水（water in oil，W/O）型</u>两种，W/O 型可用于制备无机纳米微粒。在常用的 W/O 型微乳液中，表面活性剂分子表面的两种基团使这些分子自发形成一定的微观结构，通常为球形囊泡，在中心是含有水或电解质水溶液的"水池"，外面是表面活性剂和助表面活性剂组成的单分子层的"壳"界面，像这样的微乳颗粒大小可控制在几十至几百埃〔Å（1Å＝0.1nm）〕之间。微小的"水池"尺度小且彼此分离，因而构不成水相，通常被为"准相"，这种特殊的微环境，被称为"微反应器"，已被证明是多种化学反应，如化反应、聚合物合成、金属离子与生物配体的络合反应等的理想介质。

利用微乳液法制备纳米微粒通常是将两种反应物分别溶于组成完全相同的两份微乳液中，然后在一定条件下混合。两种反应物通过物质交换而彼此相遇，反应生成的纳米微粒可在"水池"中稳定存在。通过超速离心，或将水和丙酮的混合物加入反应完成后的微乳液中等方法，使纳米微粒与微乳液分离。再以有机溶剂清洗、去除附着在纳米微粒表面的油和表面活性剂，最后在一定温度下干燥处理，即可得到纳米微粒的固体样品。微乳液法的一般工艺流程如图 4-20 所示。

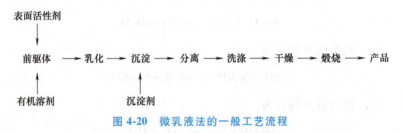

图 4-20　微乳液法的一般工艺流程

适合于制备纳米微粒的微乳液应符合 3 个条件：①在一定组成范围内，结构比较稳定；②界面强度应较大；③所用表面活性剂的亲水/疏水平衡常数（HLB 值）应为 3～6。表 4-2 列出了一些非离子型表面活性剂 Span（失水山梨醇脂肪酸酯）的 HLB 值，由表可见符合上述要求的有 Span-80、Span-60 等。

表 4-2　一些非离子型表面活性剂 Span（失水山梨醇脂肪酸酯）的 HLB 值

| 名称 | Span-60 | Span-80 | Span-65 | Span-85 | Tween-61 | Tween-81 |
| --- | --- | --- | --- | --- | --- | --- |
| HLB 值 | 4.7 | 4.3 | 2.1 | 1.8 | 9.6 | 11.0 |

自从 Boutonnet 等首次用微乳液制备出 Pt、Pd、Rh、Ir 等单分散金属纳米微粒以来，该方法已得到重视。用微乳液法制备出的纳米微粒有 7 类：①金属纳米微粒，如 Pt、Pd、Rh、Ir，还有 Au、Ag、Cu、Mg 等；②半导体材料，如 CdS、PbS、CuS 等；③Fe、Co、Ni 等金属的硼化物；④$SiO_2$、$Fe_2O_3$ 等氧化物；⑤AgCl、$AuCl_3$ 等胶体颗粒；⑥$CaCO_3$、$BaCO_3$ 等金属碳酸盐；⑦磁性材料，如 $BaFe_{12}O_{19}$ 等。

### 4.2.3　固相化学反应法

<u>固相化学反应法是指体系中的反应物质为固体，在制备粉体的过程中，固体反应物直接发生化学变化来制备粉体产物的一种方法。</u>制备不仅限于化学反应过程，也包括物质的迁移过程和传热过程。固相化学反应除固体间的反应外，也包括有部分气相、液相作为反应物或者产物的反应。例如，金属氧化物、碳酸盐、硝酸盐和草酸盐等的热分解、黏土矿物的脱水

反应,以及煤的干馏等反应均属于固相化学反应。

**1. 固相热分解法**

固相热分解法是指固体反应物在热分解温度下发生分解反应,产生新的固相物质,从而制得粉体产品的一种方法。用该法制备微纳粉体具有工艺路线短、设备条件简单、成本低、质量稳定等优点,在实际生产中应用广泛。固相热分解反应通常为

$$S_1 \longrightarrow S_2 + G_1 \tag{4-1}$$

式中,S代表固相,G代表气相。固相热分解反应应只生成一种固体,以免需进一步分离目标产物。

制备金属氧化物或单质可采用固相热分解法。例如,将$Li_2O_2$在氩气气氛保护下,在400℃在高温炉内进行热处理,会发生式(4-2)的反应,从而制得$Li_2O$,即

$$2Li_2O_2 \xrightarrow{\Delta} 2Li_2O + O_2 \uparrow \tag{4-2}$$

又例如,将金属草酸盐$MC_2O_4 \cdot nH_2O$加热,$MC_2O_4 \cdot nH_2O$首先脱水为$MC_2O_4$,继续加热$MC_2O_4$则发生分解反应,制得金属氧化物或金属单质。其热分解基本上按式(4-3)、式(4-4)表示的两种机理进行。

机理Ⅰ为

$$MC_2O_4 \cdot nH_2O \xrightarrow{-H_2O} MC_2O_4 \xrightarrow{-CO_2, -CO} MO \text{ 或 } M \tag{4-3}$$

机理Ⅱ为

$$MC_2O_4 \cdot nH_2O \xrightarrow{-H_2O} MC_2O_4 \xrightarrow{-CO} MCO_3 \xrightarrow{-CO_2} MO \tag{4-4}$$

草酸盐热分解后的反应产物究竟是氧化物还是金属单质,要根据草酸盐的金属元素在高温下是否存在稳定的碳酸盐而定,通常Cu、Co、Pb和Ni的草酸盐热分解后生成金属,Zn、Cr、Mn、Al等的草酸盐热分解后生成金属氧化物。

**2. 固相反应法**

固相反应法是指两种或两种以上的固体反应物在高温下发生反应合成所需粉体产品的一种方法。由固相热分解法可获得单一的金属氧化物,但为了制备氧化物以外的物质,如碳化物、硅化物、氮化物等,以及含两种金属元素以上的氧化物制成的化合物,仅用固相热分解法就很难实现。这就需要采用固相反应法按最终合成所需组成的原料混合,再高温下使其反应,最终制得粉体产品。

固相反应法的一般工艺流程如图4-21所示。首先按规定的比例将原料称量混合,以水等作为分散剂,使用球磨机球磨(或研钵研磨)混合,通过压滤机脱水、干燥后用电炉焙烧,通常焙烧温度比烧成温度低,将焙烧后的原料粉碎到1~2μm左右。粉碎后的原料再次充分混合而制成烧结用粉体,当反应不完时往往需再次煅烧。

固相反应法是制备陶瓷材料的基本手段。例如,以炭粉、$SiO_2$为原料,在氮气保护下,通过高温炉内的热还原反应获得SiC微粉,或控制其工艺条件获得其他不同产物等。粉体间的反应相当复杂,虽然是从固体间的接触部分通过离子扩

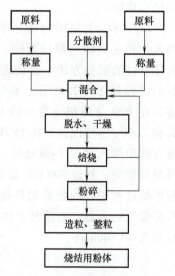

图4-21 固相反应法的
一般工艺流程

55

散来进行的，但接触状态和各种原料颗粒的分布情况受各颗粒的性质（粒径、颗粒形状和表面状态等）和粉体处理方法（团聚状态和填充状态等）的影响。

固相反应法的工艺设计主要需要考虑两个因素。①烧结前，组分原料间的紧密接触对反应有利，因此应降低原料粒径并充分混合。但此时，由于颗粒互相吸附而易出现团聚，导致混合不均匀，此时应采用恰当的溶剂使之分散开来。②烧结反应时，原料的烧结和颗粒生长均会使原料的反应性降低，并且导致扩散距离增加和接触点密度的减小，所以应控制温度和烧结时间，尽量抑制烧结和颗粒生长。

### 3. 燃烧法

燃烧法是一种利用反应物之间自身的放热反应，在短时间内合成目标产物的技术。这种反应经常是从材料制备过程中某个反应区域引燃反应物，并以燃烧波的方式向其他区域迅速推进，又称自蔓延法。燃烧法选用的原料之间必须能发生放出大量热的化学反应，这些热量用于加热反应物，使其在短时间内升高到很高的温度，以完成目标产物的形成。

燃烧法通过缩短反应时间，避免长时间受热使目标产物的晶粒生长、长大，适合制备小尺寸晶体材料。另外，燃烧反应通常会产生气体，制备材料时，由材料内部产生气体的反应是一种良好的造孔方式，适合制备多孔疏松结构的材料。设计燃烧法时，选用原料通常要包含有机物和氧化剂，常用的氧化剂是硝酸盐类反应物。有些锂离子电池正极材料需制备成小晶粒尺寸、疏松多孔结构以提高其倍率性能，这种材料适合燃烧法制备。

通过燃烧法制备的富锂锰基材料 $Li_{1.2}Ni_{0.13}Co_{0.13}Mn_{0.54}O_2$，在倍率性能方面显著优于共沉淀结合高温烧结法制备的材料。其制备方法为：将化学计量比的硝酸锂、硝酸钴、硝酸镍和硝酸锰溶解在极少量的水中，并加入一定量的蔗糖，充分搅拌后在 100~120℃ 蒸干，而后将上述混合物加热至 200℃ 引燃，进而发生燃烧反应，得到相应的前驱体，将上述前驱体于 900℃ 加热 3h 得到目标产物。得益于燃烧法制备的前驱体具有疏松多孔的结构，防止了高温烧制阶段的晶粒生长和材料烧结，产物材料保持了小晶粒和疏松多孔的特点，有利于材料与电解液之间锂离子的转移与输运，从而实现了良好的倍率性能。

$Li_4Ti_5O_{12}$ 材料因为电导率较低，因此需要将其纳米化并在表面包覆少量碳。燃烧法就是该材料一种比较好的制备方法。燃烧法制备 $Li_4Ti_5O_{12}$ 负极材料的流程如图 4-22 所示，将一定量的 $Ti(OCH_3)_4$ 溶解在 70%（体积分数）的 $HNO_3$ 溶液里，然后将其和 $LiNO_3$ 溶液混合并在 150℃ 的加热板上加热，在混合物中加入适量 L-丙氨酸，最终得到凝胶。将所得凝胶燃烧，并经 800℃ 高温处理得到最终产物。凝胶燃烧过程中，丙氨酸的燃烧将成为合成 $Li_4Ti_5O_{12}$ 所需能量的来源。用这种方法合成的 $Li_4Ti_5O_{12}$ 平均粒径为 40~80nm。

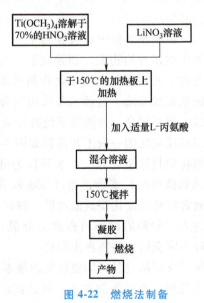

图 4-22 燃烧法制备 $Li_4Ti_5O_{12}$ 负极材料的流程

### 4. 机械合金法

机械合金法是指以机械力促使两种或两种以上的金属组分反应生成新的金属固溶体或合金的制备

方法。根据合金成分计算合金配方，按配方进行各单组分的配料投料，经过初步的简单混合，再用高能球磨机使用干式球磨法，在球磨珠强烈碰撞及搅拌混合作用下，经过反复冷焊、破碎，使粉末颗粒中的原子发生扩散，从而实现复合金属粉末的化学成分均匀化。机械合金法与物理破碎法不同，物理破碎法只是简单地把大的颗粒粉碎为小的颗粒，没有发生合金化；而机械合金法是两种物质在原子尺寸上混合，因此高能球磨在机械合金法中尤为重要。机械合金法具有设备简单、成本低、污染小、安全性能好等优点，适用于工业生产。

机械合金法可以应用于镍氢电池负极材料储氢合金的制备，也常用于制备锂离子电池合金型的负极材料，如硅基合金材料和锡基合金材料。另外，与传统的高温合金法利用原子热运动实现原子间的相互扩散不同，机械合金法是利用机械能在很短的时间内促进组分间原子的相互扩散，因此机械合金法适用于将两种熔点差别很大的金属合金化，从而制备出一些在高温下不能自发形成合金的亚稳态合金材料。例如，一些碱金属（Li、Na）或碱土金属（Ca、Mg）的熔点较低，而 Si、Sn、Cu 或 Ni 的合金相对较高，用普通的高温合金法不易将它们混合进而制备得到合金，而机械合金法在研究新型电极材料方面不失为一种有独到之处的材料制备方法。通过机械合金法可以合成出非晶态的 Mg-Ni 合金作为镍氢电池的负极材料。将镁粉和镍粉按所设计的化学计量比混合，装在真空球磨罐中通氩气保护，在行星球磨机上进行球磨，进而实现机械合金化过程。如果在原料中增加钒粉，就可制备出非晶态的 $Mg_{0.9}V_{0.1}Ni$ 合金，实现对该材料的改性。

## 思 考 题

1. 举例说明 CVD 的 5 种基本反应。
2. CVD 反应中低工作压力会带来什么好处？
3. 等离子体 CVD 与高温 CVD 相比，在原理上有哪些差别，有哪些优势？
4. 液相化学反应法具体包括哪些方法？试简述其主要内容。
5. 均相沉淀法可使用哪些物质作为沉淀剂？说明沉淀剂的使用条件。
6. 溶胶-凝胶法的原理是什么？简述其包含的几个主要过程。
7. 高温固相法的一般工序是什么？
8. 什么是燃烧法，主要用于制备什么材料？
9. 机械合金法和物理破碎法的区别是什么？

## 参 考 文 献

[1] 李群. 纳米材料的制备与应用技术 [M]. 北京：化学工业出版社，2008.
[2] 杨玉平. 纳米材料的制备与表征：理论与技术 [M]. 北京：科学出版社，2021.
[3] 汪信，刘孝恒. 纳米材料化学简明教程 [M]. 北京：化学工业出版社，2014.
[4] 王世敏. 纳米材料制备技术 [M]. 北京：化学工业出版社，2002.
[5] 黄开金. 纳米材料的制备及应用 [M]. 北京：冶金工业出版社，2009.
[6] 杨邦朝，王文生. 薄膜物理与技术 [M]. 成都：电子科技大学出版社，1994.
[7] 田民波，李正操. 薄膜技术与薄膜材料 [M]. 北京：清华大学出版社，2011.
[8] DUTY C E, JEAN D L, LACKEY W J. Laser chemical vapour deposition: materials, modelling, and

[9] ZHOU R, ZHAO Z, WU J, et al. Chemical vapor deposition of IrTe$_2$ thin films [J]. Crystals, 2020, 10 (7): 575.

[10] 林志东. 纳米材料基础与应用 [M]. 北京: 北京大学出版社, 2010.

[11] 穆尔蒂. 纳米科学与纳米技术 [M]. 谢娟, 王虎, 张晗凌, 译. 北京: 科学出版社, 2014.

[12] LI Y D, DUAN X, QIAN Y, et al. Solvothermal co-reduction route to the nanocrystalline Ⅲ-V semiconductor InAs [J]. Journal of the American chemical society, 1997, 119 (33): 7869-7870.

[13] BOUTONNET M, KIZLING J, STENIUS P, et al. The preparation of monodisperse colloidal metal particles from microemulsions [J]. Colloids and surfaces, 1982, 5 (3): 209-225.

[14] 姜奉华, 陶珍东. 粉体制备原理与技术 [M]. 北京: 化学工业出版社, 2019.

[15] 杨勇. 固态电化学 [M]. 北京: 化学工业出版社, 2017.

[16] KHOSRAVI J. Production of lithium peroxide and lithium oxide in an alcohol medium [D]. Quebec: McGill University, 2007.

[17] 韩跃新. 粉体工程 [M]. 长沙: 中南大学出版社, 2011.

[18] ZHENG J, WU X, YANG Y. A comparison of preparation method on the electrochemical performance of cathode material Li [Li0.2Mn0.54Ni0.13Co0.13] O$_2$ for lithium ion battery [J]. Electrochimica acta, 2011, 56 (8): 3071-3078.

[19] RAJA M, MAHANTY S, KUNDU M, et al. Synthesis of nanocrystalline. Li$_4$Ti$_5$O$_{12}$ by a novel aqueous combustion technique [J]. Journal of alloys and compounds, 2009, 468 (1/2): 258-262.

[20] NOHARA S, HAMASAKI K, ZHANG S G, et al. Electrochemical characteristics of an amorphous Mg$_{0.9}$V$_{0.1}$Ni alloy prepared by mechanical alloying [J]. Journal of alloys and compounds, 1998, 280 (1/2): 104-106.

# 第 5 章

# 纳米材料的表征

纳米材料的表征技术对于分析和调控纳米材料的性质至关重要。本章将从显微镜技术入手，逐步展开到光谱分析和粒度分析技术，旨在为读者提供一个系统的纳米材料表征方法论。首先，探讨显微镜技术在纳米材料表征中的应用，包括扫描电镜（SEM）、透射电镜（TEM）和原子力显微镜（AFM）。然后，深入讨论 X 射线光谱技术，包括 X 射线衍射光谱（XRD）、X 射线吸收光谱（XAS）和 X 射线光电子能谱（XPS）。接着，介绍分子光谱技术，如紫外-可见-近红外光谱（UV-Vis-NIR）和红外光谱（IR），以及拉曼光谱在纳米材料表征中的应用。最后，介绍粒度分析技术在纳米材料表征中的应用。

## 5.1 显 微 镜

### 5.1.1 扫描电镜

**1. 扫描电子显微镜的发展**

早在 1935 年，M. Knoll 就提出了扫描电镜（扫描电子显微镜的简称）的工作原理。1938 年，M. V. Ardenne 开始进行实验研究。到 1942 年，V. K. Zworykin 制成了世界上第一台实验室用的扫描电镜，但真正作为商品，那是 1965 年以后的事。20 世纪 70 年代开始，扫描电镜的性能突然提高了很多，其分辨率优于 20nm、放大倍数达 100000 倍，这已是普通商品信誉的指标，而实验室中制成的扫描电镜已达到优于 0.5nm 分辨率的新水平。1963 年，A. V. Grewe 将研制的场发射电子源用于扫描电镜，该电子源的亮度比普通热钨丝大 $10^3 \sim 10^4$ 倍，而电子束径却较小，这大大提高了其分辨率。将这种电子源用于扫描透射电镜，分辨率达几埃，可观察到高分子中置换的重元素，这引起了人们极大的关注。此外，在这一时期还增加了许多图像观察，如吸收电子图像、电子荧光图像、扫描透射电子图像、电位对比图像、X 射线图像，还安装了 X 射线显微分析装置等。因而扫描电镜一跃成为各科学领域和工业部门广泛应用的有力工具。从地学、生物学、医学、冶金、机械加工、材料、半导体制造、微电路检查，到月球岩石样品的分析，甚至纺织纤维、玻璃丝和塑料制品、陶瓷产品的检验等，均大量应用扫描电镜作为研究手段。

目前，扫描电镜在追求高分辨率、高图像质量的同时，也在向复合型发展。这种把扫描、透射、微区分析结合为一体的复合电镜，使同时进行显微组织观察、微区成分分析和晶体学分析成为可能，因此成为自 20 世纪 70 年代以来用途最广的科学研究仪器之一。

### 2. 电子束与固体样品作用时产生的信号

固体样品在入射电子束的轰击下相互作用，进而产生如图 5-1 所示的各种信号。

(1) 背散射电子　背散射电子是被固体样品中的原子核反弹回来的一部分入射电子，其中包括弹性背散射电子和非弹性背散射电子。弹性背散射电子是指被样品中原子核反弹回来、散射角大于 90°的那些入射电子，其能量没有损失（或基本上没有损失）。由于入射电子的能量很高，所以弹性背散射电子的能量能达到数千到数万电子伏。非弹性背散射电子是入射电子和样品核外电子撞击后产生的非弹性散射，不仅方向有所改变，能量也有不同程度的损失。如果有些电子多次散射后仍能反弹出样品表面，则形成非弹性背散射电子。非弹性背散射电子的能量分布范围很宽，从数十电子伏直到数千电子伏。从数量上看，弹性背散射电子远比非弹性背散射电子所占的份额多。背散射电子来自样品表层几百纳米的深度范围。由于它的产额能随样品原子序数增大而增多，所以不仅能用作形貌分析，而且也可显示原子序数衬度，定性用作成分分析。

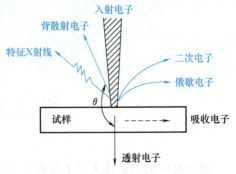

图 5-1　电子束与固体样品作用时产生的信号

(2) 二次电子　在入射电子束作用下被轰击出来并离开样品表面的样品核外电子称为二次电子。这是一种真空中的自由电子。由于原子核和外层价电子间的结合能很小，因此，外层电子比较容易和原子脱离，使原子电离。一个能量很高的入射电子射入样品时，可产生许多自由电子，这些自由电子的 90%来自样品原子外层的价电子。

二次电子的能量较低，一般都不超过 $8\times10^{-19}$ J。大多数二次电子只带有几个电子伏的能量。使用二次电子收集器收集二次电子时，往往也会把极少量低能量的非弹性背散射电子一起收集进去，事实上这两者无法区分。

二次电子一般都是在表层 5～10nm 深度范围内发射出来的，它对样品的表面形貌十分敏感，因此能非常有效地显示样品的表面形貌。二次电子的产额和原子序数之间没有明显的依赖关系，所以不能用它进行成分分析。

(3) 吸收电子　入射电子进入样品后，经多次非弹性背散射后能量损失殆尽（假定样品有足够的厚度没有透射电子产生），最后被样品吸收。若在样品和地面之间接入一个高灵敏度的电流表，就可测得样品对地信号，这个信号由吸收电子提供。假定入射电子电流强度为 $i_0$、背散射电子电流强度为 $i_b$、二次电子电流强度为 $i_s$，则吸收电子产生的电流强度为 $i_a=i_0-(i_b+i_s)$。由此可见，入射电子束和样品作用后，若逸出表面的背散射电子和二次电子数量越少，则吸收电子信号强度越大。若把吸收电子信号调制成图像，则它的衬度恰好和二次电子或背散射电子信号调制的图像衬度相反。

当电子束入射一个多元素的样品表面时，由于不同原子序数部位的二次电子产额基本上是相同的，则产生背散射电子较多的部位（原子序数大），吸收电子的数量就较少，反之亦然。因此，吸收电子能产生原子序数衬度，同样也可进行定性的微区成分分析。

(4) 透射电子　如果被分析的样品很薄，那么就会有一部分入射电子穿过薄样品而成为透射电子。这里所指的透射电子是采用扫描透射操作方式对薄样品成像和微区成分分析时形成的透射电子。这种透射电子由直径很小（<10nm）的高能电子束照射薄样品时产生。因此，透射电子信号由微区的厚度、成分和晶体结构来决定。透射电子中除了有能量和入射电子相当的弹性背散射电子，还有各种不同能量损失的非弹性背散射电子，其中有些遭受特征能量损失 $\Delta E$ 的非弹性背散射电子（即特征能量损失电子）和分析区域的成分有关，因此，可以利用特征能量损失电子配合电子能量分析器来进行微区成分分析。

综上所述，如果使样品接地保持电中性，那么入射电子激发固体样品产生的四种电子的电流强度与入射电子的电流强度之间必然满足

$$i_b + i_s + i_a + i_t = i_0 \tag{5-1}$$

式中，$i_b$ 为背散射电子电流强度；$i_s$ 为二次电子电流强度；$i_a$ 为吸收电子电流强度；$i_t$ 为透射电子电流强度。

或把式（5-1）改写为

$$\eta + \delta + \alpha + \tau = 1 \tag{5-2}$$

式中，$\eta = \dfrac{i_b}{i_0}$，为背散射系数；$\delta = \dfrac{i_s}{i_0}$，为二次电子产额（或发射系数）；$\alpha = \dfrac{i_a}{i_0}$，为吸收系数；$\tau = \dfrac{i_t}{i_0}$，为透射系数。

（5）**特征 X 射线** 当样品原子的内层电子被入射电子激发或电离时，原子会处于能量较高的激发状态，此时外层电子将向内层跃迁以填补内层电子的空缺，从而使具有特征能量的 X 射线释放出来。根据莫塞莱定律，如果用 X 射线探测器测到了样品微区中存在某一种特征波长，就可判定这个微区中存在着相应的元素。

（6）**俄歇电子** 在入射电子激发样品的特征 X 射线过程中，如果在原子内层电子能级跃迁过程中释放出来的能量并不以 X 射线的形式发射出去，而是用这部分能量把空位层内的另一个电子发射出去（或使空位层的外层电子发射出去），则这个被电离的电子称为俄歇电子。因为每一种原子都有自己的特征壳层能量，所以其俄歇电子能量也各有特征值。俄歇电子的能量很低，一般为 $(8 \sim 240) \times 10^{-19}$ J。

俄歇电子的平均自由程很小（1nm 左右），因此，在较深区域中产生的俄歇电子向表层运动时必然会因碰撞而损失能量，使之失去了具有特征能量的特点，而只有在距离表面层 1nm 左右范围内（即几个原子层厚度）逸出的俄歇电子才具备特征能量，因此，俄歇电子特别适用于表面层成分分析。

除了上面列出的六种信号，固体样品还会产生如阴极荧光、电子束感生效应等信号，经过调制后也可用于专门的分析。

**3. 扫描电镜的构造和工作原理**

扫描电镜是用聚焦非常细的电子束作为照明源，以光栅状扫描方式照射到试样表面，并以入射电子与物质相互作用所产生的信息来成像，从而获得大几倍到几十万倍的图像。

扫描电镜主要由电子光学系统、信号采集处理系统、真空系统三部分组成。其构造原理如图 5-2 所示。

（1）**电子光学系统** 电子光学系统包括电子枪、电磁透镜、扫描线圈和试样室。

1）电子枪。电子枪能提供一个稳定的电子源，以形成电子束。以钨丝枪为例，电子枪中的灯丝（阴极）通常被加热到足够高的温度，使一定百分比的电子具有充分的能量以克

服阴极材料的功函数从阴极材料表面发射出来。由于阴极与阳极间有 1~30kV 的正偏压，电子由阴极向阳极加速运动，在阳极上加有 0~2500V 负偏压，负偏压可通过偏压电阻调节，电子通过阳极时，在负偏压的作用下，会发生明显的汇聚作用。

2) 电磁透镜。电磁透镜的作用是把电子枪发出的电子束斑逐级缩小，使几微米的束斑缩至数个纳米（或更小）的斑点，一般来说要有 4~5 个数量级的变化。电磁透镜通常采用三级透镜来完成任务，如图 5-2 所示。前两级透镜是强透镜（又称为聚光镜），会影响图像的亮度、反差和束斑直径，其作用是使束斑缩小。末级透镜是弱透镜（又称为物镜），主要用于图像聚焦并使束斑直径处于最佳状态。具有较长焦距的物镜是为了使试样和透镜之间留有一定的空间，以便装入各种信号探测器。扫描电镜中照射到试样上的电子束斑越小，相应的分辨率越高。采用普通钨丝，电子束斑可达 3nm，而采用六硼化铈材料发射电子枪的束斑可小于 1nm。

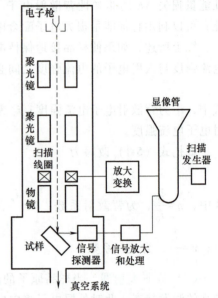

图 5-2　扫描电镜构造原理

3) 扫描线圈。扫描线圈的作用是使电子束产生二维平面的扫描区域。由同一扫描发生器同时控制电子枪的扫描和显像管的扫描。扫描偏转系统示意图如图 5-3 所示。当电子进入上偏转线圈时，方向发生转折，随后又由下偏转线圈使它的方向发生第二次转折，发生二次偏转的电子束通过物镜的轴心射到试样表面。电子束偏转的同时，还有一个逐行扫描的动作，电子束在上、下偏转线圈的作用下，在试样上扫描出一个长方形光栅，相应地也在显像管上扫描出一幅图像。束斑与试样作用后的信号经探测器接收并处理后，调制显像管的栅极，显像管上的亮度与激发出的电子信号强度相对应，所以试样表面状态不同，显像管的亮度也不同，这样就在显像管上得到一幅与试样表面形态有对应关系的明暗图像。

4) 试样室。试样室用于安置信号探测器和放置试样。各种信号探测器的安置与要收集的信号有关，合理安置可以尽可能多地收集到要检测的信号，否则信号弱或杂散信号干扰都会影响分析。试样放置在试样台上，试样台本身是一个复杂而精密的组件，它能支持试样做平移、升降、旋转和倾斜，以便对试样外表面进行全方位观察。为扩大扫描电镜的应用范围，扫描电镜配有多种试样台，如半导体器件及集成电路测试试样台、透射电子试样台、拉伸试样台、加热试

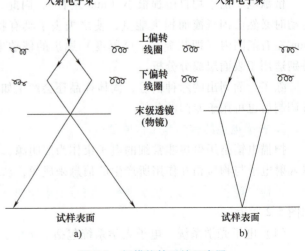

图 5-3　扫描偏转系统示意图
a) 光栅扫描　b) 角光栅扫描

样台和冷却试样台等。

（2）**信号采集处理系统** 二次电子和背散射电子信号采用闪烁体-光电倍增管探测器系统进行采集和处理。电子进入闪烁体后即引起电离，当离子和自由电子复合后就产生可见光，可见光信号通过光电管送入光电倍增管，光信号被放大，转成电流信号，经视频放大器放大后就成为调制信号，去调制显像管的栅压，再经同步发生器控制，就会在显像管上显示出显微图像。或把图像信号数字化存储在计算机的随机存储器（RAM）中，对图像进行静态显示。

（3）**真空系统** 为保证扫描电镜电子光学系统正常工作，使灯丝在高温加热下不氧化，以提高灯丝寿命和避免高能电子在从灯丝到达试样过程中与空气分子碰撞而产生杂散信号，并防止试样被污染，因此对镜筒的真空度有一定的要求。一般要求提供 $10^{-2} \sim 10^{-3}$ Pa（$10^{-4} \sim 10^{-5}$ mmHg）的真空度，通常采用机械泵和油扩散泵系统来实现。六硼化镧和场发射电子枪要求的真空度更高一些，分别为大于 $10^{-6}$ Pa 和 $10^{-7}$ Pa，一般通过油扩散泵、涡轮分子泵和离子泵系统实现。

**4. 二次电子像衬度的形成原理及应用**

（1）**形成原理** 电子束进入（作用于）试样后，会造成一个滴状作用体积。从图中可以看到，不同信号有不同作用部位和体积，二次电子信号主要用于分析试样的表面形貌。二次电子从试样表面至 5~10nm 深度范围内被入射电子束激发出来。大于 10nm 时，所产生的二次电子由于能量较低、自由程较短，所以不能逸出试样表面，最终被试样吸收。二次电子的强度（逸出二次电子的能量）对试样微区表面的几何形状十分敏感。对于平试样，若二次电子逸出深度为 $L$，则在二次电子的平均自由程 $L$ 内，其二次电子的作用体积为 $V_0$、信号强度为 $I_0$。如图 5-4 所示不同 $\theta$ 角下二次电子的作用体积不同，二次电子信号强度随 $\theta$ 的增大而增大。若入射束作用于试样的微区表面不是平面，而是凸出的尖棱、小颗粒、斜面以及凹槽，则其二次电子的逸出量不同，如图 5-5 所示，前三种情况的电子自由程短、二次电子逸出量比平面试样多，而凹槽的电子自由程长、二次电子逸出量少。二次电子的出射强度也随二次电子的逸出量增加而增加，其示意图如图 5-6 所示。

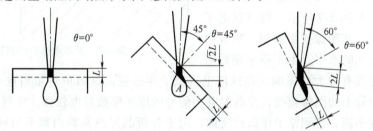

图 5-4 不同 $\theta$ 角下二次电子的作用体积

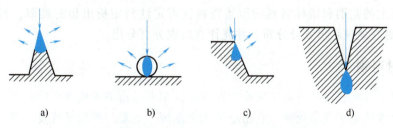

图 5-5 不同微区表面的试样中二次电子的逸出量
a）凸出的尖棱 b）小颗粒 c）斜面 d）凹槽

扫描电镜的二次电子像主要取决于试样表面的变化和探测器的位置，试样表面变化大，曲率大，试样表面的法线与入射束的夹角 $\theta$ 越大，则二次电子产生越大，试样表面法线指向探测器方向的二次电子产生越大，亮度也大；反之亮度小。

(2) 应用

1) **金相分析**。用于金相显微分析的试样在扫描电镜上也可进行分析，由于扫描电镜的景深大，试样障碍会更重一些，这样对于二次电子像，衬度会大一些。对于多相组织的试样，尤其是元素差别较大的试样，只需把试样抛光就可通过背散射电子探测器在显像管上得到不同相的潜断图像。结合能谱仪、波谱仪和电镜图像分析系统，可以很方便地得到相的原子组成、大小和分布，结合电子背散射衍射（electron backscatter diffraction）可进行相鉴定，相的结晶取向测定和晶体应变测量等。

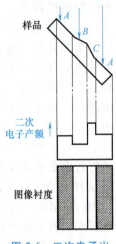

图 5-6　二次电子出射强度示意图

2) **物体形貌及断口的观察**。由于扫描电镜景深较大、图像立体感强，所以更适用于实物形态及断口的分析。扫描电镜的放大倍数变化很大，从几倍到几十万倍，因此既可以对实物及断口进行比较宏观的分析，也可进行微观的观察。与透射电镜相比，省去了减薄和复型工艺，使表面形态表现更完整、更明了。

**5. 背散射电子像衬度形成的原理及应用**

用背散射电子信号进行分析时，其分辨率比二次电子信号低，20世纪80年代以前的探测器是一种半导体探头探测器，其收集的立体角较小、图像的投影（阴影）大、分辨率低（20nm左右），以后发展出的大立体角背散射电子探测器，如罗宾逊探头（Robinson detector），如图 5-7 所示，背散射电子的收集立体角大，其图像投影减弱，形成衬度接近二次电子像的水平。由于原子序数对

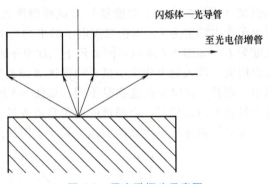

图 5-7　罗宾逊探头示意图

背散射电子产生额有很大的影响，在试样上，原子序数较高区域的背散射电子发射量也较多，显示在显像管上的图像较亮，背散射电子信号的原子序数衬度较强。可利用不同原子的背散射电子强度不同，得到原子序数衬度像，用于分析晶界或晶粒内部不同种类的析出相。不同的析出相由于其成分不同，激发出的背散射电子数量也不相同，荧光屏上会出现亮度差别，根据亮度上的差别和试样材料的原始资料就可定性判定析出相的类型，若配合能谱仪（EDS）就可更好地显示出成分分布，并能计算出成分百分比。

### 5.1.2　透射电镜

透射电镜是以波长极短的电子束作为照明源，用电磁透镜聚焦成像的一种具有高分辨本领、高放大倍数的电子光学仪器。它由电子光学系统、电源与控制系统及真空系统三部分组成。电子光学系统通常称为镜筒，是透射电镜的核心部分，它的光路原理与透射光学显微镜十分相似，如图 5-8 所示。它分为三部分，即照明系统、成像系统和观察记录系统。

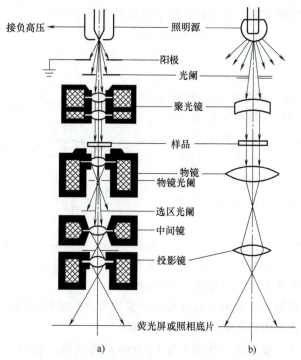

**图 5-8 透射电镜与透射光学显微镜的光路原理**
a) 透射电子显微镜  b) 透射光学显微镜

（1）照明系统　照明系统由电子枪、聚光镜和相应的平移对中、倾斜调节装置组成。其作用是提供一束亮度高、照明孔径角小、平行度好、束流稳定的照明源。为满足明场和暗场成像的需要，照明束可在 2°~3°之间倾斜。

1) <u>电子枪</u>。电子枪是透射电镜的电子源。常用的是热阴极三极电子枪，它由<u>发夹形灯丝（钨丝）阴极、栅极和阳极</u>等组成，如图 5-9 所示。

图 5-9a 所示为电子枪的自偏压回路，负的高压直接加在栅极上，而阴极和负高压之间因加上了一个偏压电阻，使栅极和阴极之间有一个数百伏的电位差。图 5-9b 反映了阴极、栅极和阳极之间的等位面分布情况。因为栅极比阴极电位值更低，所以可以用栅极来控制阴极的发射电子有效区域。当阴极流向阳极的电子数量加大时，在偏压电阻两端的电位值增加，使栅极电位比阴极进一步变低，由此可以减小灯丝有效发射区域的面积，使束流随之减小。若束流减小，偏压电阻两端的电压随之下降，使栅极和阴极之间的电位接近。此时，栅极排斥阴极发射电子的能力减小，束流又可上升。因此，自偏压回路可起到限制和稳定束流的作用。由于栅极的电位比阴极低，所以自阴极端点引出的等位面在空间呈弯曲状。在阴极和阳极之间的某一地点，电子束会汇集成一个

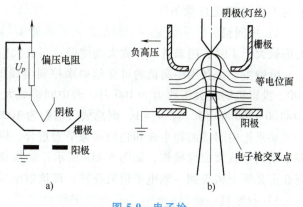

图 5-9　电子枪

交叉点，即通常所说的电子源，交叉点处电子束直径为几十微米。

2）聚光镜。聚光镜用于汇聚电子枪射出的电子束，以最小的损失照明样品，调节照明强度、孔径角和束斑大小。一般采用双聚光镜系统，如图 5-10 所示。第一聚光镜是强励磁透镜，束斑缩小率为 1/50～1/10，将电子枪第一交叉点束斑缩小为 $\phi 1～\phi 5 \mu m$；而第二聚光镜是弱励磁透镜，适焦时放大倍数在 2 倍左右。结果在样品平面上可获得 $\phi 2～\phi 10 \mu m$ 的照明电子束斑。

（2）成像系统　成像系统主要由物镜、中间镜和投影镜组成。

1）物镜。物镜是用来形成第一幅高分辨率电子显微图像或电子衍射花样的透镜。透射电子显微镜分辨性能的高低主要取决于物镜。因为物镜的任何缺陷都将被成像系统中的其他透镜进一步放大。欲使物镜的分辨性能高，则必须尽可能降低像差，故通常采用强励磁、短焦距的物镜。

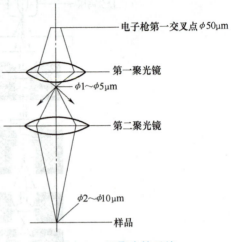

图 5-10　双聚光镜系统

物镜是一个强励磁、短焦距（焦距 $f$ 为 1～3mm）的透镜，它的放大倍数较高，一般为 100～300 倍。目前，高质量物镜的分辨率可达 0.1nm 左右。

物镜的分辨率主要取决于极靴（polepiece）的形状和加工精度。一般来说，极靴的内孔和上、下极靴之间的距离越小，物镜的分辨率就越高。为了减小物镜的球差，往往在物镜的后焦面上安放一个物镜光阑。物镜光阑不仅具有减小球差、像散和色差的作用，而且可以提高图像的衬度。此外，当物镜光阑位于后焦面位置上时，可以方便地进行暗场及衍衬成像操作。

使用电子显微镜进行图像分析时，物镜和样品之间的距离（图 5-11 中的物距 $L_1$）总是固定不变的。因此改变物镜放大倍数进行成像时，主要是改变物镜的焦距和像距（图 5-11 中的 $L_2$）来满足成像条件。

2）中间镜。中间镜是一个弱励磁的长焦距变倍透镜，可在 0～20 倍范围内调节。当放大倍数大于 1 时，用来进一步放大物镜像；当放大倍数小于 1 时，用来缩小物镜像。

电镜主要是利用中间镜的可变倍率来控制电镜的总放大倍数。当物镜的放大倍数 $M_o$ = 100、投影镜的放大倍数 $M_p$ = 100 时，若中间镜放大倍数 $M_i$ = 20 时，则总放大倍数 $M$ = 100×20×100 = 200000 倍，若 $M_i$ = 1，则总放大倍数为 10000 倍。

如果把中间镜的物平面和物镜的像平面重合，则荧光屏上将得到一幅放大像，这就是电镜中的高倍放大成像操作，如图 5-11a 所示；如果把中间镜的物平面和物镜的背焦面重合，则在荧光屏上将得到一幅电子衍射花样，即透射电镜中的电子衍射操作，如图 5-11b 所示。

3）投影镜。投影镜的作用是把经中间镜放大（或缩小）的像（或电子衍射花样）进一步放大，并投影到荧光屏上，它和物镜一样，是一个短焦距的强磁透镜。投影镜的励磁电流是固定的，因为成像电子束进入投影镜时，孔径角很小（约 5～10rad），因此它的景深和焦长都非常大。即使改变中间镜的放大倍数，使显微镜的总放大倍数有很大的变化，也不会影响图像的清晰度。有时，中间镜的像平面还会出现一定的位移，由于这个位移距离仍处于投影镜的景深范围之内，因此，荧光屏上的图像依旧是清晰的。

（3）观察记录系统　观察和记录系统包括荧光屏和照相机构。在荧光屏下面放置一个可以自动换片的照相暗盒，照相时只要把荧光屏掀往一侧垂直竖起，电子束即可使照相底片曝光。由于透射电镜的焦长很大，虽然荧光屏和底片之间有数厘米的间距，但仍能得到清晰的图像。

通常在暗室操作情况下，使用人眼较敏感的、发绿光的荧光物质来涂制荧光屏，这样有利于高放大倍数、低亮度图像的聚焦和观察。

电子感光片是一种对电子束曝光敏感、颗粒度很小的溴化物乳胶底片，它是一种红色盲片。由于电子与乳胶相互作用比光子要强得多，照相曝光时间很短，只需几秒钟。早期电镜用手动快门，构造简单，但曝光不均匀。新型电镜均采用电磁快门，

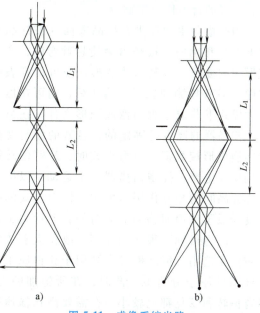

图 5-11　成像系统光路
a）高倍放大　b）电子衍射

与荧光屏动作密切配合，动作迅速，曝光均匀。有的还装有自动曝光装置，根据荧光屏上图像的亮度，自动确定曝光所需的时间。如果配上适当的电子线路，还可实现拍片自动计数。

电镜工作时，整个电子通道都必须置于真空系统之内。新式电镜中的电子枪、镜筒和照相室之间都装有气阀，各部分都可单独地抽真空和单独放气，因此，在更换灯丝、清洗镜筒和更换底片时，可不破坏其他部分的真空状态。

## 5.1.3　原子力显微镜

**1. 原子力显微镜的结构**

原子力显微镜（AFM）的研究对象除导体和半导体之外，还扩展至绝缘体。原子力显微镜的工作原理如图 5-12 所示。原子力显微镜针尖长为几微米，直径通常小于 100nm，被置于 100~200μm 长的悬臂自由端。针尖和样品表面间的力使悬臂弯曲或偏转。当针尖在样品上方扫描或样品在针尖下做光栅式运动时，探测器可实时地检测悬臂的状态，并将其对应的表面形貌像显示记录下来。大多数商品化的 AFM 是利用光学技术检测悬臂的位置。一束激光被悬臂折射到位敏光探测器（PSPD），当悬臂弯曲时，投射在传感器上激光光斑的位置发生偏移，PSPD 可以 1nm 的精度测量出这种偏移。因为激光从悬臂到测量器的折射光程与悬臂臂长的比值是此微位移测量方法的机械放大率，所以此系统可检测悬臂针尖小于 0.1nm 的垂直运动。

检测悬臂偏转还可用干涉法和隧道电流法。一种特别巧妙的技术是采用压电材料制作悬臂，这样可直接用电学法测量到悬臂偏转，故不必使用激光束和 PSPD。

**2. 两种类型的原子力显微镜**

（1）接触式 AFM　接触式 AFM 的接触模式又称为排斥力模式，其针尖与样品有轻微的物理接触。在这种工作模式下，针尖和与之相连的悬臂受范德瓦尔斯力和毛细力两种力的作

用，二者的合力构成接触力。

当扫描器驱动针尖在样品表面（或样品在针尖下方）移动时，接触力会使悬臂弯曲，产生适应形貌的变形。检测这些变形，便可得到表面形貌像。AFM 检测到悬臂的偏转后，则可在恒高或恒力模式下获取形貌图像或图形文件。在恒高模式，扫描器的高度是固定的，悬臂的偏转变化直接转换成形貌数据。恒力模式时，悬臂偏转被输入到反馈电路，控制扫描器上下运动，以维持针尖和样品间的相互作用力恒定。恒力模式的扫描速度受限于反馈回路的响应时间，但针尖施加在样品上的力得到了很好的控制，故在大多数应用中被优先选用。恒高模式常被用于获得原子级平整样品的原子分辨像，此时，在所施加的力下，悬臂偏转和变化都比较小。在需要高扫描速率的变化表面实时观察时，恒高模式是必要的。

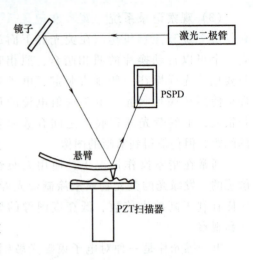

图 5-12 原子力显微镜的工作原理

PZT 扫描器——通常指用压电陶瓷（简称为 PZT）材料制成的扫描器

（2）非接触式 AFM　非接触式 AFM（NC-AFM）是应用一种振动悬臂技术，其针尖与样品间距为几纳米至数十纳米。在测量样品形貌过程中，针尖和样品不接触或略有接触，所以 NC-AFM 是一种较为理想的方法。在非接触区间，针尖和样品之间的力很小，一般只有 $10^{-12}$ N。这对研究软体或弹性样品非常有利，还有像半导体产业所需的精密硅片样品也不会因为与针尖接触而被污染。

下面讨论悬臂的共振频率和样品形貌变化的关系。刚硬的悬臂在系统的驱动下以接近于共振点的频率（典型值是 100k~400kHz）振动，振幅则是几纳米至数十纳米。共振频率随悬臂所受的力的梯度变化，力的梯度可由力与间隙的关系曲线的微分得到。这样，悬臂共振频率的变化反映出力梯度的变化，也反映出针—样品间隙或样品形貌的变化。检测共振频率或振幅的变化，可以获得样品表面形貌信息。此方法具有优于 0.1m 的垂直分辨率，与接触式 AFM 一样。

NC-AFM 的作用力很弱且用于 NC-AFM 的悬臂硬度较大，因为较软的悬臂容易被吸引至样品而发生接触。上述两个因素导致 NC-AFM 产生的信号很弱，需要高灵敏度的检测方法。在 NC-AFM 中，系统监测悬臂的共振频率或振幅，并借助反馈控制器提升和降低扫描器，同时保证共振频率或振幅不变，与接触式 AFM 相同（即恒力模式），扫描器的运动转换成图像或图形文件。NC-AFM 不会产生在接触式 AFM 多次扫描之后经常观察到的针尖和样品变质的现象。

## 5.2　X 射线光谱

### 5.2.1　X 射线衍射光谱分析法

以 X 射线衍射现象为基础的分析方法，称为 X 射线衍射分析法，它是测定晶体结构的重要手段，应用极为广泛。

**1. 基本原理**

晶体由空间排列很有规律的微粒（离子、原子或分子）组成。这些微粒在晶体内形成有规则的三维排列，称为晶格（或点阵）。晶格中质点占据的位置，称为结点，晶格中最小的重复单位称为晶胞。晶胞的大小和形状由晶胞在三维空间的一个向量，即 $a$、$b$、$c$（晶胞3个棱的长度）及它们之间的夹角 $\alpha$、$\beta$、$\gamma$ 等六个参数来表示。

X 射线作用于晶体并与晶体中的电子发生作用后，再向各个方向发射 X 射线的现象，称为散射。由于晶体中大量原子散射的电磁波互相干涉、互相叠加而在某一方向得到加强或抵消的现象，称为 X 射线衍射，其相应的方向称为衍射方向。X 射线的衍射方向与构成晶体的晶胞大小、形状及入射 X 射线的波长有关，衍射光的强度则与晶体内原子的类型及晶胞内原子的位置有关，因此，从衍射光束的方向和强度看，每种类型晶体都有自己的衍射图，可作晶体定性分析和结构分析的依据。当 X 射线以某一入射角度射向待测试样的晶面时，将在每个点阵（原子）处发生一系列球面散射，即相干散射，从而发生散射干涉现象。

布拉格方程导出过程示意图如图 5-13 所示，设一束平行的 X 射线（波长为 $\lambda$）以 $\theta$ 角照射到晶体中晶面指数为 $(h\ k\ l)$ 的各原子面上，各原子面产生反射。任选两相邻面（$A_1$ 与 $A_2$），反射线光程差 $\delta = ML + LN = 2d\sin\theta$；干涉一致加强的条件为 $\delta = n\lambda$，即

$$ML + LN = 2d\sin\theta = n\lambda \qquad (5-3)$$

式中，$d$ 为晶面间距；$\theta$ 为掠射角即入射角的补角；$n = 0, 1, 2, 3, \cdots$ 为整数，即衍射级数。只有当光程差为波长的整数倍时，相干的散射波才能相互加强，即 $n\lambda = 2d\sin\theta$，这就是布拉格（Bragg）方程。由布拉格方程可知：①当 $n=1$ 时，$\lambda/2d = |\sin\theta| \leq 1$，即 $\lambda \leq 2d$，这表明，只有当入射 X 射线的波长小于或等于 2 倍的晶面间距时，才能产生衍射；②用已知波长 $\lambda$ 的 X 射线照射晶体试样，通过测定 $\theta$ 角，即可计算出晶面间距 $d$，即 X 射线衍射结构分析；③用已知 $d$ 的晶体，通过测量 $\theta$ 角，计算出特征 X 射线的波长 $\lambda$，由此查出样品所含元素，这是 X 射线衍射定性分析。

**2. X 射线衍射分析仪**

X 射线衍射分析仪通常由 X 射线发生源、测角仪和测量射线衍射强度的计数-记录装置组成，其结构如图 5-14 所示。

X 射线发生源通常包括 X 射线管、电源及保护装置，用以产生 X 射线。测角仪可直接测得晶体衍射方向（$\theta$ 角）。并将试样产生的入射 X 射线送入计数-记录装置。计数-记录装置主要包括闪烁计数管（由铊活化的 Na 单晶片和光电倍增管组成）、脉冲高度分析器、记录仪等。入射 X 射线进入闪烁计数管后，输入的脉冲信号经前置放大器放大后进入脉冲高度分析器，再送入定标器（将脉冲高度分析器来的脉冲加以计数的电子装置），最后通过记录仪进行定点计数、记录衍射线的强度或进入打印机打印。

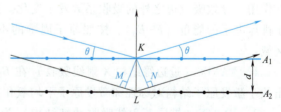

图 5-13 布拉格方程的导出过程示意图

## 5.2.2 X 射线吸收光谱

X 射线吸收谱（XAS）技术揭示了具有光子能量的物质的吸收系数的变化。当单色 X

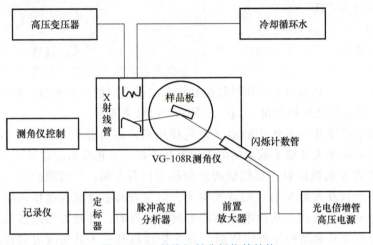

图 5-14 X 射线衍射分析仪的结构

射线束穿过物质时，由于各种相互作用过程（散射、吸收等），其强度降低。对于高强 X 射线（大于 1000eV），光电效应占优势，核原子电子由于光子吸收而受到排斥。吸收系数 $\mu$ 可以定义为

$$I = I_0 e^{-\mu t} \tag{5-4}$$

式中，$I$ 是穿透强度；$t$ 是穿过材料的厚度；$I_0$ 为入射波束强度。可见，吸收系数 $\mu$ 依赖于材料性质和光子能量（$E$）。

一般而言，当光子能量增加时，吸收系数逐渐降低，直到达到临界能量，会突然发生急剧变化。这些不连续变化，被称为吸收边，它们在光子能量达到核电子激发的能量 $E_0$ 时发生。吸收边能量对应特定的化学元素，因为它对应于特定元素的光电子结合能。原子吸收特定波长的能量而产生排斥电子。

当这种吸收过程发生在凝聚态物质中时，激发原子所产生的被排斥光电子与邻近原子相互作用，导致吸收边之外的吸收系数发生变化。这些变化在一个实验谱中很容易被鉴别，基于排斥电子的能量（$E-E_0$），按照原子周围的不同作用区域，将吸收谱粗略地划分为两个区域：

1) **XANES**（近边缘结构 X 射线吸收）在 $E_0$ 以上 $0 \sim 50$eV 处，发生多重散射事件，给出关于激发原子结构对称性和激发原子平均氧化态信息。

2) **EXAFS**（扩展 X 射线吸收精细结构）为 $50 \sim 1000$eV 时，单散射事件占优势，提供激发原子结构信息，如配位数和邻近原子种类与间距。

为了理解和构造 XANES 光谱区域模型，通常需烦琐、复杂的多重散射计算。另一方面，EXAFS 谱振由单电子散射过程支配，可按简单数学方法来处理。获得可信的、简化的数据处理已经使变换 EXAFS 广泛应用于结构表征技术，并且也可解释在这一谱区大多数 XAS 研究的结果。特别是由于 EXAFS 可以探测激发原子的局部环境，已用作 XRD 的一种替换（有时是一种补充）。的确，EXAFS 可被认为是一种低能电子衍射过程，其中有来自于能量选择元素的光电子。关于纳米结构材料，很多研究者利用 EXAFS 来处理、测定内部原子间距的问题。由于小粒子长程有序的本征缺陷，利用其他方法获得这些体系中测定原子间距的实验相当困难。下面将描述纳米粒子 EXAFS 实验的基本过程和特征，并用特例予以说明。

为了理解 EXAFS 偏振的物理本质，首先应知道激发原子内层电子吸收 X 射线光子的概率依赖于最初和最后的状态。在边缘以上，源于吸收电子的最后状态可通过外在的球面波描述，这种波被相邻原子散射，结果形成干涉花样。最后状态依赖于外部和散射波相位，相位又反过来依赖光电子波矢模量（$k$），或相应的出射能。因此，邻近原子的精确位置会影响内层电子的激活，这也导致作为光电子能量函数吸收系数的偏振行为。

数学上，由单一邻近原子散射产生的干涉项可以用 $A(k)\sin[2kr+\phi(k)]$ 表示。其中，$k$ 表示光电子波矢模量（Å）；$r$ 表示激发原子与邻近原子之间的距离（Å）；$\phi(k)$ 代表整个光电子的相移（rad），依赖于光子的吸收和原子的散射；$A(k)$ 是背散射振幅，主要反映散射原子的特征。总 EXAFS 信号由邻近原子的个体成对重叠组成，最后由与吸收原子相似距离的原子构成配位壳层。

EXAFS 谱振 $\chi(k)$ 为

$$\chi(k)=\sum_j S_0^2(k)\frac{N_j}{kr_j^2}e^{-2\sigma_j^2 k^2}e^{-2\frac{r_j}{\lambda_j(k)}}A_j(k)\sin[2kr_j+\phi_j(k)] \tag{5-5}$$

$$k=\sqrt{\frac{2m}{\hbar^2}(E-E_0)} \tag{5-6}$$

式中，$k$ 为光电子波矢模量（Å$^{-1}$）；$j$ 为配位壳层指数，$r$ 为吸收原子与邻近原子之间的距离（Å）；$N$ 为同一配位壳层中相临原子数（配位数）（Å$^{-1}$）；$A(k)$ 为背散射振幅；$\sigma$ 为总德拜-沃勒因子（包括静态和动态贡献）；$\phi(k)$ 为总相移（rad）；$\lambda(k)$ 为光电子平均自由程（Å）；$S_0^2(k)$ 为多体效应振幅缩减因子；$E$ 为光子能量（eV）；$m$ 为电子质量（kg）；$E_0$ 为阈值能量（eV）；$\hbar$ 为约化普朗克常数。

EXAFS 方程中涉及的结构参数有配位数（$N$）、吸收原子与邻近原子之间的距离（$r$）和德拜-沃勒因子（$\sigma$）。德拜-沃勒因子包含动态（原子振动引起）和静态（在给定配位壳层的结构无序引起）两个贡献。EXAFS 方程还涉及原子参数，如 $\lambda(k)$、$A(k)$、$\phi(k)$、$S_0^2(k)$。EXAFS 方程指出，协调约化应用于原子振动和原子间距的配对分布函数 $P(r)$ 被认为是高斯的。$\exp[-2r/\lambda(k)]$ 解释了光子的寿命，代表光子来回运动的概率，在内层电子空位填满之前没有额外的散射。

由于已经假定 $\chi(k)$ 可以由每个配位壳层产生的正弦波的线性组合表示，因此理论上通过傅里叶变换使分离每种影响成为可能。提取和分析 EXAFS 信号，可以估计每个壳层的结构参数（$N$，$r$ 和 $\sigma$），然而，这需要对原子参数 $\lambda(k)$、$A(k)$、$\phi(k)$、$S_0^2(k)$ 有更多的了解。为了得到所需的一系列原子参数，有两种方法，即理论计算、试验测定（用标准的参比物），但理论上这两种方法都有精度的限制。

EXAFS 方法在材料研究中的广泛应用推动了稳健程序的发展。这项技术适用于块体系统，由于 EXAFS 振动的起源是发射的光电子与邻近原子的相互作用。只有研究激发原子的局部环境，实验方法和数据分析程序才可用于纳米结构系统。然而，正如预测的那样，得到的结构参数（$N$，$r$ 和 $\sigma$）与系统的特征尺寸有关。

根据直觉，非常小的晶粒会导致平均配位数的减小、更高配位壳层消失，块体中测得的 $N$ 值的偏离可用于粗略估计晶粒平均直径，然而，其他因素也可能会影响这个测量，如尺寸诱导的晶粒结构的改变。EXAFS 方法可以得到的一个主要结果是对原子间距的精确测量

（实际上优于 0.002nm）。EXAFS 很适合这种测量，因为它不需要长程有序，而且可以直接测定无序或有限体系中最近距离原子的畸变。EXAFS 方法也可提供关于纳米结构的有价值信息。尽管不能完全确定结构，但是已有人提议通过分析第一和第二配位壳层的距离，特别是比值 $r_Ⅰ/r_Ⅱ$（Ⅰ指第一壳层，Ⅱ指第二壳层），区别金属有机框架化合物和金属中类块体结构是有可能的。在其他体系中，如半导体，需更仔细比较参数来区分六方与立方结构。

德拜-沃勒因子的试验测试手段可得到更深入的结构信息。首先，因为原子振动的改变，可以观测到由于表面原子键能的改变而产生的化学键强化和弱化。其次，基于表面研究，预测在纳米体系中大的比表面积会产生更高的结构无序。众所周知，表面平移对称的缺乏使原子重排，改变了键的分布。在纳米结构材料中，这种效应倾向随着晶粒直径的减少而增加，并会增强德拜-沃勒因子的静态影响。在不同温度下，仔细分析 EXAFS 数据可以区分德拜-沃勒因子动态和静态的影响，因而测量结构无序和推论振动性质（如德拜温度）。

总之，采用 EXAFS 方法，通过结构参数 $N$、$r$、$\sigma$ 得到结构信息。处理纳米体系时，这些参数与体系的尺寸有关。EXAFS 可以应用的一个关键测试方法是精确估计最近邻距离。这项技术也可以提供晶粒尺寸、振动性质、结构缺陷等间接信息。

### 5.2.3 X射线光电子能谱

早在 19 世纪末，赫兹就观察到光电效应。20 世纪初，爱因斯坦建立了有关光电效应的理论公式，但由于受当时技术设备条件的限制，没有把光电效应用到实际分析中。直到 1954 年，瑞典乌普萨拉（Uppsala）大学 K. Seipbah 教授领导的研究小组创立了世界上第一台光电子能谱仪，他们精确测定了元素周期表中各元素的内层电子结合能，但当时没有引起重视。到了 20 世纪 60 年代，他们在硫代硫酸钠（$Na_2S_2O_3$）的常规研究中意外观察到硫代硫酸钠的 XPS 谱图上出现两个完全分离的 S 2p 峰，且这两个峰的强度相等。而在硫酸钠的 XPS 谱图中只有一个 S 2p 峰，这表明 $Na_2S_2O_3$ 的两个硫原子（+6 价，-2 价）周围的化学环境不同，从而造成两者内层电子结合能的不同。正是由于这个发现，自 20 世纪 60 年代起，XPS 开始得到人们的重视，并迅速在不同的材料研究领域得到应用。随着微电子技术的发展，XPS 已发展成为具有表面元素分析、化学态和能带结构分析以及微区化学态成像分析等功能的强大的表面分析技术。

#### 1. 基本原理

（1）光电效应　光与物质相互作用产生电子的现象称为光电效应。当一束能量为 $h\nu$ 的单色光与原子相互作用，而入射光量子的能量大于原子某一能级电子的结合能时，此光量子的能量很容易被电子吸收，获得能量的电子便可脱离原子核束缚，并获得一定的动能从内层逸出，成为自由电子，留下一个离子。电离过程可表示为

$$M + h\nu = M^{*+} + e^- \tag{5-7}$$

式中，M 为中性原子；$h$ 为辐射能量；$M^{*+}$ 为处于激发态的离子；$e^-$ 为光激发下发射的光电子。

光与物质相互作用产生光电子的可能性称为光电效应概率。光电效应概率与光电效应截面成正比。光电效应截面 $\sigma$ 是微观粒子间发生某种作用的可能性大小的量度，在计算过程中，它具有面积的量纲（$cm^2$）。光电效应过程同时满足能量守恒和动量守恒。光电效应概率随着电子同原子核结合能的增大而增加，所以只要光子的能量足够大，被激发的总是内层

电子。如果入射光子的能量大于 K 壳层或 L 壳层的电子结合能，那么外层电子的光电效应概率就会很小，特别是价带，对入射光来说几乎是"透明"的。

当入射光能量比原子 K 壳层电子的结合能大得多时，光电效应截面 $\sigma_K$ 可表示为

$$\sigma_K = \Phi_0 4\sqrt{2} \times \frac{Z^5}{1374}\left(\frac{mc^2}{h\nu}\right)^{1/2} \tag{5-8}$$

式中，$m$ 为静止电子质量（kg）；$c$ 为光速，$c = 2.997924 \times 10^8 \text{m/s}$；$Z$ 为受激原子的原子序数；$h$ 为普朗克常量；$\nu$ 为光子的频率（Hz）；$\Phi_0$ 为汤姆孙散射（光子被静止电子散射）截面面积，即

$$\Phi_0 = \frac{8\pi}{3}\left(\frac{e^2}{mc^2}\right)^2 = 6.65 \times 10^{-25} \text{cm}^2 \tag{5-9}$$

当入射光子的能量与原子 K 壳层电子的结合能相差不大时，可用式（5-10）表示

$$\sigma_K \approx \frac{6.31 \times 10^{-18}}{Z^2}\left(\frac{\nu_K}{\nu}\right)^{8/3} \tag{5-10}$$

式中，$\nu_K$ 为 K 壳层吸收限的频率。

从式（5-9）、式（5-10）可以得出结论：①由于光电效应必须由原子的反冲来支持，所以同一原子中轨道半径越小的壳层，$\sigma$ 较大。②轨道电子结合能与入射光能量越接近，$\sigma$ 越大。③对于同一壳层，原子序数 $Z$ 越大的元素，$\sigma$ 越大。

（2）电子结合能 一个自由原子中电子的结合能定义为：将电子从它的量子化能级移到无穷远静止状态时所需的能量，这个能量等于自由原子的真空能级与电子所在能级的能量差。

在光电效应过程中，根据能量守恒原理，电离前后能量的变化为

$$h\nu = E_B + E_K \tag{5-11}$$

即光子的能量转化为电子的动能并克服原子核对核外电子的束缚（结合能），即

$$E_B = h\nu - E_K \tag{5-12}$$

这便是著名的爱因斯坦光电发射定律，即 XPS 谱分析中最基本的方程。如前所述，各原子的不同轨道电子的结合能是一定的，具有标识性。因此，可通过光电子谱仪检测光电子的动能，由光电发射定律得知相应能级的结合能，以进行元素的鉴别。

光电发射过程中 XPS 谱的形成示意图如图 5-15 所示。

对于孤立原子（气态原子或分子），结合能可理解为把一个束缚电子从所在轨道（能级）移到完全脱离核势场束缚并处于最低能态时所需的能量，并假设原子发生电离时，其他电子维持原来的状态。

对于固体样品，必须考虑晶体势场和表面势场对光电子的束缚作用以及样品导电特性所引起的附加项。电子的结合能可定义为把电子从所在能级移到费米能级所需的能量。费米能级相当于 0K 时固体能带中充满电子的最高能级。固体样品中电子由费米能级跃迁到自由电子能级所需的能量为逸出功。

图 5-16 所示为导体电离过程的能级图。入射光子的能量 $h\nu$ 被分成了三部分：①相对于费米能级的电子结合能 $E_B^F$；②逸出功（功函数）$\Phi_S$；③自由电子动能 $E_K$。即

$$h\nu = E_B^F + E_K + \Phi_S \tag{5-13}$$

# 纳米材料化学基础

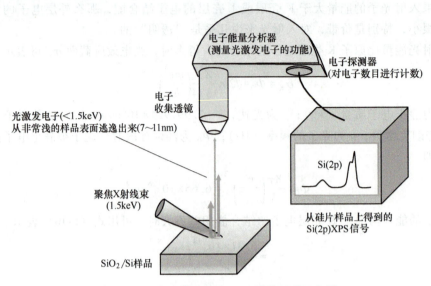

图 5-15  光电发射过程中 XPS 谱的形成示意图

因此，如果知道了样品的功函数，则可得到电子结合能。由于固体样品逸出功不仅与材料性质有关，还与晶面、表面状态和温度等因素有关，所以其理论计算十分复杂，实验测定也不容易。但样品材料与谱仪材料的功函数存在确定的关系，因此，可以避开测量样品功函数而直接获得电子结合能。对于一台谱仪，当仪器条件不变时，功函数 $\Phi_{SP}$ 是固定的。如图 5-16 所示，当样品与样品台良好接触且一同接地时，若样品的功函数 $\Phi_S$ 小于仪器功函数 $\Phi_{SP}$，则功函数小的样品中的电子向功函数大的仪器迁移，并分布在仪器表面，使仪器的入口处带负电，而样品则因为缺少电子而带正电。于是，在样品和仪器之间产生了接触电位差，其值等于仪器的功函数与样品功函数之差。这个电场阻止电子继续从样品向仪器移动，当两者达到动态平衡时，它们的化学势相同，费米能级完全重合。当具有动能 $E_K$ 的电子穿过样品至仪器入口之间的空间时，电子受到上述电位差的影响而减速，使自由光电子进入仪器后，其动能由 $E_K$ 减小到 $E'_K$，如图 5-16 所示。

$$E_K + \Phi_S = E'_K + \Phi_{SP} \qquad (5\text{-}14)$$

将式（5-14）代入式（5-13），则

$$h\nu = E_B^F + E'_K + \Phi_{SP} \qquad (5\text{-}15)$$

这样只需测定光电子进入谱仪后的动能 $E'_K$，就能得到电子的结合能。

（3）弛豫效应  Koopmans 定理是按照突然近似假定而提出的，即原子电离后除某一轨道的电子被激发外，其余轨道电子的运动状态不发生变化而处于一种"冻结状态"。但实际体系中，这种状态不存在。电子从内壳层出射，使原来体系中的平衡势场被破坏，形成的离子处于激发态，其余轨道电子结构将做出重

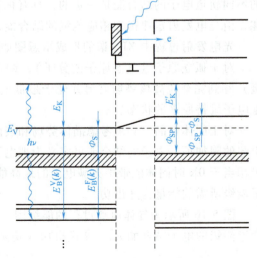

图 5-16  导体电离过程的能级图

新调整，原子轨道半径会发生 1%～10% 的变化。这种电子结构的重新调整称为弛豫。弛豫使离子回到基态，同时释放出弛豫能。由于弛豫过程大体与光电发射同时进行，所以弛豫加速了光电子的发射、提高了光电子的动能，使光电子谱线向低结合能一侧移动。

弛豫可区分为原子内项和原子外项。原子内项是指单独原子内部重新调整所产生的影响，对自由原子只存在这一项。原子外项是指与被电离原子相关的其他原子电子结构的重新调整所产生的影响。对于分子和固体，这一项占有相当大的比例。在 XPS 谱分析中，弛豫是一个普遍现象。例如，自由原子和由它所组成的纯元素固体相比，结合能要高出 5～15eV；当惰性气体注入贵金属晶格后，其结合能比自由原子低 2～4eV；当气体分子吸附到固体表面后，结合能比自由分子时低 1～3eV。

**2. XPS 谱图分析**

图 5-17 所示为金属铝的 XPS 谱图，图 5-17a 是宽能量范围扫描的全扫描图，图 5-17b 则是图 5-17a 中高能端的窄扫描图，由图可以归纳出 XPS 谱图的一般特点，具体如下：

1）XPS 谱图横坐标是光量子动能或轨道电子结合能，这表明每条谱线的位置和相应元素原子内层电子的结合能有一一对应的关系。在相同激发源及谱仪接收的条件下，考虑各元素光电效应截面（电离截面）的差异后，表面所含某种元素越多，光电子信号越强。在理想情况下，每个谱峰所属面积的大小应是表面所含元素丰度的度量，是定量分析的依据。

2）谱图中有明显而尖锐的谱峰，它们是未经非弹性散射的光电子产生的，而那些来自样品深层的光电子，由于在逃逸路径上有能量损失，其动能已不再具有特征性，成为谱图的背底或伴峰，由于能量损失是随机的，因此背底是连续的。在高能端的背底电子较多（出射电子能量低），反映在谱图上就是随着结合能提高，背底电子强度呈上升趋势。

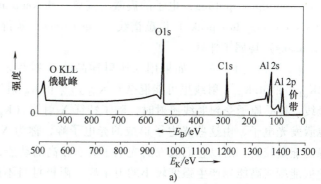

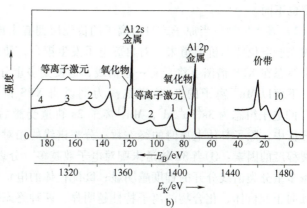

图 5-17 金属铝的 XPS 谱图
a）全扫描谱 b）高能端的窄扫描谱

3）谱图中除了 Al、C、O 的光电子谱峰外，还显示出 O 的 KLL 俄歇谱线、Al 的价带谱和等离子激元等伴峰结构。我们将在后文讨论伴峰的产生及其所反映的信息。

4）在谱图中有时会看见明显的"噪声"，即谱线不是理想的平滑曲线，而是锯齿般的曲线。通过增加扫描次数、延长扫描时间和利用计算机多次累加信号可以提高信噪比，使谱线平滑。

### 3. 光电子线及伴峰

（1）**光电子线** 谱图中强度大、峰宽小、对称性好的谱峰一般为光电子线。每种元素都有自己的最具表征作用的光电子线。它是元素定性分析的主要依据。一般来说，同壳层上的光电子，总轨道角动量量子数（$j$）越大，谱线强度越强。常见的强光电子线有 1s、$2p_{3/2}$、$3d_{5/2}$、$4f_{7/2}$ 等。除了主光电子线，还有来自其他壳层的光电子线，如 O2s、Al2s、Si2s 等。这些光电子线与主光电子线相比，强度有的稍弱、有的很弱、有的极弱，元素定性分析时它们起辅助的作用。纯金属的强光电子线常会出现不对称的现象，这是由光电子与传导电子的耦合作用引起的。光电子线的高能端比低能端的峰宽 1~4eV，绝缘体比良导体的光电子谱峰宽约 0.5eV。

（2）**伴峰** 伴峰是指在光电子能谱中，主光电子线附近出现的额外峰，通常由多重电离、电子弛豫或其他电子相互作用引起的。伴峰能提供关于材料电子结构、化学状态和相互作用的重要信息，反映不同的物理过程和材料特性。X 射线卫星峰（X-ray satellites）多重分裂（multiplet splitting）电子的震激与震离（shakeup and shakeoff）特征能量损失谱（characteristic energy loss peaks）俄歇谱线（auger lines）及价电子线和谱带（valence electron lines and bands）均属于伴峰。

1）**X 射线卫星峰**。如果用来照射样品的 X 射线未经单色化处理，那么在常规使用的 $AlK_{\alpha 1,2}$ 和 $MgK_{\alpha 1,2}$ 射线里可能混杂有 $K_{\alpha 3,4,5,6}$ 和 $K_\beta$ 射线，这些射线统称为 $K_{\alpha 1,2}$ 射线的卫星线。样品原子受到射线照射时，除了特征 X 射线（$K_{\alpha 1,2}$）所激发的光电子外，其卫星线也激发光电子，由这些光电子形成的光电子峰，称为 X 射线卫星峰。由于这些 X 射线卫星峰的能量较高，所以它们激发光电子具有较高的动能，表现在谱图上，就是在主光电子线的低能端或高能端产生强度较小的卫星峰。阳极材料不同，卫星峰与主峰之间的距离不同，强度也不同。

2）**多重分裂**。当原子或自由离子的价壳层拥有未成对的自旋电子时，光致电离所形成的内壳层空位便与价轨道未成对自旋电子发生耦合，使体系出现不止一个终态，相应地，每一个终态在 XPS 谱图上将会有一条谱线，这便是多重分裂。

下面以 $Mn^{2+}$ 离子的 3s 轨道电离为例说明 XPS 谱图中的多重分裂现象。基态锰离子 $Mn^{2+}$ 的电子组态为 $3s^2 3p^6 3d^5$，$Mn^{2+}$ 离子 2s 轨道受激后，形成两种终态。在实用的 XPS 谱图分析中，除了具体电离时的终态数、分裂谱线的相对强度和谱线的分裂程度，还关心影响分裂程度的因素：①当 3d 轨道未配对电子数越多、分裂谱线能量间距越大，在 XPS 谱图上两条多重分裂谱线分开的程度越明显；②配位体的电负性越大，化合物中过渡元素的价电子越倾向于配位体，化合物的离子特性越明显，两种终态的能量差值越大。

当轨道电离出现多重分裂时，如何确定电子结合能，至今无统一的理论和实验方法，一般地，对于 s 轨道，电离只有两条主要分裂谱线，取两个终态谱线所对应能量的加权平均代表轨道结合能。对于 p 轨道，电离时终态数过多，谱线过于复杂，可取最强谱线所对应的结合能代表整个轨道电子的结合能。

在 XPS 谱图上，通常能够明显观察到的是自旋-轨道耦合能级分裂谱线，如 $p_{3/2}$，$p_{1/2}$，$d_{3/2}$，$d_{5/2}$，$f_{5/2}$，$f_{7/2}$ 等，但不是所有的分裂都能被观察到。

3）**电子的震激与震离**。样品受 X 射线辐射时产生多重分裂的概率很低，但却存在多电子激发过程。吸收一个光子，出现多个电子激发过程的概率可达 20%，最可能发生的是两电子过程。

光电发射过程中,当一个核心电子被 X 射线光电离除去时,由于屏蔽电子的损失,所以原子中心电位发生突然变化,将引起价壳层电子的跃迁,这时有两种可能的结果:①价壳层的电子跃迁到最高能级的束缚态,则表现为不连续的光电子伴线,其动能比主谱线低,数值差是基态和具核心空位的离子激发态的能量差,这个过程称为电子的震激(shakeup)。②如果电子跃迁到非束缚态成为自由电子,则光电子能谱示出从低动能区平滑上升到一阈值的连续谱,其能量差与具核心空位离子基态的电离电位相等,这个过程称为震离(shake-off)。震激、震离过程的特点是它们均属于单极子激发和电离,电子激发过程只有主量子数变化,跃迁发生只能是 ns→ns′和 np→np′,电子的角量子数和自旋量子数均不改变。通常震激谱比较弱,只有高分辨的 XPS 能谱仪才能测出。

由于电子的震激和震离是在光电发射过程中出现的,本质上也是一种弛豫,所以对震激谱的研究可获得原子或分子内弛豫信息,同时震激谱的结构还受化学环境的影响,它的表现对分子结构的研究很有价值。图 5-18 所示为锰化合物的震激谱线位置及强度,它们结构的差别同与锰相结合的配位体上的电荷密度分布密切相关。

4) **特征能量损失谱**。部分光电子离开样品受激区域并逃离固体表面的过程中,不可避免地要经历各种非弹性散射而损失能量,XPS 谱图上主峰低动能一侧出现不连续的伴峰,称为特征能量损失峰。特征能量损失谱和固体表面特性密切相关。

当光电子能量为 100~150eV 时,它所经历的非弹性散射的主要方式是激发固体中的自由电子集体振荡,产生等离子激元。固体样品由带正电的原子核和价电子云所组成的中性体系,因此它类似于等离子体,光电子传输到固体表面所行经的路径附近将出现带正电区域,而在远离路径的区域将带负电,由于正负电荷区域的静电作用,使负电区域的价电子向正电区域运动。当运动超过平衡位置后,负电区与正电区

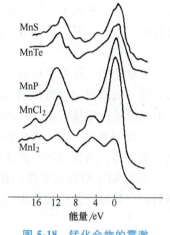

图 5-18 锰化合物的震激谱线位置及强度

交替作用,从而引起价电子的集体振荡(等离子激元),这种振荡的角频率为 $\omega_p$,能量是量子化的,$E_p = h\omega_p$。对于一般金属,$E_p = 10\text{eV}$。可见等离子激元造成的光电子能量损失相当大。

5) **俄歇谱线**。XPS 谱图中,俄歇峰的出现(图 5-17 中的 O KLL)增加了谱图的复杂程度。由于俄歇电子的能量同激发源能量大小无关,而光电子的动能将随激发源能量的增加而增加,因此,利用双阳极激发源很容易将其分开。事实上,XPS 中的俄歇谱线给分析带来了有价值的信息,是 XPS 谱中光电子信息的补充,主要体现在以下两方面。①元素的定性分析。用 X 射线和电子束激发原子内层电子时的电离截面,相对于不同的结合能,两者的变化规律不同。对结合能高的内层电子,X 射线电离截面大,这不仅能得到较强的 X 光电子谱线,也为形成一定强度的俄歇电子创造了条件。做元素定性分析时,俄歇谱线往往比光电子谱有更高的灵敏度。如 Na 在 265eV 的俄歇谱线 Na KLL 的强度为 Na 2s 光电子谱线的 10 倍,显然这时用俄歇谱线做元素分析更方便。②化学态的鉴别。某些元素在 XPS 谱图上的光电子谱线并没有显出可观测的位移,这时用内层电子结合能位移来确定化学态很困难,

而 XPS 谱上的俄歇谱线却出现明显的位移，且俄歇谱线的位移方向与光电子谱线方向一致，两者的位移比较见表 5-1。

表 5-1 俄歇谱线和光电子谱线的位移比较

| 状态变化 | 光电子谱线位移/eV | 俄歇谱线位移/eV |
| --- | --- | --- |
| Cu→$Cu_2O$ | 0.1 | 2.3 |
| Zn→ZnO | 0.8 | 4.6 |
| Mg→MgO | 0.4 | 6 |

俄歇谱线位移量之所以比光电子谱线位移量大，是因为俄歇电子跃迁后的双重电离状态的离子能从周围易极化介质的电子获得较高的屏蔽能量。

6) **价电子线和谱带。**价电子线指费米能级以下 10~20eV 区间内强度较低的谱图。这些谱线由分子轨道和固体能带发射的光电子产生的。在一些情况下，XPS 内能级电子谱并不能充分反映给定化合物之间的特性差异以及表面过程中特性的变化，也就是说，难以从 XPS 的化学位移表现出来。然而价带谱往往对这种变化十分敏感，具有像内能级电子谱那样的指纹特征。因此，可应用价带谱线来鉴别化学态和不同材料。

**4. XPS 的应用**

光电子能谱原则上可鉴定元素周期表上除氢、氦以外的所有元素。通过对样品进行全扫描，在一次测定中就可检测出全部或大部分元素。另外，XPS 还可对同一种元素的不同价态的成分进行定量分析。在固体表面的研究方面，XPS 用于对无机表面组成的测定、有机表面组成的测定、固体表面能带的测定及多相催化的研究。它还可直接研究化合物的化学键和电荷分布，为直接研究固体表面相中的结构问题开辟有效途径。

由于 XPS 功能比较强，表面（约 5nm）灵敏度又较高，所以它目前被广泛用于冶金和材料科学领域，其应用范围见表 5-2。

表 5-2 XPS 的应用范围

| 应用领域 | 可提供的信息 |
| --- | --- |
| 冶金学 | 元素的定性，合金的成分设计 |
| 材料的环境腐蚀 | 元素的定性，腐蚀产物的化学（氧化）态，腐蚀过程中表面或体内（深度剖析）的化学成分及状态的变化 |
| 摩擦学 | 润滑剂的效应，表面保护涂层的研究 |
| 薄膜（多层膜）及粘合 | 薄膜的成分，化学状态及厚度测量，薄膜间的元素宜扩散性，膜/基结合的细节，粘接时的化学变化 |
| 催化科学 | 中间产物的鉴定，活性物质的氧化态，催化剂和支撑材料在反应时的变化 |
| 化学吸附 | 衬底及被吸附物发生吸附时的化学变化，吸附曲线 |
| 半导体 | 薄膜涂层的表征，本体氧化物的定性，界面的表征 |
| 超导体 | 价态、化学计量比、电子结构的确定 |
| 纤维和聚合物 | 元素成分，典型的聚合物组合的信息，指示芳香族形成的携上伴线，污染物的定性 |
| 巨磁阻材料 | 元素的化学状态及深度分布，电子结构的确定 |

XPS 表面分析技术也常被用于半导体领域，如半导体薄膜表面氧化、掺杂元素的化学状态分析等。例如，$SnO_2$ 薄膜是一种电导型气敏材料，常选用 Pd 作为掺杂元素来提高 $SnO_2$ 薄膜器件的选择性和灵敏度，采用 XPS 可以对 Pd、Sn 元素的化学状态进行系统表征，以此来分析影响薄膜性能的因素。

制备 Pd-$SnO_2$ 薄膜需要在空气气氛下进行热处理工序，图 5-19 所示为不同热处理温度时 Sn $3d_{5/2}$ 的 XPS 谱图。室温下自然干燥的薄膜中，Sn 元素有两种化学状态，结合能为 489.80eV 和 487.75eV，分别标志为 $P_1$ 和 $P_2$ 两个特征峰，各自对应于聚合物状态的 $(Sn-O)_n$ 和 Sn 的氧化物状态。随着处理温度的升高，$P_1$ 峰逐渐减弱，$P_2$ 峰不断增强。当处理温度高于 250℃ 时，只有 $P_2$ 峰，表明薄膜已形成稳定的 $SnO_2$ 结构。不同温度处理后，特征峰 $P_2$ 所对应的结合能略有差别，低温处理后的试样特征峰 $P_2$ 的结合能值略高，但经 450℃ 和 600℃ 处理后的试样没有差别，这可能同氧化是否完全以及氧化锡结晶效应有关。图 5-20 所示为不同热处理温度时 Pd 3d 的 XPS 谱图。室温下自然干燥的薄膜中，$Pd3d_{5/2}$ 轨道的结合能为 338.50eV（特征峰 $P_1'$），对应于 $[PdCl_4]^{2-}$ 结构。薄膜经 120℃ 热处理后，配合物 $[PdCl_4]^{2-}$ 分解为 $PdCl_2$（特征峰 $P_2'$，$E_B$ = 337.25eV），部分 $PdCl_2$ 氧化为 PdO（特征峰 $P_3'$，$E_B$ = 336.00eV）和 $PdO_2$（特征峰 $P_4'$，$E_B$ = 338.00eV）。薄膜经 250℃ 热处理后，$P_2'$ 峰消失，Pd 元素主要以两种氧化态的形式存在，即 PdO 和 $PdO_2$。随着处理温度的进一步升高，$P_3'$ 峰不断减弱，$P_4'$ 峰不断增强。当处理温度高于 450℃ 时，Pd 元素主要以 $PdO_2$ 形式存在。

以上 XPS 分析结果清楚地表明：热处理温度不仅影响 Pd，$SnO_2$ 气敏薄膜中 Pd、Sn 元素的化合物结构，同时也影响其电子结构，这些必然会影响薄膜的气敏特性。

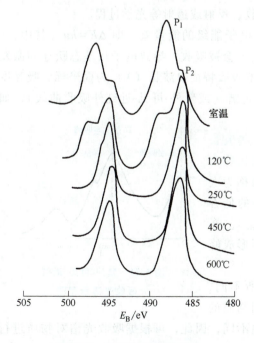

图 5-19　不同热处理温度时 Sn $3d_{5/2}$ 的 XPS 谱图

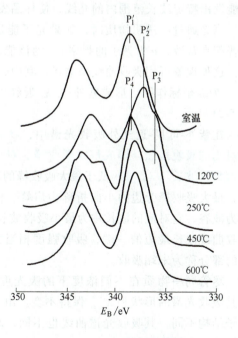

图 5-20　不同热处理温度时 Pd 3d 的 XPS 谱图

## 5.3 分子光谱

### 5.3.1 紫外-可见-近红外光谱

紫外-可见-近红外光谱技术是一项基于物质分子对紫外、可见或近红外光的吸收特性进行分析的重要技术。其基本原理在于分子吸收光能时，其电子会发生能级跃迁，从而产生吸收峰。这种技术广泛应用于化学、生物化学、药物、食品等领域，具有重要的定性和定量分析功能。

在分析方法方面，紫外-可见-近红外光谱技术不仅可用于定性分析，确定样品的化学组成和结构特征，还可通过朗伯-比尔定律进行定量分析，实现对物质浓度的准确测定。这种技术具有操作简单、适用性广泛、灵敏度高等优点，因此，在物质鉴定、纯度检查、结构分析、反应动力学与溶液平衡研究等方面都得到了广泛的应用。

总之，紫外-可见-近红外光谱技术在当代化学分析领域扮演着不可或缺的角色，其应用范围涵盖各个领域的实验和研究。通过不断改进仪器设备和分析方法，这一技术将继续为科学研究和产业发展提供重要的支持和帮助。

**1. 紫外-可见-近红外光谱仪的原理**

紫外-可见-近红外光谱仪包括光源、分光装置、样品室、探测器及数据处理与显示系统等关键组成部分。

（1）光源 光源在该仪器中具有至关重要的作用，它提供了测量所需的辐射能量。在紫外区域，常用光源是氘灯，而在可见和近红外区域，则常使用白炽灯或钨卤素灯。这些光源能发出特定波长范围内的光线，使样品发生吸收、反射或透射等光学过程。

当光通过一透明物质时，如果光子能量等于电子能级的能量差，即 $\Delta E = h\nu$（其中，$h$ 为普朗克常数，$\nu$ 为光子的频率），则该能量的光子会被吸收，导致电子从基态跃迁到激发态。这种现象可用吸收曲线来描述，其中，物质的吸收特征以波长（$\lambda$）为横坐标、吸光度（$A$）为纵坐标作图，形成紫外-可见-近红外吸收光谱（或紫外-可见-近红外吸收曲线），如图 5-21 所示。

在紫外-可见-近红外吸收光谱中，物质在某些波长处对光的吸收最强，形成最大吸收峰。对应的波长称为最大吸收波长（$\lambda_{max}$）。低于最大吸收峰的次高峰称为次峰，最大吸收峰旁边的小曲折称为肩峰。曲线中的低谷称为波谷，它对应的波长称为最小吸收波长（$\lambda_{min}$）。在吸收曲线波长最短的一端，吸收强度相当大但不形成峰形的部分称为末端吸收。

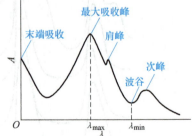

图 5-21 紫外-可见-近红外吸收光谱示意图

尽管同一物质在不同浓度下的吸光度会有所不同，但其吸收光谱的形状和 $\lambda_{max}$ 保持不变。由于不同物质的分子结构不同，其吸收光谱曲线也不同，$\lambda_{max}$ 也不同，因此，可根据吸收光谱对物质进行定性鉴定和结构分析。

定量分析时，选择最大吸收峰或次峰对应的波长作为入射光，测定待测物质的吸光度。

根据光吸收定律,即朗伯-比尔定律 $A = \varepsilon b c$(其中,$A$ 为吸光度;$\varepsilon$ 为摩尔吸光系数;$b$ 为光程长度;$c$ 为物质浓度),可以对物质进行定量分析。

综上所述,紫外-可见-近红外光谱法是通过分析物质对光的吸收特性,能够有效地进行物质的定性鉴定和定量分析,是一种重要的分析手段。

(2) 分光装置  分光装置作为紫外-可见-近红外光谱仪中的关键部件之一,将来自样品的入射光按照不同波长进行分离,并选择所需的波长范围进行检测。常见的分光装置包括棱镜式和衍射式两种,能够高效实现对不同波长光的分离和选择,确保准确获取到样品的光学信息。

(3) 样品室  样品室通常被设计成一个封闭的空间,以确保测量过程中不受外界干扰。对于液体样品,常使用透明的玻璃或石英材料制成的样品池来容纳,而固体样品则需适当处理后放置在特定位置进行测量。

(4) 探测器  探测器接收经过分光装置处理后的不同波长的光信号,并将其转换成电信号。常用的探测器包括硅探测器、铟镓锗探测器等,能够对不同波长范围内的光进行高灵敏度和快速响应的检测。

(5) 数据处理与显示系统  数据处理与显示系统对探测器获得的电信号进行处理,并将结果以光谱图的形式显示出来。通过对光谱图进行分析,可以获取到样品在不同波长下的吸收、反射或透射特性,推断出样品的结构和性质信息。

**2. 紫外-可见-近红外分光光度法的特点**

紫外-可见-近红外分光光度法作为紫外-可见-近红外光谱技术的一种具体应用,是分子吸收分光光度法的一种,其特点如下:

1) 具有很高的灵敏度,可以测定 $10^{-6}$ g 级的微量组分物质。这使得它在需要精确测量微量物质的场合非常有用。

2) 准确度较高,测量结果的相对误差一般为 1%~5%。这种高准确度保证了分析结果的可靠性,使其在定量分析中被广泛应用。

3) 操作简便、仪器设备简单、分析速度快,作为一种方便快捷的分析手段,广泛应用于各种研究和工业检测中。

4) 不仅可用于无机化合物和有机化合物的定量分析,还可测定配合物的组成和稳定常数,同时,也能用于有机化合物的鉴定及结构分析,特别是鉴定有机化合物中的官能团。除此之外,紫外-可见-近红外分光光度法还能用于同分异构体的鉴别。然而,值得注意的是,某些有机化合物的紫外-可见-近红外吸收光谱图较为简单,且个别吸收光谱可能大体相似。因此,仅根据紫外-可见-近红外吸收光谱不能完全确定这些物质的分子结构。在这种情况下,需结合红外吸收光谱、核磁共振波谱和质谱等其他分析方法,才能得出更可靠的结论。

总的来说,紫外-可见-近红外分光光度法因其高灵敏度、高准确度、操作简便和广泛的应用范围,在化学分析中占据重要地位。结合其他光谱分析技术,紫外-可见-近红外分光光度法能提供更全面、更准确的分析结果,满足科学研究和工业应用的多种需求。

**3. 紫外-可见-近红外光谱技术的应用**

紫外-可见-近红外光谱技术广泛应用于多个领域,主要应用包括定量分析、定性鉴定、材料科学及生物医学等方面。

在定量分析中,通过测量样品在特定波长下的吸光度,可以据朗伯-比尔定律计算出物质的浓度。该方法具有高灵敏度和高准确度，适用于检测微量组分，常用于药物、环境样品、食品和生物样品中的成分分析。

在定性鉴定方面，紫外-可见-近红外光谱技术通过测量吸收光谱可以鉴定物质。每种物质在特定波长下有独特的吸收特征，这些特征可作为物质的"指纹"进行比对和鉴定。特别是在有机化合物的官能团分析和配合物结构分析中，该技术具有重要作用。该技术还用于实时监测化学反应过程中的吸光度变化，从而研究反应速率和机理。例如，严雪俊等人利用紫外-可见-近红外光谱研究钻石的温敏特性，发现其吸收峰随温度变化而强度降低甚至消失，这为钻石的检测和筛选提供了依据，并对其功能化应用具有参考价值。

材料科学中，该技术用于研究材料的光学性质和电子结构，如半导体材料的带隙、光催化材料的活性以及纳米材料的表面特性。尤其在纳米发光材料领域，张洪武等人利用紫外-可见-近红外光谱技术制备了 $LnVO_4$：Eu（Ln = La, Gd, Y）系列纳米发光材料，并研究了它们的结构和发光性质。

在生物医学领域，紫外-可见-近红外光谱技术广泛应用于蛋白质、核酸等生物大分子的结构分析和浓度测定。例如，测量蛋白质在 280 nm 处的吸收，可以确定其浓度和纯度；通过观察 DNA 在 260 nm 处的吸收，可进行定量分析和纯度检测。叶旭君等使用 UV-3600 光谱数据结合生物发光技术，建立了预测菠菜叶片三磷酸腺苷 ATP（adenosine triphosphate）含量的模型，为蔬菜新鲜度评估提供了快速、无损的光谱技术。

### 5.3.2 红外光谱

红外光谱仪是一种重要的分析仪器，广泛应用于化学、材料科学、生物学和环境科学等领域。它通过测量物质对红外光的吸收、反射或透射特性，提供物质的分子结构和化学组成信息。红外光谱技术的发展经历了显著的变革和进步，主要分为三个阶段：棱镜式红外分光光度计、光栅式红外分光光度计和傅里叶变换红外光谱仪（FTIR）。

红外光谱技术的早期发展阶段以棱镜式红外分光光度计为代表。这种仪器基于棱镜对红外辐射的色散原理以实现分光。棱镜通过折射作用将不同波长的红外光分开，从而对物质的红外吸收光谱进行测量。然而，棱镜式分光光度计存在一些明显的缺点：制作高质量的棱镜需要复杂的工艺和昂贵的材料；棱镜的色散能力有限，难以区分波长接近的红外光；对恒温和湿度要求高，以确保光学系统的稳定性和测量精度。随着技术的发展，光栅式红外分光光度计逐渐取代了棱镜式红外分光光度计。光栅利用衍射原理实现红外光的分光，相较于棱镜，光栅式红外分光光度计在以下方面具有明显优势：光栅提供了更高的光谱分辨率，能够更精确地分离不同波长的红外光；光栅的衍射效率较高，增强了信号强度；制造光栅的成本相对较低，使得仪器价格更低；光栅式仪器对温度和湿度的要求不高，使用更加方便。光栅式红外分光光度计在科学研究和工业应用中得到了广泛使用，成为红外光谱仪发展的主要方向。

20 世纪 60 年代，随着计算技术和电子技术的发展，傅里叶变换方法开始在红外光谱仪器中得到应用。直到 20 世纪 70 年代，FTIR 逐渐成熟并广泛应用于材料科学领域。

FTIR 的出现标志着红外光谱技术进入一个全新的发展阶段。FTIR 基于干涉调频分光原理，通过对干涉图的傅里叶变换获得红外光谱。与传统的分光方法相比，FTIR 能够提供更高的光谱分辨率和更灵敏的检测能力，并在较短时间内获取高质量的光谱数据。它覆盖了更宽的红外波长范围，适用于更多类型的样品分析，利用计算机技术进行傅里叶变换和数据处理,提高了光谱分析的效率和精确度。FTIR 的出现为红外光谱的应用开辟了新的领域,使得红外光谱技术在科研和工业中的应用更加广泛和深入。

红外光谱仪的发展历程展示了科技进步对分析仪器性能的显著提升。从棱镜式红外分光光度计到光栅式红外分光光度计,再到傅里叶变换红外光谱仪,红外光谱仪不断发展,促进了纳米材料科学的蓬勃发展。

### 1. 傅里叶变换红外光谱仪的原理

当某一频率的红外光线聚焦照射在被分析的样品上,如果样品分子中某个基团的振动频率与照射红外线的频率相同,就会产生共振,这个基团就吸收一定频率的红外线。仪器记录下分子吸收红外线的情况,从而得到反映试样成分特征的光谱,进而推测化合物的类型和结构。傅里叶变换红外光谱仪的核心部分是迈克耳孙干涉仪。通过迈克耳孙干涉仪,动镜的移动导致光程差变化。光程差与时间相关,并形成干涉图。其中,光程差 $\Delta$ 表示为 $2d$,$d$ 为动镜移动离开原点与定镜离开原点之间的距离差。当光程差为零时,动镜与定镜距离相等,产生相干干涉。若 $d=\frac{\lambda}{4}$,光程差为 $\frac{\lambda}{2}$,则产生相消干涉;若 $d=\frac{\lambda}{4}\times(2n+1)$,光程差为奇数倍波长的 $\frac{\lambda}{2}$,则产生相长干涉。动镜的移动形成周期性信号,干涉光强度的变化可用余弦函数表示,即 $I(\Delta)=B(\nu)\cos(2\mu\Delta)$,其中,$I(\Delta)$ 表示干涉光强度(W/m²);$B(\nu)$ 表示入射光强度(W/m²);$\nu$ 是频率(Hz),是光程差与时间有关的函数。干涉仪的结构如图 5-22 所示,它主要由两个互成 90°夹角的平面镜(动镜和定镜)和一个分束器组成。在移动过程中动镜要与定镜保持 90°夹角。分束器具有半透明性质,位于动镜与定镜之间并与它们成 45°角放置。光源发出的红外光进入干涉仪后被分束器分为两束:一束透射光(T)和一束反射光(R)。透射光(T)经动镜反射回到分束器后又分为两部分,一部分透射返回光源(TT),另一部分反射到达样品(TR);反射光(R)经定镜反射到分束器后又分成两部分,一部分反射返回光源(RR),另一部分透射到达样品(RT)。经过样品到达干涉仪检测器的有两束光,这两束相干光叠加,随着动镜的移动,这两束光的光程差会改变,进而产生干涉,得到干涉图。通过对干涉图进行傅里叶变换,就可以得到光谱。

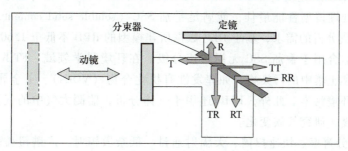

图 5-22 干涉仪的结构

### 2. 傅里叶变换红外光谱仪的特点

FTIR 的多项显著优势,使其在光谱分析中占据重要地位。

第一,FTIR 的分辨能力非常强,在整个光谱范围内可达到 $0.100\text{cm}^{-1}$,更精密的甚至能达到 $0.005\text{cm}^{-1}$,远超棱镜式和光栅式红外分光光度计。

第二,FTIR 具有极快的扫描速度。与传统分光光度计在单位时间内只能记录一个光谱数据点不同，FTIR 能够在 1s 内完成整个光谱范围的扫描，扫描速度提高数百倍。这主要是由于干涉仪与扫描单色仪相比具有多路的优势。

第三，FTIR 测量光谱的辐射通量大，没有狭缝限制，辐射通量取决于平面镜头的大小。在相同分辨率下，其辐射通量比色散型仪器要大得多，使其特别适用于测量弱信号光谱，具有很高的灵敏度。

第四，FTIR 还具有极低的杂散辐射。在全光谱范围内，杂散辐射可低于 0.30%，因为这些杂散辐射产生的干涉环纹可以在光谱转换后被鉴别出来。此外，FTIR 能够研究宽光谱范围。只需改变分束器和光源，FTIR 就能覆盖整个红外区 $10\sim13300\text{cm}^{-1}$ 光谱范围，无需像棱镜式和光栅式红外分光光度计那样需多种棱镜和滤光片。

第五，FTIR 适用于微少试样的研究。其光束截面小（约 1mm），能研究单晶、单纤维等物质，对于微量及痕量分析特别重要。现代计算机化的红外光谱仪，通过红外显微技术和基质分离红外技术，可以测量几纳克（$10^{-9}$g）或几皮克（$10^{-12}$g）的样品。

### 3. 傅里叶变换红外光谱仪的应用

FTIR 在多个领域有着广泛的应用，展现了其在科学研究和工业实践中的重要价值。在化学和材料科学领域，FTIR 广泛用于分子结构的研究，通过分析化合物的红外光谱，可以确定分子中的官能团和化学键类型，从而推测化合物的结构。此外，FTIR 还用于聚合物研究，帮助了解聚合物的组成和结构，包括交联度和结晶度等。在纳米材料领域，这一技术也发挥着重要的作用。周冰垚利用变温傅里叶变换红外光谱仪对不同温度下的聚乳酸/有机蒙脱土（PLLA/OMMT）纳米复合材料进行了研究，并运用二维相关（2DCOS）分析对羰基谱带的变化进行了系统分析。通过红外光谱结合 2DCOS 分析，更深入地挖掘了聚乳酸复合材料的构象转变信息，这对了解材料性能具有重要意义。在医药和生物科学领域，FTIR 用于药物分析，如鉴定药物成分、分析药物纯度以及检测药物中的杂质等，以确保药品的质量和安全。FTIR 还用于生物样品分析，如研究蛋白质、脂类和核酸等生物分子的结构和功能，帮助揭示生物过程中的分子机制。FTIR 技术在农产品领域也发挥重要的作用。例如，王冬采用 LVF 和 DLP 近红外光谱仪对大、小番茄采集近红外光谱数据，并分别计算平均光谱及差谱。基于 LVF 数据所建模型的 RPD（relative percent difference，相对百分比差异）不低于 2.11，标准化预处理模型性能最佳，能满足番茄 SSC（soluble solid content，可溶性固体含量）无损快速定量分析的需求；基于 DLP 数据所建模型的 RPD 不低于 1.60，标准化预处理模型性能最佳，适合用于番茄 SSC 无损快速分级。在环境科学领域，FTIR 用于污染监测，可检测空气、水和土壤中的污染物，如挥发性有机化合物（VOCs）、重金属和农药残留等，帮助监测和控制环境污染。此外，FTIR 还用于气体分析，监测大气中的气体成分，如二氧化碳和甲烷的浓度，研究气候变化。

FTIR 以其高分辨率、快速扫描、大辐射通量、低杂散辐射、广谱覆盖范围以及适用于微量样品的优点，在各个领域发挥重要作用，成为研究和分析的强大工具。

## 5.3.3 拉曼光谱

拉曼光谱是一种基于光与物质相互作用的分析技术，具有重要的科学和应用价值。当单色光与样品相互作用时，入射光束可通过透射、吸收和散射三种方式传播。虽然大部分散射光的波长与入射光相同，但由于样品中的分子振动和分子旋转，一小部分光束会发生波长偏移。这些偏移的散射光可分为三种类型：瑞利散射、布里渊散射和拉曼散射。

瑞利散射的波数变化极小，基本保持不变或小于 $10cm^{-1}$，其散射光的强度最强。布里渊散射的波数变化约为 $0.1cm^{-1}$。拉曼散射的波数变化大于 $1cm^{-1}$，虽然拉曼散射光的强度最弱，仅占全部散射光的几千分之一，但其独特的光谱特征为分子结构和化学成分的分析工作提供了宝贵的信息。

拉曼散射现象自发现后的 50 年内，主要应用于学术研究。直到 20 世纪 60 年代，激光技术的发展使拉曼光谱仪能够使用激光作为光源，大大提高了拉曼散射的强度。这一技术突破推动了拉曼光谱测试的快速发展，使其在有机化学、高分子化学、生物化学和材料科学等领域得到广泛应用。

拉曼光谱技术通过检测散射光的频移，提供了关于分子振动、转动等信息，从而可以鉴定分子的化学组成和结构。随着技术的不断进步，拉曼光谱仪已经成为一种强有力的分析工具，广泛应用于科学研究和工业领域，展示出广阔的应用前景。

**1. 拉曼光谱的原理**

拉曼效应（即拉曼散射）由印度物理学家钱德拉塞卡拉·文卡塔·拉曼于 1928 年发现的。他在研究光通过介质时，发现了由于光与物质的相互作用会产生频率发生变化的散射光。这一重要发现揭示了光与分子振动之间的关系，为科学家们提供了一种新的研究分子结构和化学组成的方法。在拉曼效应的基础上，科学家们进行了大量的拉曼光谱研究。

经典理论认为，原子和分子可以被入射电磁波极化，产生散射，这就是瑞利散射。分子的极化率会随内部振动或转动变化，从而产生拉曼散射。量子理论则解释拉曼散射是光量子与分子发生非弹性碰撞的结果。光子与分子的相互作用（图 5-23）有两种情况：弹性碰撞和非弹性碰撞。

在弹性碰撞中，光子和分子不交换能量，光子频率保持不变，即瑞利散射。在非弹性碰撞中，光子与分子间发生能量交换，导致光子频率改变。如果光子将能量传递给分子，散射光子的频率降低，则称为斯托克斯散射，分子获得能量进入激发态，其频率 $\nu' = \nu - \Delta\nu$。如果分子已处于激发态，光子从分子获取能量，散射光子频率升高，则称为反斯托克斯散射，其频率 $\nu' = \nu + \Delta\nu$。

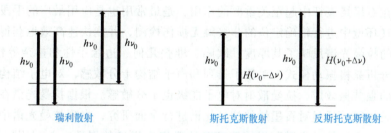

图 5-23 光子与分子相互作用的示意图

总之，瑞利散射是不发生能量交换的弹性散射，光子频率不变；拉曼散射是光子与分子发生能量交换的非弹性散射，光子的运动方向和频率都会变化。

拉曼散射可分为以下两种类型：

（1）**共振拉曼散射** 当一个化合物受入射光激发时，如果其电子吸收带恰好与入射光的频率重叠，则分子内部的电子将发生跃迁。在这种情况下，分子振动与电子跃迁耦合，导致一些拉曼光谱线的强度显著增强,产生共振拉曼散射。

共振拉曼光谱在激光拉曼光谱学中占据重要地位,其优势主要体现在以下三个方面:

1)拉曼光谱强度显著增加,提高了检测灵敏度。

2)由于共振拉曼光谱线由于产生电子吸收的基团形成的,而其他部分可能被激光吸收衰减,因此可用于研究生物大分子的一部分。

3)测量共振拉曼的偏振度,可以获得普通拉曼光谱中无法探测的分子对称性信息。

(2)表面增强拉曼散射 当一些分子吸附在金、银或铜等粗糙金属表面上时,其相应的拉曼光谱线会显著增强。这种异常的拉曼散射增强效应被称为表面增强拉曼散射。

### 2. 拉曼光谱的特点

拉曼光谱通过测量样品被激发后发射出的散射光的频率和强度来获得的。典型的拉曼光谱通常以波数(cm$^{-1}$)为单位,而散射光的频率变化通常称为拉曼频移。

拉曼光谱具有以下三个基本特征,这些特征助于将其与其他光谱区分开:

(1)频率特征 当入射光频率改变时,散射光的频率保持不变;斯托克斯线和反斯托克斯线的频率变化相等。

(2)强度特征 拉曼散射光的强度通常比较弱,通常只能达到入射光强度的0.01~1;斯托克斯线的强度($I_S$)远大于反斯托克斯线的强度($I_{AS}$),两者的比值为

$$\frac{I_S}{I_{AS}} \sim e^{\frac{hw}{kBT}} \gg 1 \tag{5-16}$$

(3)偏振特征 当入射光是偏振光时,散射光的偏振特征与入射光的偏振状态有关,这就是著名的"偏振选择定则"。

相比于其他测试手段,拉曼光谱测试具有许多优点。①非接触性和非破坏性,对样品没有接触,不会造成损伤;②无需特殊制样方法或对样品进行特殊处理;③可以快速分析和鉴定材料的特性和结构。④适用性广泛,适用于黑色样品和含水样品。⑤可在不同温度和压力条件下进行测试。⑥光谱成像快速、简便,具有较高的分辨率。⑦仪器维护成本低,使用简便。

### 3. 拉曼光谱的应用

拉曼光谱在石墨烯表征中起至关重要的作用,是最常用也是应用最广的手段之一。拉曼光谱可以在空气环境中进行精确定位的非接触无损伤检测,并能快速高效地获得准确的检测结果。石墨烯的拉曼光谱反映了其厚度、缺陷、堆叠几何、边缘手性和掺杂等性质。通常,拉曼光谱用于分析晶格振动模式,对原子排列和声子结构十分敏感,对电子结构不敏感,但是由于石墨烯的强共振效应,拉曼散射对电子能级也十分敏感。根据拉曼光谱在石墨烯表征的这一特性,吴娟霞等通过对石墨烯的拉曼光谱进行全面研究,发现拉曼光谱中的一些重要特征和物理过程。通过拉曼光谱可以快速准确地确定石墨烯的层数,并利用拉曼G'峰和G峰的变化特征来表征石墨烯的层数和堆叠方式。G'峰(又称为2D峰)是石墨烯拉曼光谱中的一个重要特征峰,位于2600~2700cm$^{-1}$之间。通过分析拉曼D峰与G峰的强度比可以定量研究石墨烯中的缺陷密度,以及通过分析石墨烯的二阶和倍频拉曼特征可以更深入地了解石墨烯的声子色散、电子-声子相互作用和电子能带结构。这些研究成果对深入理解石墨烯的物理性质具有重要意义,推动石墨烯拉曼光谱研究的进展。

拉曼光谱术还广泛应用于其他材料的表征和分析中。例如,通过拉曼光谱可以对氧化锌

的结晶特性及极化产物进行分析。李酽等利用在直流电场中极化后的氧化锌纳米粉试片,其阳极面和阴极面的拉曼光谱表现出的明显差异对电场条件下氧化锌的结晶特性及极化产物进行了分析。拉曼光谱中的特征峰强度变化与极化电场的场强呈线性关系,这种变化与氧化锌晶粒内的缺陷重新分布和双肖脱基势垒有关。

## 5.4 粒度分析技术

粒度分析技术在材料科学、纳米技术和生物化学等领域具有重要应用。纳米材料粒度测量的主要方法包括动态光散射法、激光粒度分析法、高速离心沉降法和电超声粒度分析法。

### 5.4.1 动态光散射法

动态光散射法(dynamic light scattering, DLS)是一种用于测试颗粒粒径的技术,其研究可追溯至20世纪初。1914年,布里渊(Brillouin)从理论上预言了散射光中布里渊区(Brillouin zone)的存在。然而,由于当时使用经典光源和经典摄谱技术难以获得可靠而准确的实验结果,因此动态光散射的发展较为缓慢。直到20世纪60年代早期,随着激光器的问世以及光电倍增管的广泛采用,动态光散射才得以迅速发展。

动态光散射的基本原理是当光照到介质上时,其交变的电磁场引起介质内分子中的电子做加速运动。振动的电偶极子作为次波源向各个方向辐射电磁波,这些从不同散射体发出的次波互相迭加形成散射光。由于布朗运动,当散射体的位置和取向随时间发生变化时,散射光的位相和偏振也随之变化,即产生涨落。因此,散射光的消长过程中包含了散射体的动力学信息。

动态光散射法一般分为光子相关谱法(photon correlation spectroscopy, PCS)和滤光法(spectrophotometry)。滤光法适用于研究相对较快的分子动力学过程,即发生在快于 $10^{-6}$ s 的过程,而光子相关谱法一般用来研究慢于 $10^{-6}$ s 的分子动力学过程。因此,光子相关谱法特别适合测量大分子或粒子系统的动力学常数,包括平动扩散系数、转动扩散系数、大分子间的相互作用。此外,光子相关谱法还可研究高聚物的溶解过程、热力学的临界现象等。

**1. 动态光散射法的经典理论**

(1)滤波技术 滤波技术的发展在DLS法中的应用至关重要,因为它直接影响数据的准确性和可靠性。最早的模拟滤波器[如RC滤波器(resistor-capacitor filter,电阻-电容滤波器)和有源滤波器]通过去除高频噪声和低频干扰,提高了DLS的信号质量。随着数字计算和信号处理技术的发展,数字滤波器[如FIR滤波器(finite impulse response filter,有限脉冲响应滤波器)和IIR滤波器(infinite impulse response filter,无限脉冲响应滤波器)]在DLS中得到广泛应用,提供了高效和精确的信号处理。适应性滤波技术[如LMS算法(least mean squares algorithm,最小均方算法)和RLS算法(recursive least squares algorithm,递归最小二乘算法)]进一步提升了DLS数据处理的灵活性和精度。卡尔曼滤波和扩展卡尔曼滤波在实时估计颗粒运动状态和处理非线性系统中表现出色。频域滤波技术(如小波变换)可有效处理DLS信号的平稳和非平稳成分。现代滤波技术结合了深度学习和量子计算,为DLS提供了更高效和灵活的解决方案,显著提升了其应用性能。

滤波技术的发展从早期模拟滤波器到现代的数字和适应性滤波器,再到结合深度学习和量子计算的创新滤波方法,极大地提升了动态光散射法的信号处理能力。这些技术的不断进步使 DLS 能够更准确、更可靠地测量纳米颗粒的粒径分布,推动了其在科学研究和工业应用中的发展。

(2) 光子相关谱法　光子相关谱法的基本原理是利用激光器发出的激光(通常选用连续激光),经透镜聚焦于样品池内,在任一选定的散射角 $\theta$ 处放置一探测器(通常为光电倍增管)探测散射光。光电倍增管输出的光子信号经放大和甄别后成为等幅 TTL(transistor-transistor logic,晶体管-晶体管逻辑)串行脉冲,经数字相关器求出光强的自相关函数,而后计算机根据自相关函数包含的颗粒粒度信息算出粒度分布。对于单分散颗粒系,其光强的自相关函数 $G(2)(\tau)$ 可表示为

$$G(2)(\tau) = A[1+\beta\exp(-2\Gamma\tau)] \tag{5-17}$$

$$\Gamma = D\tau q^2 \tag{5-18}$$

$$q = \frac{4\pi n}{\lambda_0}\sin\left[\frac{\theta}{2}\right] \tag{5-19}$$

式中,$A$ 为光强的自相关函数 $G(2)(\tau)$ 的基线,$\beta$ 是约束信噪比的常数,$A$ 和 $\beta$ 都与实验条件相关;$\Gamma$ 为线宽;$D$ 为扩散系数(m²/s);$\tau$ 为时间延迟(s);$q$ 是散射光波矢 $q$ 的幅值(m$^{-1}$);$n$ 是溶剂的折射率;$\theta$ 是散射角(°);$\lambda_0$ 是光在真空中的波长(m)。

对于球形颗粒,$D$ 可根据 Stokes-Einstein 公式给出,即

$$D = \frac{k_B T}{3\pi\eta d} \tag{5-20}$$

式中,$k_B$ 代表玻尔兹曼常数(J/K);$T$ 为绝对温度(K);$\eta$ 为溶液黏度(Pa·s);$d$ 为颗粒直径(m)。

对于多分散颗粒系,电场自相关函数为单指数加权之和或分布积分,即

$$g(\tau) = \int_{\Gamma_1}^{\infty} G(\Gamma)[1+\exp(-2\Gamma\tau)]d\Gamma \tag{5-21}$$

式中,$G(\Gamma)$ 为归一化散射光电场强度的自相关函数的线宽分布函数。

通过求得的 $G(\Gamma)$,利用式(5-22)和式(5-23)可得到粒径分布。

$$d = k \cdot \left(\frac{G(2)(\tau)}{G(2)(0)}\right)^{-1/2} \tag{5-22}$$

式中,$k$ 是与实验条件相关的比例常数。

$$N(d) = \int_0^{\infty} G(\Gamma)f(d,\Gamma)d\Gamma \tag{5-23}$$

式中,$f(d,\Gamma)$ 是与粒径 $d$ 和线宽 $\Gamma$ 相关的函数。

从上述原理推导分析中不难看出动态光散射技术具有不破坏、不干扰体系原有状态的优点,其他方法一般很难做到。用它来测量介质的动力学性质具有快速、准确、只需很少量样品等优点。该技术适用的质点尺寸范围自几个纳米至几个微米。

**2. 动态光散射法的特点**

动态光散射法要求样品应较好地分散在透明的液体介质中，以确保精确的粒径测量。分散剂和溶质粒子应具有不同的折光指数，并且应相匹配，以避免溶胀、解析或缔合现象。此外，分散剂的折光指数和黏度必须准确无误，误差应小于 0.5%，并且样品应保持清洁并可过滤。首先，粒子的布朗运动是导致光强波动的根本原因。微小粒子在液体中的无规则运动会引起光强的波动，而布朗运动速度取决于粒子的大小和温度。其次，光信号与粒径之间存在密切的关系。粒子在胶体中散射光时，检测到的信号是多个散射光子叠加的结果，其波动振幅与粒子粒径相关。通过光强的波动变化和光强的相关函数，可计算出粒径及分布。分布系数（partition coefficient）体现粒子粒径的均一程度，是表征粒径的一个重要指标。PDI（polydispersity index，多分散度指数）小于 0.05 表示单分散体系，而 PDI 大于 0.7 则表示尺寸分布非常宽的体系，不适合光散射方法分析。

光强分布、体积分布和数量分布之间存在差异。例如，即使含有相等数量的粒子，体积分布中较大粒径的峰区也会比较小粒径的峰区大。这是因为大颗粒比小颗粒散射更多的光，光强与粒子直径的六次方成正比。粒径下限的确定依赖于多个因素，包括粒径下限粒子相对于溶剂产生的剩余光散射强度、溶质和溶剂折光指数差、样品浓度、仪器敏感度、激光强度和波长、检测器敏感度等。粒径上限主要取决于样品沉淀行为的开始状态，因此上限由样品特性决定，包括粒子和分散剂的密度。

对于高浓度样品，动态光散射测量的表观尺寸可能受多种因素的影响，如多重光散射、扩散受限、聚集效应和应电力作用。因此，样品浓度上限需根据这些因素进行评估，并采取相应的措施以确保精确的测量结果。

**3. 动态光散射法的应用**

DLS 作为一种非常重要的技术，广泛应用于纳米颗粒粒径的测量和分析。在纳米材料研究领域，DLS 可以快速、准确地测量纳米颗粒的大小、形状和分布，为纳米材料的合成、表征和应用提供了重要的参考依据。通过动态光散射法，可实时监测纳米颗粒的生长过程、优化材料合成工艺、控制颗粒的大小和形状，以及评估纳米材料的稳定性和性能。同时，纳米材料领域内也有学者针对 DLS 技术进行了新的改进和优化，例如，徐炳权等设计的智能动态光散射纳米粒度分析仪基于智能动态光散射技术，通过搭建基于 90°散射角的动态光散射测量光路，配备光强自动调节系统、自适应光子相关器和自动温度控制系统，对纳米颗粒粒径进行更进一步的准确测量。同时，孙淼等采用自主研发的多角度动态光散射装置，通过提高信噪比、去除互补角反射光的影响，对亚微米颗粒进行准确测量的影响因素进行了研究。因此，动态光散射法在纳米材料研究和应用中具有不可替代的作用，为纳米科技的发展和应用提供了强大的技术支持。

## 5.4.2 激光粒度分析法

激光粒度法是一种利用激光与颗粒相互作用的散射原理来测量粒径分布的新型测试方法，主要包括以下四种作用类型：

（1）光在颗粒截面的衍射（夫琅禾费衍射，Fraunhofer diffraction）

1）光在经过颗粒时发生衍射，形成特定的衍射图样。

2）衍射效应导致光在不同角度上有不同的强度分布，形成环形对称的散射图。

(2) 光在颗粒表面的反射

1) 光在颗粒的内外表面反射,影响散射图的特征。

2) 反射强度和散射角度受颗粒表面的光学特性影响。

(3) 介质到颗粒和颗粒到介质交界面上的折射

1) 光在经过颗粒和周围介质界面时发生折射,改变光的传播方向。

2) 折射现象影响散射光的强度和角度分布。

(4) 颗粒对光的吸收

1) 颗粒吸收部分入射光的能量,导致散射光强度降低。

2) 吸收效应依赖于颗粒材料的光学特性。

该方法主要依据 Fraunhofer 和 Mie 散射理论,不受温度、介质黏度、密度和表面状态等因素的影响。激光粒度仪利用激光的单色性和方向性,通过测量散射光在不同角度上的强度来确定颗粒的粒径分布。根据散射原理,颗粒越大,产生的散射光的角度越小,反之则越大。因此,测量不同角度上的散射光强度,可以得到样品的粒径分布。激光粒度分析法具有测试速度快、重复性好、操作简单等优点,可测定颗粒体积百分比、D10、D50、D90、平均粒径等参数指标,广泛应用于粉末粒径分布的测试领域。其中,D10 表示粒径小于此值的颗粒占总体积的 10%;D50 表示粒径小于此值的颗粒占总体积的 50%,又称为中位径或中值粒径;D90 表示粒径小于此值的颗粒占总体积的 90%。

激光粒度仪的测试方法主要分为<u>干法</u>和<u>湿法</u>两种。<u>干法是利用空气作为分散介质,通过紊流分散原理使样品颗粒充分分散,然后进行测试;湿法则充分考虑颗粒和分散介质的光学性质,根据颗粒在不同角度上散射光强的变化来测量粒径分布。</u>激光粒度仪具有重复性好、操作简单等优点,在粉末粒径分布测试领域得到了广泛应用。

**1. 激光粒度分析法的基础**

激光粒度分析法的测量原理是基于激光通过颗粒时发生衍射的事实。衍射是指光在传播时碰到颗粒而偏离直线,绕着颗粒轮廓传播,超出其几何阴影区的物理现象。其衍射光偏离直射光的角度与颗粒粒径成反比关系:颗粒越大,衍射角越小;颗粒越小,衍射角越大。不同粒径的颗粒所衍射的光会落在不同的位置,因此衍射光的位置可反映颗粒的大小。另一方面,通过适当的光路配置,同样大小的颗粒所产生的衍射光会落在同一位置,所以叠加后衍射光的强度会反映该粒径颗粒的数量。通过分布在不同角度的多元检测器测量这些衍射光的位置及强度信息,然后通过适当的光学模型和数学程序转化记录下来的衍射光数据,计算某一粒径颗粒相对总体积的百分比,从而得出粒径体积分布。

但是,由于大多数实际样品的颗粒形状都是不规则的,因此难以用一个数字表达其大小,除非颗粒是完全球形的,并且这个完全球形的直径唯一。为了方便描述非球形颗粒样品的粒径,在激光衍射法中引入等效圆球模型。根据仪器测量原理,颗粒体积可由仪器直接测出,设为 $V_s$,再假设有一直径为 $D$ 的圆球,其体积 $V_s'$ 与颗粒体积相等,即 $V_s' = V_s = 4\pi(D/2)^3/3$,则算出的 $D$ 可定义为样品颗粒的粒径。

<u>激光衍射技术通过分析颗粒对激光的散射模式来测量颗粒的粒度分布</u>。光与颗粒的相互作用形成一个典型的散射图,依赖于颗粒的粒度、形状和光学特性。3μm 的球形颗粒对散射光的角度光强如图 5-24 所示。单个颗粒的散射图具有以下特征:

1) 散射光强在正向位置最高,并随散射角度的增加而减弱。

2）在不同散射角度上出现特征性最大值和最小值。
3）球形颗粒的散射图呈环形对称。

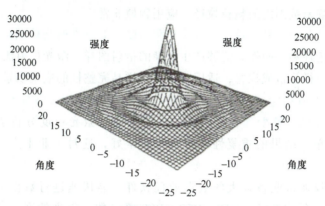

图 5-24　3μm 的球形颗粒对散射光的角度光强

单个颗粒在非偏振光下的散射可以用式（5-24）表示

$$I(\theta) = \frac{I_0}{2k^2\alpha^2}\{[S_1(\theta)]^2 + [S_2(\theta)]^2\}$$

$$k = \sqrt{\frac{2m}{\hbar^2}(E-E_0)} \tag{5-24}$$

总散射光强度 $I_0$ 是角度 $\theta$ 的函数，表示关于正方位上角度 $\theta$ 的函数在垂直和平行偏振光的振幅变化。$I_0$ 表示入射光的光强度。$k$ 是波数，其值为 $\frac{2\pi}{\lambda}$，其中 $\lambda$ 是空气中入射光的波长。$S_1(\theta)$ 和 $S_2(\theta)$ 是无量纲的量，在整个散射理论中是一个综合函数，描述关于角度 $\theta$ 的函数在垂直和平行偏振光的振幅变化。计算机算法已经取得了进展，用于完成这些函数的计算，如 $I(\theta)$。

通过对给定宽度的粒度区间内的单位体积颗粒在某一已知几何形状的探测元件上形成的散射光强度进行积分，得到 $I(\theta)$。这个积分由考虑粒度区间内出现的颗粒数量和探测元件的几何形状得到的。对于一系列的粒度区间和探测器元件，形成了模型矩阵。

为了简化光学模型并提高计算效率，夫琅禾费近似公式广泛应用于颗粒粒度测量中。通过假定所有颗粒的尺寸远大于入射光的波长，并主要考虑正向散射，可以用更简化的公式来描述散射光强度。

颗粒粒度测量中，夫琅禾费近似公式是最初光学模型的基础。它的假定包括：
1）所有颗粒都比波长大许多。
2）仅考虑接近正方向的散射。

夫琅禾费近似公式简化为

$$I(\theta) = \frac{I_0}{k^2\alpha^2}\alpha^4\left[\frac{J_1(\alpha\sin\theta)^2}{\alpha\sin\theta}\right]^2$$

式中，无量纲粒度参数 $\theta = \pi x/\lambda$；$J_1$ 为第一类贝塞尔函数。

**2. 激光粒度分析法的特点**

激光粒度分析法具有许多显著的特点，使其成为在粒度分析中被广泛使用的技术之一。

激光粒度分析法能在短时间内完成大量样品的粒度分析，通常只需几分钟即可得到结果，这对于需要高通量测量的应用场景非常有利。其测量范围广泛，通常为 0.1~3000μm，能够测量从亚微米级到几毫米范围内的颗粒粒径，应用领域非常广。

此外，激光粒度分析法具有较高的分辨率和精度，能够准确测量颗粒的粒径分布。这是因为激光具有高单色性和方向性，能够产生清晰的衍射图样。激光衍射测量是一种非接触式的测量方法，不会对样品造成损害，适用于需保持样品完整性的应用场景。

激光粒度分析法适用于各种形态的颗粒，包括固体颗粒、液体悬浮液和气溶胶等，对样品的状态要求较低，能处理各种复杂的样品类型。激光粒度分析法的测量过程自动化程度高、操作简单、结果的重复性和再现性非常好，这对工业生产过程中的质量控制非常重要。

现代激光粒度仪通常配备强大的数据处理软件，能快速进行数据分析，提供详细的粒度分布信息，包括平均粒径、D10、D50、D90 等参数。激光粒度仪的操作通常比较简便，用户只需进行少量的准备工作，即可自动完成测量和数据分析，减少了人为误差产生的可能性。此外，激光衍射法的测试方法和结果分析也已经标准化，确保了不同仪器和实验室之间结果的可比性。

综上所述，激光粒度分析法以其快速、高精度、广泛适用性等优点，成为各种工业、科研和质量控制领域中重要的粒度分析工具。这些优点使激光衍射法在纳米材料粒度测量中占据了重要地位，为纳米材料的研究和生产提供了重要的技术支持。

**3. 激光粒度仪应用**

激光粒度仪是一种常用于测量颗粒粒径分布的仪器，其应用十分广泛。

在材料科学领域，激光粒度仪广泛应用于测量材料中颗粒的粒径分布。在材料的制备和表征过程中，粒径是一个重要的参数，影响着材料的性能和应用。特别是在纳米材料研究领域，由于纳米材料具有特殊的物理化学性质和表面效应，粒径分析对纳米材料的性能和应用具有关键性的意义。激光粒度仪可以快速、准确地测量纳米材料中颗粒的粒径分布，为纳米材料的研发和生产提供重要的数据支持。激光粒度仪不仅在材料科学领域发挥重要作用，而且在多个其他领域同样发挥着重要的作用。

在生物医学领域，激光粒度仪常用于测量生物样品中颗粒的粒径分布，如细胞、蛋白质、DNA 等。这对研究细胞结构、蛋白质聚集、DNA 纯度等具有重要意义，有助于理解生物体系的结构和功能。王金华等人使用激光粒度分析法测定小变形指数和变形恢复过程（即松弛过程）中细胞变形恢复到最大值一半的时间。通过将测得结果分别代入相关公式，计算出网织红细胞和成熟红细胞膜的膜剪切弹性模量（$E$）和表面黏度，并使用荧光偏振法测量它们的膜流动性。

激光粒度仪还可用于环境监测和食品工业中颗粒粒径的测量。在环境监测方面，它可以用于对大气、水体、土壤等环境样品中颗粒的粒径分布进行测量，为环境保护和治理提供重要数据支持。段世航等利用激光粒度仪进行了土壤颗粒粒径分布（PSD）的测定，得到关于土壤不同颗粒组成及质地类型的详细数据。

激光粒度仪在材料科学、生物医学、环境土壤监测等领域都有重要的应用价值，为各行各业的研究和生产提供重要的技术支持。

## 5.4.3 高速离心沉降法

高速离心沉降法作为一种测量纳米材料颗粒粒度的技术，具有重要的历史发展背景和科学意义。自19世纪末和20世纪初，科学家们开始利用离心力来分离不同密度的颗粒，离心技术在分离和分析微小颗粒方面取得了重大突破。20世纪中叶，超高速离心机的发明极大地推动了这一技术的进步，使得更高精度和分辨率的粒度测量成为可能。

20世纪70年代，高速离心沉降法广泛应用于生物化学和分子生物学领域，用于分离和分析细胞器、病毒颗粒等复杂体系。进入21世纪，随着纳米技术的迅猛发展，这一技术被进一步改进，并逐渐应用于纳米材料的粒度测量。前人的探索和贡献，包括Svedberg，在20世纪初期对超速离心技术的研究等，为现代高速离心沉降法的成熟应用奠定了坚实的理论和技术基础。

高速离心沉降法利用不同粒径颗粒在离心力场中沉降速度的差异，测量不同时间点的颗粒在沉降管中的位置分布，计算出颗粒的粒径分布。与其他粒度测量方法相比，高速离心沉降法具有分辨率高、适用范围广以及能避免颗粒团聚影响等优势。

高速离心沉降法作为测量纳米材料颗粒粒度的先进技术，经历数十年的发展和完善。它在纳米材料研究中的应用，不仅提升了粒度测量的精度和分辨率，也推动了纳米材料的进一步发展，成为研究人员理解和控制纳米材料性能的重要工具。

**1. 高速离心沉降法的基础**

Stokes公式描述了颗粒在液体中的沉降速度，建立颗粒粒径 $D$ 与最终沉降速度 $u_s$ 之间的数学关系。

Stokes公式假设条件包括：①颗粒为球形刚体；②颗粒沉降时互不干扰；③颗粒下降时做层流流动；④液体容器为无限大且不存在温度梯度。在这些条件下，颗粒在液体中沉降时，受到重力、浮力和流动阻力的作用。运动方程为

$$W - F - F_p = m \frac{du}{dt} \quad (5\text{-}25)$$

质量为 $m$ 的颗粒的重力 $W$ 为

$$W = \frac{\pi}{6} D^3 \rho g \quad (5\text{-}26)$$

式中，$D$ 为颗粒的直径（m）；$\rho$ 为颗粒的密度（kg/m³）；$g$ 为重力加速度。

浮力 $F$ 为

$$F = \frac{\pi}{6} D^3 \rho_f g \quad (5\text{-}27)$$

式中，$\rho_f$ 为液体的密度（kg/m³）。

作用在颗粒上的流动阻力 $F_p$ 为

$$F_p = \frac{\pi}{4} D^2 \left( \frac{\rho_f u^2}{2} \right) C_d \quad (5\text{-}28)$$

式中，阻力系数 $C_d$ 与雷诺数 $Re$ 密切相关。

$$Re = \frac{\rho_f u D}{\mu} \quad (5\text{-}29)$$

在层流区内，阻力系数 $C_d$ 与雷诺数 $Re$ 之间存在简单关系，即

$$C_\mathrm{d}=\frac{24}{Re} \tag{5-30}$$

将此代入式（5-28）中得

$$F_\mathrm{p}=3\pi\mu Du \tag{5-31}$$

当颗粒加速度为 0 时，即 $\dfrac{\mathrm{d}u}{\mathrm{d}t}=0$，颗粒将以最终沉降速度 $u_\mathrm{s}$ 等速下降，此时力平衡，即

$$W-F-F_\mathrm{p}=0 \tag{5-32}$$

代入各力的表达式后得到

$$\frac{\pi}{6}D^3\rho g-\frac{\pi}{6}D^3\rho_\mathrm{f}g-3\pi\mu Du_\mathrm{s}=0 \tag{5-33}$$

简化后得最终沉降速度 $u_\mathrm{s}$ 为

$$u_\mathrm{s}=\frac{D^2(\rho-\rho_\mathrm{f})g}{18\mu} \tag{5-34}$$

离心沉降过程中，颗粒受到的主要力是流动阻力、浮力和离心力（重力与离心力相比通常很小，可略去不计）。离心力取代重力加速度，可得到新的关系式，即

$$F_\mathrm{c}=m\omega^2 r \tag{5-35}$$

式中，$\omega$ 是以弧度计的角速度；$r$ 是颗粒与旋转中心的距离。根据 Stokes 公式，将重力加速度替换为离心加速度，得

$$u_\mathrm{s}=\frac{D^2(\rho-\rho_\mathrm{f})\omega^2 r}{18\mu} \tag{5-36}$$

长臂离心机中，颗粒旋转半径变化不大，且液面距旋转中心的距离远小于颗粒旋转半径，因而可认为颗粒旋转半径不变。

通过以上公式，可以测量最终沉降速度来确定颗粒的粒径。Stokes 公式是高速离心沉降法测量颗粒粒径的基本原理。

**2. 高速离心沉降法的特点**

(1) 临界直径及测量上限　Stokes 公式是在层流条件下得出的，因此，只有在层流区，阻力系数 $C_\mathrm{d}$ 才能用公式 $C_\mathrm{d}=\dfrac{24}{Re}$ 表示，Stokes 公式才能成立。超过层流区后，$C_\mathrm{d}$ 与雷诺数 $Re$ 之间的关系变得复杂，无法得到简单的 $D$ 与 $u_\mathrm{s}$ 之间的表达式。因此，确定 Stokes 公式的适用范围十分重要。

实验发现，只有当颗粒雷诺数 $Re\leqslant 1$ 时，颗粒在液体中的沉降才保持为层流状态。目前，大多取 $Re=0.2$ 作为层流区的边界，此时颗粒直径称为临界直径 $D_\mathrm{e}$。

当 $Re=0.2$ 时，由式（5-29）可以得到临界直径，即

$$0.2=\frac{\rho_\mathrm{f} u D_\mathrm{e}}{\mu} \tag{5-37}$$

结合 Stokes 公式可得

$$D_\mathrm{e}=\left(\frac{36\mu^2}{(\rho-\rho_\mathrm{f})g\rho_\mathrm{f}}\right)^{\frac{1}{3}} \tag{5-38}$$

例如，密度为 3.0g/cm³ 的球形颗粒钛白粉在水中沉降时，其临界直径约为 50μm；密度为 8g/cm³ 的铜粉，其临界直径约为 35μm。同样的钛白粉在空气中沉降时，由于空气密度和黏度与水的密度和黏度差异很大，颗粒沉降速度增大，其临界直径减小为 25μm。由此可知，Stokes 公式的适用范围与颗粒和液体的物理参数有关。为了加大临界直径的数值，可以选择黏度较大的液体，如甘油等。通过增大层流边界区的雷诺数（如令 $Re=0.5$ 或 $1.0$）也可提高高速离心沉降法的测量上限，但这样会增大测量误差。取 $Re=0.2$ 时，最终沉降速度的计算值比实际值约大 4%，或按最终沉降速度求得的粒径比实际约小 2%；当取 $Re=1.0$ 时，颗粒最终沉降速度的计算值比实际值约小 6%，误差明显增大。

(2) 数据结果处理　理论沉降总质量 $M$ 的计算方法如下：

1) 天平盘的直径大于沉降筒的直径时，沉降筒安装在天平盘上，将称取的试样量作为理论沉降总质量。

2) 天平盘的直径小于沉降筒的直径时，天平盘放在沉降筒内的底部，此时

$$M = \frac{HD_1^2}{hD_2^2} m \tag{5-39}$$

式中，沉降筒的高度为 $H$（cm）；天平盘与沉降筒底之间的距离为 $h$（cm）；天平盘的直径为 $D_1$（cm）；沉降筒的直径为 $D_2$（cm）；试样质量为 $m$（g）。

3) 或者用经验公式来计算 $M$，即

$$M = Km \tag{5-40}$$

式中，$K$ 为常数。

4) 用实测法确定 $M$，即大于某粒度的粉末颗粒累积质量 $M_i$ 的计算。

如图 5-25 所示，根据试验得到的 $W=f(t)$ 曲线，用图解法即可得到 $M_i$，具体步骤如下：

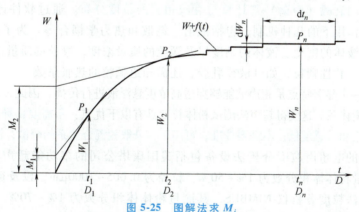

图 5-25　图解法求 $M_i$

① 将时间坐标轴划分为若干区间，得到若干个点，利用 Stokes 公式求直径 $D_i$。
② 在 $W=f(t)$ 曲线上找到与 $t_i$ 或 $D_i$ 相对应的点 $P_i$。
③ 在 $P_i$ 各点画水平线，使其与沉降质量坐标轴 $W$ 相交，其截距即为 $M_i$。
④ 在曲线与时间坐标轴基本平行的部分，用式（5-41）计算 $M_i$，即

$$M_i = W_i - \left(\frac{dW}{dt}\bigg|_{t=t_i}\right) t_i \tag{5-41}$$

式中，$M_i$ 为直径大于 $D_i$ 的粉末颗粒的累积质量（g）；$W_i$ 为 $W=f(t)$ 曲线上 $P_i$ 点的实际沉

降质量（g）；$t_i$ 为直径为 $D_i$ 的颗粒从液面降落到天平盘上所需的时间（min）。在 $t_i$ 时刻，直径小于 $D_i$ 的颗粒的质量沉积速率，即 $W=f(t)$ 曲线经过 $P_i$ 点的斜率为 $\dfrac{dW}{dt}\bigg|_{t=t_i}$。

⑤ 累积百分数 $Q_i$ 的计算式为

$$Q_i = \frac{M_i}{M} \times 100\% \tag{5-42}$$

式中，$Q_i$ 为直径大于 $D_i$ 的粉末颗粒的累积百分数。

⑥ 粒度分布 $AQ_i$ 的计算式为

$$AQ_i = Q_i - Q_{i-1} \tag{5-43}$$

### 3. 高速离心沉降法的应用

高速离心沉降法在纳米材料表征中起至关重要的作用，是最常用也是应用最广的手段之一。它能够有效分离和测定纳米颗粒的大小和分布，如纳米金、纳米银、碳纳米管和量子点等，为材料科学研究和纳米材料的应用提供了关键的技术支持。通过高速离心沉降法，可以快速准确地分析纳米材料的颗粒大小分布，这对理解和控制纳米材料的性能和质量至关重要。同时高速离心沉降法在去除稀土溶液中的杂质这一工艺中也有重大的作用。赵治华等通过实验研究，发现离心沉降法可以有效去除稀土溶液中的铁和铝，从而达到净化稀土溶液的目的，使其变得清澈透明，利于后续的萃取分离。这一方法的高效性和精确性，使其成为研究纳米材料表征的首选技术，为推动纳米科学的发展做出了重要贡献。

## 5.4.4 电超声粒度分析法

电超声粒度分析法是一种新兴的粒度分析技术，主要通过超声脉冲穿透样品并传播，利用宽频超声脉冲的衰减（声谱）来计算与衰减相关的粒度分布。通过软件计算，可以分析胶体颗粒在超声作用下的几种机制，包括散射、耗散和热力学耦合等。为了进行这些计算，需要了解颗粒和液体的密度、液体的黏度以及颗粒的质量浓度，颗粒的质量浓度可以从声速数据中得出。对于软性颗粒，如乳液或乳胶，还需知道颗粒的热胀系数。

超声技术的一个显著特点是超声波能够穿透高浓度悬浮液进行传播，因此，无需任何稀释即可表征原质量浓度体系。这使得超声法测试粉体粒度具有以下优点：不需要稀释即可测试样品的真实状态；对污染物敏感度低；不需要校准；可用于多分散相混合体系的分散；测试范围广。

目前，常见的电超声粒度分析法设备包括美国康塔公司的多功能超声/电声谱分析仪 DT-1201，其测量粉体体积分数为 1%～50%、粒径为 0.005～1000μm，以及德国新帕泰克公司的超声衰减湿法粒度分析仪 NIMBUS，其测量粉体体积分数为 1%～70%、粒径为 0.01～3000μm，最大粒径与最小粒径的比值（$d_{max}/d_{min}$）小于 1000。

### 1. 电超声粒度分析法的理论基础

电超声粒度分析法测量颗粒粒径是基于声波在介质中传播时的衰减特性。声波在介质中传播时，会因吸收、散射和扩散等原因发生衰减。

首先，声波的吸收衰减是指声波在介质中传播时，部分声能量被介质吸收并转化为热能，导致声强降低。其次，散射衰减是声波遇到介质中的不均匀性（如颗粒）介质时，会发生散射，部分声能量偏离原传播方向，从而减弱了沿原方向传播的声波强度。最后，扩散衰减是指声波在介质中扩散时，由于波前面积的增大，声能量分布在更大的空间范围内，导致声强减小。需要注意的是,扩散衰减与介质性质无关。

由超声粒度分析法测量悬浮液中颗粒粒径的主要原理是测量声波在悬浮液中传播后的衰减量,分析声衰减量与悬浮液中颗粒粒度大小的对应关系,建立声衰减系数谱,从而根据声衰减量反演悬浮液中颗粒的粒径。具体过程包括声波传播与衰减测量、数据分析与声衰减系数谱的建立以及反演计算颗粒粒径。

在经典的超声测粒理论——ECAH 模型(extended collision and aggregation hydrodynamics model,扩展碰撞和聚集流体动力学模型)中,声衰减系数与体积浓度呈正比例关系,该模型仅适用于声衰减与浓度呈线性关系的稀释条件。测量高浓度纳米级悬浮液颗粒时,基于 ECAH 模型发展的核壳模型提供了一种新的超声测粒方法。

核壳模型考虑了黏惯性损失、不可逆的热损失、复散射以及颗粒间的相互作用,通过引入等效介质的概念,使其适合所有悬浮液颗粒的测量。其基本原理是在紧邻颗粒周围构造一个空间,将其他颗粒排除。核壳模型将这个紧邻颗粒的空间划分为两个区域:核(core)是指颗粒,其外部包裹具有连续相特性的"纯介质"壳(shell);最外部区域为"等效介质"。

可设想一个球面,其半径 $b$ 为

$$b = R/\sqrt[3]{\phi} \tag{5-44}$$

当体积浓度趋近于 0 时,$b$ 趋于无穷大,此时该模型退化为单颗粒 ECAH 模型。另一方面,当体积浓度增加至 1 时,$b$ 等于 $R$,即相邻颗粒实际接触,成为单介质中的声传播问题。

由波动方程和颗粒连续相界面边界条件可求得颗粒悬浮液体系的 $\kappa(\omega)$。$\kappa(\omega)$ 为波效率,当单位是 $m^{-1}$ 时,表示波的传播特性。

$$\kappa(\omega) = \frac{\omega}{c}\left[1 + i\frac{3\phi}{\omega R^2}\frac{T}{k_a}\left(\frac{\beta''}{\rho'' C_p''} - \frac{\beta'}{\rho' C_p'}\right)^2 H\right]^{1/2} \tag{5-45}$$

式中,′表示核(core)中的参数;″表示壳(shell)中的参数;$\omega$ 为角频率(rad/s),$c$ 为声速(m/s);$\phi$ 为体积分数;$R$ 为粒子平径(m);$T$ 为温度(K);$k_a$ 为热导率[W/(m·K)];$\beta$ 为热胀系数($K^{-1}$);$\rho$ 为密度(kg/$m^3$);$C_p$ 为比定压热容[J/(kg·K)];$H$ 为材料的高度或厚度(m)。

**2. 电超声粒度分析法的特点**

电超声粒度分析法是一种用于测量颗粒粒径的先进技术,其特点主要体现在以下几个方面。

**首先,它在高浓度适用性方面具有明显优势。**超声波能够穿透高浓度悬浮液进行传播,因此,在高浓度体系中无需稀释样品即可测量,保证了测试样品的真实状态。此外,电超声粒度分析法适用于测量粒径从纳米级到毫米级(如 10nm~3000μm)的颗粒,并且可以测量悬浮液中颗粒的体积分数范围为 0.5%~70%。

**其次,电超声粒度分析法对污染物的敏感度低,环境适应性强,可以在不太洁净的环境中进行测量,适用于工业现场。**该法在操作上也较为便捷,在测量过程中无需频繁校准,节省了时间和人力成本。其多样性体现在能够用于测量多分散相混合体系中的颗粒分布,适应复杂的悬浮液体系。

**另外,电超声粒度分析法可实现实时在线测量,适合连续生产过程中的颗粒监测和控制。**这种技术基于 ECAH 模型(将黏性和热效应耦合到散射效应),为声学测量提供了统一的理论基础,确保测量结果的准确性和可靠性。

最后，电超声粒度分析法可使用多个频段进行测量（如 1~150MHz），能适应不同粒径范围的需求，保证测量的精确性。它广泛应用于工业与实验室，适用于不同的应用场景，包括实验室研究和工业现场。尽管一些高端仪器价格昂贵，但其精确的测量能力为科学研究和工业生产提供了重要支持。电超声粒度分析法在颗粒粒径测量领域展现出独特的优势，为高浓度悬浮液的精确表征提供了有效的技术手段。

### 3. 电超声粒度分析法的应用

近年来，关于电超声粒度分析法检测颗粒粒径或粒度分布的研究，主要集中在超声在线无损检测、超声信号检测精度的提高等方面。检测对象从粉尘、采矿等领域逐渐细化到细胞检测、纳米颗粒检测等微观领域。许多专利都是基于多个频率的超声频谱，采用超声探头对细胞、胶体中悬浮物或晶粒的粒径和粒度分布进行测定。

当前，电超声粒度分析法检测颗粒的仪器已趋于成熟和市场化。研发超声颗粒粒径测量技术的全球著名公司包括 Colloidal Dynamics 公司、Dispersion Technology 公司和 Malvern 公司等。Colloidal Dynamics 公司主要基于多频电声学测量技术进行颗粒测定。Dispersion Technology 公司采用超声和电声相结合的方法研发出了 DT 系列仪器，将声谱和电声谱结合。Malvern 公司在超声测量方面的主要产品为 Ultrasizer MSV 超声测量仪，粒径测量范围为 10nm~1000μm，在精确度和测量周期方面具有相当大的优势。

随着电超声粒度分析法理论基础的成熟，各高校在电超声粒度分析法颗粒粒径测量方面的研究也取得了不少突破性的进展。德国 Cottbus 工业大学建立了颗粒系声散射计算和消声系数模型，并申请了相关专利；美国麻省理工学院在颗粒悬浊液体系中的颗粒测量方法方面进行了大量研究；英国 Nottingham 大学对 ECAH 模型进行了进一步改进；英国 Leeds 大学对高浓度颗粒系测量提出了耦合相模型。这些研究成果证明了电超声粒度分析法颗粒粒径测量技术对颗粒粒径在 2~10mm 范围内的颗粒体系具有较好的测量效果，并为该领域的理论发展和技术实现提供了支持。超声波测量也应用在高浓度固液两相流粒径测量中，例如，程梦君等通过分析超声波在球形 $SiO_2$ 悬浮液中的声衰减情况，研究了超声波在固液两相流介质中的衰减规律。同时电超声粒度分析法也广泛应用于测量纳米颗粒悬浮液粒径，例如，胡边等针对医药、化工领域中高浓度纳米悬浮液颗粒粒径的超声检测，研究了温度对测量结果的影响。他们采用超声衰减谱法（UAS）对体积浓度为 30% 的纳米铟锡金属氧化物（ITO）水性悬浮液在循环流速为 800 r/min、温度为 298~358K 的条件下进行了颗粒粒径分布的实验。

电超声粒度分析法的广泛应用和研究不仅表明该技术在不同领域中具有重要价值，还推动颗粒粒径测量技术的不断进步和完善。随着技术的不断发展，电超声粒度分析法将在更多领域发挥其独特的优势和作用。

## 思 考 题

1. 背散射电子和二次电子在能量和产生机制上有何不同？
2. 二次电子像衬度形成的原理是什么？它如何影响样品表面形貌的观察？
3. 背散射电子像衬度如何揭示样品的原子序数衬度，这对于成分分析有何意义？
4. 为什么说二次电子像和背散射电子像在材料表征中是互补的？
5. XRD 在纳米材料表征中的优势和局限性是什么？

6. 如何通过 XPS 分析材料的电子结构和化学状态？
7. XPS 在材料表面分析中的应用有哪些，它如何帮助我们理解材料的表面性质？
8. 试讨论紫外-可见光谱与 FTIR 两种光谱技术在定量分析应用中的优缺点。
9. 在不同的实验环境和样品类型下，动态光散射法、激光粒度分析法和高速离心沉降法各自的优缺点是什么？请根据样品的特点（如颗粒大小、分散性、浓度等）讨论在选择粒度分析方法时的考虑因素。

## 参 考 文 献

[1] 马世良. 金属 X 射线衍射学 [M]. 西安：西北工业大学出版社，1987.
[2] 王英华. X 光衍射技术基础 [M]. 北京：原子能出版社，1987.
[3] 杜希文，原续波. 材料分析方法 [M]. 2 版. 天津：天津大学出版社，2014.
[4] 孙业英. 光学显微分析 [M]. 2 版. 北京：清华大学出版社，2003.
[5] 左演声，陈文哲，梁伟. 材料现代分析方法 [M]. 北京：北京工业大学出版社，2000.
[6] 严雪俊，严俊，方飚，等. 钻石的紫外-可见-近红外光谱与光致发光光谱温敏特性及其鉴定指示意义 [J]. 光学学报，2019，39（9）：387-394.
[7] 张洪武，付晓燕，牛淑云，等. 纳米发光材料 $LnVO_4$：Eu（Ln＝La，Gd，Y）的光谱研究 [J]. 光谱学与光谱分析，2004，24（10）：1164-1167.
[8] 叶旭君，OSHITA S，MAKINO Y，等. 基于紫外-可见-近红外光谱技术的蔬菜细胞 ATP 含量无损检测研究 [J]. 光谱学与光谱分析，2012，32（4）：978-981.
[9] 范松灿. 傅立叶变换红外光谱仪的原理与特点 [J]. 太原科技，2007，（11）：40-41.
[10] 周冰垚，王红，李茜，等. 二维相关红外光谱研究聚乳酸/有机蒙脱土纳米复合材料 [J]. 光谱学与光谱分析，2018，38（S1）：87-88.
[11] 王冬，冯海智，李龙，等. 两种近红外光谱仪的番茄可溶性固形物含量定量模型比较研究 [J]. 光谱学与光谱分析，2023，43（5）：1351-1357.
[12] 吴娟霞，徐华，张锦. 拉曼光谱在石墨烯结构表征中的应用 [J]. 化学学报，2014，72（3）：301-318.
[13] 李酽，张琳彬，李娇，等. 电场条件下氧化锌结晶特性及极化产物的拉曼光谱分析 [J]. 物理学报，2019，68（7）：97-104.
[14] 徐炳权，黄桂琼，韩鹏，等. 智能动态光散射纳米粒度分析仪 [J]. 自动化与信息工程，2021，42（1）：1-6；11.
[15] 孙淼，黄鹭，高思田，等. 多角度动态光散射法的纳米颗粒精确测量 [J]. 计量学报，2020，41（5）：529-537.
[16] 王金华，喀蔚波，孙大公，等. 用激光衍射法测量网织红细胞膜剪切弱性模量（$E$）和表面粘度 [J]. 中国生物医学工程学报，2005，24（4）：468-471，476.
[17] 段世航，崔若然，江荣风，等. 激光衍射法测定土壤粒径分布的研究进展 [J]. 土壤，2020，52（2）：247-253.
[18] 廖寄乔. 粉体材料科学与工程实验技术原理及应用 [M]. 长沙：中南大学出版社，2001.
[19] 赵治华，桑晓云，张文斌，等. 离心沉降法去除稀土溶液中杂质铝和铁 [J]. 稀土，2007（6）：95-97.
[20] 程梦君，蒋宏辉，李青，等. 超声法测量高浓度悬浮液中颗粒粒径数学模型的实验验证研究 [J]. 中国计量大学学报，2019，30（3）：279-286.
[21] 胡边，苏明旭，蔡小舒. 超声法纳米颗粒悬浮液粒径测量中温度影响的实验研究 [J]. 中国测试，

2013, 39 (2): 64-68.

[22] EPSTEIN P S, CARHART R R. The absorption of sound in suspensions and emulsions. Ⅰ. water fog in air [J]. J. acoust. soc. Am, 1953, 25 (3): 553-565.

[23] ALLEGRA J R, HAWLEY S A, HOLTON G. Attenuation of sound in suspensions and emulsions: theory and experiments [J]. J. acoust. soc. Am. Part 2, 1970, 51 (1A): 1545-1564.

[24] SU M, CAI X, XU F, et al. Measurement of particle size and concentration in suspensions by ultrasonic attenuation [J]. Shengxue xuebao/acta acustica, 2004, 29 (5): 440-444.

[25] MCCLEMENTS, D J. Comparison of multiple scattering theories with experimental measurements in emulsions [J]. J. acoust. soc. Am., 1998, 91 (2): 849-853.

[26] H IPP A K, STORTI G, MORBIDELLI M. Acoustic characterization of concentrated suspensions and emulsions. Ⅰ. model analysis [J]. Langmuir 2001, 18 (2): 391-404.

# 第 6 章

# 无机纳米材料化学

随着纳米技术的发展，纳米材料因其自身独特的性能，已广泛应用于各行各业中。由于其形状、大小和表面特性所赋予的独特物理化学性质，无机纳米材料备受关注。它主要包括金属、碳材料以及一些二维材料（如 MXene、黑磷），还有以硅、金属氧化物为代表的新型纳米材料。本章从各材料的微观结构层出发，将不同维度的无机纳米材料的物理化学性质进行了梳理。利用无机纳米材料独有的特性，可以生产不同功能的材料，这对推动纳米技术的发展具有重大意义。

## 6.1 单质纳米材料

### 6.1.1 碳纳米材料

地球上的生命都是以碳元素为基础的。事实上，没有任何元素能像碳这样，作为单一元素，可形成像零维富勒烯分子、一维卡宾和碳纳米管、二维石墨层片、二维石墨炔、三维金刚石晶体等如此结构与性质完全不同的物质。近几十年来，碳纳米材料一直是科技创新的前沿领域。如图 6-1 所示，碳的主要同素异形体从左到右依次为金刚石、石墨、$C_{60}$、碳纳米管、石墨烯、石墨炔。这里将主要介绍富勒烯、碳纳米管、石墨烯、石墨炔这四类重要且新兴的碳纳米材料。

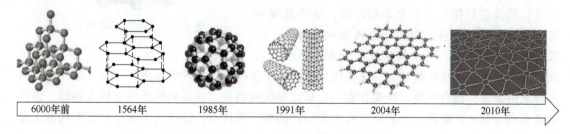

图 6-1　碳的主要同素异形体

各种同素异形体之间也存在着奇妙的关系。当我们用铅笔在纸上书写时，铅笔痕中就有可能有数十甚至上百层的石墨烯。石墨烯作为基本结构单元，不但能堆叠成立体的三维石墨，还可以单层或多层包卷起来，形成以长、宽、厚都极小的以零维足球烯（$C_{60}$）为代表的各种富勒烯，也可以单张卷成只有长度的一维碳纳米管，如图 6-2 所示。

## 1. 富勒烯

富勒烯是一种完全由碳原子组成的中空分子，通式为 $C_{2n}$（$n \geq 10$，且不等于 11），例如 $C_{20}$、$C_{60}$、$C_{70}$、$C_{76}$、$C_{80}$ 等。区别于石墨仅由六元环的石墨烯层堆积而成的，富勒烯既包括六元环，也包括五元环，偶尔也有七元环。

$C_{60}$ 因其具有高度对称的笼状结构和较高的稳定性，在富勒烯家族中被研究得最为广泛。$C_{60}$ 的结构为一种截面二十面体，包含 60 个顶点和 32 个面，其中，12 个面为五元环，其余的 20 个面为六元环。每个顶点都是 $sp^2$ 碳，与周围 3 个碳原子

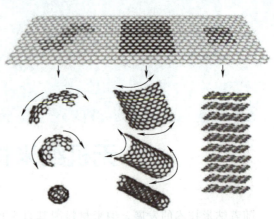

图 6-2 石墨烯作为基本结构单元构成富勒烯、碳纳米管和石墨等碳材料的结构示意图

通过 C—C 和 C=C 双键相连，最终形成类似足球的 π 共轭笼状结构，因此富勒烯 $C_{60}$ 又被称为足球烯或巴基球。1985 年，"足球"结构的 $C_{60}$ 一经发现即吸引了全世界的目光（图 6-3），Kroto、Smalley 和 Curl 因共同发现 $C_{60}$ 并确认和证实其结构而获得 1996 年诺贝尔化学奖。富勒烯的出现，标志着继石墨和金刚石后，一类新型碳材料的诞生。

富勒烯的制备方法主要有：激光法、电弧法以及燃烧法。激光法制备富勒烯时，采用激光照射石墨，使石墨表面在高温作用下产生一系列的碳团簇，碳团簇在惰性气体保护作用下相互碰撞，最终生成 $C_{60}$ 以及其他富勒烯分子。该方法装置简单、操作方便，但是产率和产量较低、成本较高，适用于实验室制备。电弧法制备富勒烯是在惰性气体保护下，阴、阳两极石墨棒相互靠近产生高温电弧，进而汽化为碳等离子体，碳等离子体相互碰撞冷却，生成稳定的 $C_{60}$ 及其他富勒烯分子。电弧法目前应用较广泛，装置相对简单、安全系数较高，是实验室制备富勒烯很好的选择。但是，电弧法成本较高，电弧放电的速度很快，无法控制反应进程，且受石墨

图 6-3 "足球"结构的 $C_{60}$

棒长度限制很难实现连续制备。燃烧法是指在低压条件下，苯或甲苯蒸气与氧气按一定比例在特定的装置中混合燃烧，生成含有一定量富勒烯的烟灰，而后提纯处理获得富勒烯。燃烧法具有成本低、耗能低、产量高、可实现不间断生产等优点，是目前工业生产富勒烯的主要方法之一。

从最早的 $C_{60}$ 发展至今，富勒烯的种类已经多种多样。但是它们的溶解度一般比较有限，在大部分极性溶剂中不溶，仅溶于一些芳香溶剂（如甲苯、氯苯）或非极性溶剂二硫化碳中。纯富勒烯溶液通常为紫色，高浓度的则为紫红色。由于原始富勒烯的溶解度有限，人们致力于在其表面修饰合适的功能基团来改善其溶解度，以提高其应用范围。比较典型的几类反应类型包括氢化反应、卤化反应、氧化还原反应、环加成反应（Diels-Alder［4+2］

环加成反应、Prato［3+2］环加成反应、Bingel［1+2］环加成反应）及聚合反应等。

富勒烯整体上是缺电子的，五元环和六元环共用的键为［5，6］键，六元环彼此之间共用的键为［6，6］键。较短的［6，6］键使其表现出更多的双键的性质，且［6，6］键有更大的键角张力，使其更容易发生化学功能化反应（如还原反应、亲核加成反应、环加成反应、亲电加成反应、自由基加成反应等），从而可以对富勒烯性质进行调控。通过添加一个可以发生聚合的官能团，就可获得富勒烯聚合物。富勒烯与很多烯烃相似，易与自由基发生加成反应，因此被称为"自由基的海绵"。富勒烯具有良好的电荷传输性能，通过一些经典的化学反应，如Bingel-Hirsch加成反应、胺的亲核加成反应、Prato反应合成的富勒烯衍生物常被用于太阳能电池器件中。此外，富勒烯还有良好的抗氧化性、生物相容性及催化活性，因此，还广泛应用于化妆品、生物医学和催化剂等领域。

**2. 碳纳米管**

碳纳米管最早是在1991年由日本科学家Iijima教授在检查电弧放电实验的富勒烯产物时发现的。碳纳米管（carbon nanotubes，CNTs）是由一层或多层石墨烯组成的无缝圆柱体，具有开放或封闭的端部。管壁由六边形的碳原子构成，每个碳原子通过$sp^2$杂化与3个相邻的碳原子结合，两端由富勒烯分子封闭。如图6-4所示，根据管壁层数不同，CNTs可以分为<u>单层的单壁碳纳米管</u>（single wall carbon nanotubes，SWNTs）和<u>多层的多壁碳纳米管</u>（multi-wall carbon nanotubes，MWNTs）。SWNTs由一层石墨烯片组成，直径一般为0.75~3nm，长度一般为1~50nm。MWNTs由多层石墨烯片组成，形状像圆柱状同心阵列，层间距为0.34nm，与石墨中（002）晶面间距相当。MWNTs的直径一般为2~100nm，长度一般为0.1~50nm。

**图6-4 单壁碳纳米管和多壁碳纳米管**
a）单壁碳纳米管 b）多壁碳纳米管

目前，制备CNTs最常用的方法有电弧放电法、激光蒸发法和化学气相沉积法等。电弧放电法以石墨为电极，在氦气或氩气惰性气体的保护下施加高压，在两极之间激发出电弧，在4000℃高温下阳极升华得到碳原子，并且沉积到阴极石墨上得到富勒烯、无定形碳和单壁或多壁碳纳米管。电弧放电法制备的CNTs石墨化程度高，质量较好。但是，由于反应温度较高易使CNTs与无定形碳以及其他纳米粒子相结合，产生杂质。此外，该方法效率不高，无法大批量生产。激光蒸发法用高能激光去轰击带有Cu、Co、Ni等金属催化原子的石墨靶，在催化剂的作用下生成CNTs。该方法制备的碳纳米管的纯度和质量较高，但是制备过程中产生的高温也会将CNTs与其他颗粒烧结在一起，且设备成本很高，工业化利用率不高，常用于实验室研究。化学气相沉积（CVD）是目前大批量生产碳纳米管的主要方法，通常将碳源（乙烯、乙炔和甲烷等有机气体或乙醇、正己烷等有机溶剂）注入CVD炉，使气体均匀扩散和热传递，在金属催化剂（如Fe、Co等）的作用下生长成为CNTs。该方法可以规模化生产、使用低成本原料、提高产量以及减少能源消耗和废物产生等，大大降低了MWNTs的价格。

拥有独特一维结构的CNTs具备优异的力学、电学和热学性能。由于碳纳米管中碳原子采取$sp^2$杂化，相比于$sp^3$杂化，$sp^2$杂化中s轨道成分比较大，使其具有高模量、高强度。CNTs的抗拉强度可以达到50～200GPa，是钢的100倍，密度却只有钢的1/6，弹性模量可达1TPa，是钢的5倍。此外，碳纳米管上碳原子的p电子形成大范围的离域π键，由于共轭效应显著，使其具备特殊的电学性质。碳纳米管的电学性质会因石墨烯片的卷曲方式不同而发生变化，会体现金属性或半导体性质。同时，CNTs具有良好的传热性能，在室温下结构为（10,10）的SWNTs的理论热导率为6600 W/mK。此外，碳纳米管还具有优异的光学性能、磁学性能、吸附性能、耐蚀性和热稳定性。

原始碳纳米管表面一般具有较强的范德华力，在水或有机溶剂中极易发生团聚，因此常需进行改性处理。针对碳纳米管的物理改性是指利用机器所提供的能量，使碳纳米管大团聚体被打断并分散成小团聚体，在物理分散过程中，很容易破坏碳纳米管管束，减小碳纳米管的长径比，对碳纳米管的结构造成一定的破坏。针对碳纳米管的化学改性可分为共价功能化和非共价功能化。共价功能化是以共价键的方式对碳纳米管表面进行改性，通过使用强酸或强氧化剂对碳纳米管表面进行处理，会使管壁和管口位置出现缺陷，从而在这些活性位点接入羧基等官能团（图6-5a），这些官能团会改善碳纳米管在溶剂中的分散性和基体的相容性。但是强酸或强碱的氧化会破坏碳纳米管的结构，而碳纳米管的诸多性能都与其独特的空间结构有关。如图6-5b所示，非共价功能化是使各种分子吸附到碳纳米管表面，这种方法不会对碳纳米管的内部空间电子结构产生影响，从而保留碳纳米管优异的力学、电学和光学性质，可以极大地增加其应用价值。例如，Li等采用鞣花酸对单壁碳纳米管进行非共价功能化改性，得到改性碳纳米管，使用XPS、Raman和SEM对改性碳纳米管进行表征，发现大量鞣花酸分子通过π—π相互作用吸附在碳纳米管表面。

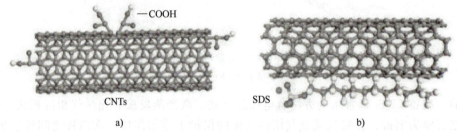

图6-5 共价功能化和非共价功能化
a）共价功能化 b）非共价功能化

### 3. 石墨烯

Geim和Novoselov因开创性地分离出单层石墨烯，而共同获得2010年的诺贝尔物理学奖，同时将石墨的同素异形体——石墨烯，带进了碳材料的大家庭中，从而开创了影响至今的"石墨烯时代"。石墨、石墨烯、石墨烯纳米带的结构如图6-6所示。

完美石墨烯由<u>单层结晶的碳原子层</u>组成。石墨烯的碳原子通过$sp^2$杂化，与相邻的三个

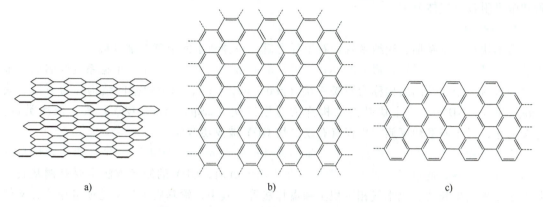

图 6-6 石墨、石墨烯与石墨烯纳米带的结构
a)石墨 b)石墨烯 c)石墨烯纳米带

碳原子以共价键方式连接,而剩下的一个价电子则形成离域大 π 键,最终实现六方对称性晶格排列的结构。

目前,石墨烯的制备方法主要有气相沉积法、溶液剥离法和机械剥离法三种。气相沉积法是制备高品质石墨烯的常用方法,其原理是在多种基底(如铜、镍和硅等)上进行含碳气体(如甲烷)的分解反应,从而实现石墨烯的沉积合成。溶液剥离法是常用的石墨烯制备方法,主要包括在酸性溶液体系下的氧化剥离法和离子插层剥离法。Hummers 用浓盐酸和 $KMnO_4$ 处理石墨得到氧化石墨烯是一种经典的溶液剥离法。机械剥离法是工业上最常用的石墨烯制备方法,主要以超声或高速搅拌等物理方法破碎并剥离石墨制备石墨烯,可实现大规模生产。

由于石墨烯独特的二维结构特性,石墨烯材料具有超高的比表面积,其理论值可达 $2630m^2/g$,这种超高的比表面积可以为活性物质提供更多的活性位点,从而具有极大的离子存储能力。石墨烯具有优异的导热性能,室温下的热导率约为 $5×10^3 W/mK$,是相同条件下铜的 10 倍多。石墨烯还具有良好的光学性能。单层石墨烯的厚度为 0.335nm,其透光性非常好,单层石墨烯的透光率约为 97.7%。多层石墨烯具有优秀的导电性,由于其导带和价带部分重叠于费米能级处,为目前发现电阻最小的材料,其电子迁移率室温下可超过 $15000cm^2/(Vs)$。石墨烯具有优良的力学性能,石墨烯片层中的每个碳原子与其他 3 个碳原子通过 $sp^2$ 杂化轨道相互重叠形成 C—C σ 键,而其内部碳原子间的连接较柔软,当有外力施加于石墨烯表面时,C—C 发生旋转而不断裂,石墨烯平面发生弯曲变形以适应外力,保持其结构稳定性。

石墨烯的化学性质稳定,不与水、稀酸、稀碱和有机溶剂反应。因此,石墨烯可以很好地作为耐蚀层保护金属,使金属不被氧化。石墨烯保护作用的强弱还与金属具体晶面有关,如石墨烯对于铜(111)晶面的保护作用要优于铜的其他晶面。此外,石墨烯大 π 键的二维平面蜂窝状结构类似于有机芳香烃分子,这又使石墨烯具有了一定的化学活性。例如,石墨烯可以被钾等高活性金属还原,也可被硫酸等强氧化剂氧化。石墨烯可通过适当的化学官能团修饰而具有丰富的化学活性。化学氧化还原法制备石墨烯的中间产物——氧化石墨烯,由于其表面具有丰富含氧官能团而具有极高的化学活性。此外,石墨烯晶格中的碳原子被氮或硼等价电子数不同的原子取代后,其本征性质会发生改变,如掺杂后的石墨烯可以更好地吸附和解吸附各种气体分子。

**4. 石墨炔**

石墨炔是继富勒烯、碳纳米管、石墨烯之后，一种新生的全碳二维材料。石墨炔是一种由若干炔基将苯环共轭连接形成的具有二维平面网络结构的全碳分子。根据系统命名法，苯环之间含有一个炔基的结构称为石墨一炔（graphyne，GY），两个炔基的结构称为石墨二炔（graphdiyne，GDY），三个炔基的结构称为石墨三炔（graphitriyne，GTY）等，依次类推。迄今为止，对于石墨炔家族，也仅有石墨二炔 GDY 被成功合成。

GDY（图 6-7）是以六乙炔基苯（hexaethylidene benzene，HEB）等含有苯环和炔基的有机单体为原料，通过多个炔-炔二聚反应合成的。目前，GDY 的制备方法主要有铜基底生长方法、界面生长法、化学气相沉积法和爆炸法等。其中，铜基底生长法是通过原位交叉偶联反应在铜衬底表面制备石墨炔。界面生长法是在两种不同物质之间的界面上进行化学反应来制备石墨炔。化学气相沉积法是在高温下使含碳气体分解并沉积在衬底上制备石墨炔。爆炸法是使用爆炸产生的极端条件来制备石墨炔。这些方法为合成不同结构和形态的石墨炔提供了多样化的选择。

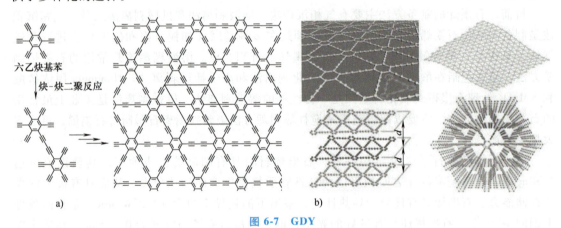

**图 6-7　GDY**

a）GDY 的制备示意图　b）GDY 的结构图

如图 6-7 所示，从结构上，石墨二炔可被看作是石墨烯中三分之一的 C—C 中插入两个 C≡C（二炔或乙炔）基团，使得这种石墨炔不仅具备苯环，而且还有由苯环、炔基构成的具有 18 个 C 原子的大三角环。与石墨烯相似，为保持构型稳定，石墨炔的单层二维平面构型会形成一定的褶皱。二维平面石墨炔分子通过范德华力和 π—π 相互作用堆叠，形成层状结构。18 个 C 原子围成的大三角孔隙结构，使多层堆积的石墨炔形成独特的孔道结构，从而在锂存储和氢气存储应用中具备天然的优势。石墨炔具有巨大的比表面积和丰富的孔隙空腔结构，其多孔通道可以容纳大量的离子如锂离子等，或者小分子如氢气等，因此可作为锂离子相关储能器件的电极材料（图 6-8）以及储氢材料。

1）**石墨炔具有独特的力学性能。**与石墨烯不同，它的结构中存在乙炔基，降低了刚度，这使得 GDY 更加柔软，适用于各种软性材料，如分离用膜。在拉伸应变和压缩应变下，应变能随着施加应变的增加而增加，表明 GDY 具有较好的弹性变形性能。石墨炔呈现出自旋半顺磁性的特点，尽管本征石墨炔不具有磁性，但其碳碳三键结构易于吸附异质原子而引入磁矩：氮掺杂可使顺磁性石墨炔的磁化强度增大一倍；三价铁离子掺杂能够在石墨炔诱导

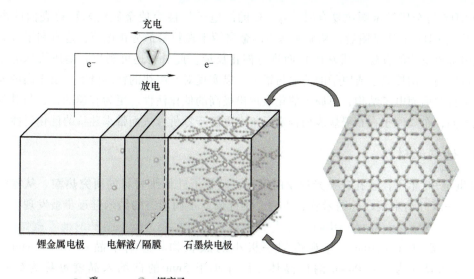

图 6-8　石墨炔在锂离子电池中的应用

中产生室温铁磁性；硫掺杂石墨炔同样具有室温铁磁性。关于室温铁磁性石墨炔的制备及磁性研究，将推动其在自旋电子学器件中的实际应用。

2) **石墨炔具有独特的电子性质。** 石墨炔具有迪拉克锥和 0.44~1.10eV 的直接带隙。GDY 由于本征直接带隙的存在，使其在半导体和光电器件方面有更多的优势，其整体性能有望超过硅材料。然而，GDY 本征较小的带隙宽度往往限制了其在光电方面的进一步应用。目前，GDY 带隙的调控方法主要包括 GDY 纳米带的构建、在系统中引入应变、改变 GDY 的形态、化学功能化 GDY 以及引入外加电场等方法。

石墨炔中共存的 sp 和 $sp^2$ 杂化碳原子使表面电子局域不均匀分布，从而为设计化学反应、位点选择掺杂、可控的原子担载提供了可能。石墨炔自身的二维平面结构上广泛分布有炔基及孔洞结构，为其功能化修饰提供了大量的活性位点，异质实现异质原子的定点可控掺杂。例如，将 H 和 F 原子均匀掺杂到 GDY 材料中，可以生成具有高电导率和良好渗透率的纤维网络或多孔结构。$H_1F_1$-GDY 材料与固体电解质界面之间的相互作用增强，从而改善锂离子存储的稳定性，其制备流程及结构示意图如图 6-9 所示。从石墨炔独特的富炔结构出发，可利用石墨炔与金属的成键，制备石墨炔与纳米金属的复合材料，提升材料间的电荷转

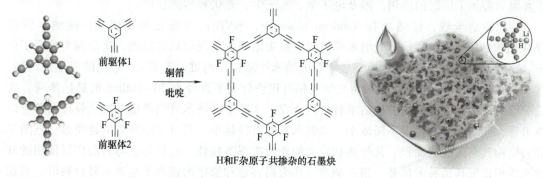

图 6-9　$H_1F_1$-GDY 的制备流程及结构示意图

移。当GDY与金属纳米颗粒复合时，sp—C的缺电子特性会使金属纳米颗粒表面的电子云部分转移到GDY的炔基附近，从而使暴露的金属纳米颗粒带部分正电荷，这有利于金属纳米颗粒吸引带负电荷的颗粒（或基团）而进行催化反应。此外，还可利用石墨炔炔基电子与金属空轨道作用，调控离子或原子的传输与锚定，以实现对石墨炔的精准修饰。由于高的原子利用率和独特的表面电子结构，单原子催化表现出极高的催化活性。更为有趣的是，与其他单原子体系不同，金属原子在石墨炔表面锚定后价态更趋于零价，进而带来独特的催化属性。

## 6.1.2 硅纳米材料

20世纪90年代，多孔硅发光现象的发现，掀起了硅低维材料的研究热潮。从零维硅量子点，到一维硅纳米线、硅纳米管，再到二维硅烯，不同形态的纳米硅逐步被发现。

**量子点（quantum dots，QDs），是指半径小于或接近激子波尔半径的准零维纳米材料**，其三个维度都在1~10nm，外观恰似一极小的点状物。硅纳米晶（silicon nanocrystal，SiNCs）是指尺寸为1~100nm的硅晶体。尺寸小于5nm的硅纳米晶就可称为硅量子点（SiQDs）。量子点的量子限制效应使其具有独特的光学性质。它最早通过氢等离子的溅射技术制备，随着研究不断丰富，又出现了液相还原法、烧蚀法、电化学腐蚀法等合成方法。研究的主要关注点在于SiQDs的发光现象，人们试图通过探寻发光机理、优化合成方法，制备出在室温下发不同光的SiQDs。从室温下不发光的晶体硅到发出各色光的SiQDs，尺度的减小让硅的性质发生了质的变化。SiQDs能够发出明亮且光谱可调的可见光，并且随着尺度减小，吸收光谱发生蓝移，发射波长从紫外到近红外波段。SiQDs被证实可应用到发光器件、太阳电池、储存设备和单电子器件中。

**硅纳米线（silicon nanowires，SiNWs）是硅的一维纳米材料，其TEM图像如图6-10a所示，其直径为纳米量级，长度达微米量级以上。** 从一开始具有宏观尺寸的硅须，到现在接近1nm的硅纳米线，技术手段不断革新。合成方法呈现多元化，如激光烧蚀法、化学气相沉积法、溶液法、金属辅助化学蚀刻法等。2003年，Ma等人采用氧化物辅助生长法合成了小直径（接近1nm）的硅纳米线，然后利用HF去除表面的氧化物并形成氢封端。该方法可以精确控制硅纳米线直径的大小。研究发现，随着直径从7nm缩小到1.3nm，电子带隙从1.1eV增加到3.5eV，进一步证实了量子尺寸效应的存在。在一维硅纳米线的制备过程中，通过不同的方法使它们应用于不同领域，如在锂离子电池领域产生更高的负极性能，实现锂离子电池能量密度的进一步提高。另外，硅纳米线在场效应晶体管、气体传感器、太阳能电池等方面均得到了广泛的应用，涉及电子学、光子学、光伏和传感领域。

相比硅纳米线，硅纳米管（silicon nanotube，SiNTs）的研究起步较晚。硅纳米管的TEM图像如图6-10b所示。硅纳米管的研究最先以理论预测的形式出现，这是因为硅原子以$sp^3$杂化最为稳定，最容易形成类金刚石的纳米线结构，而难以形成$sp^2$杂化的石墨层结构。直至2002年，Yang等人首次采用化学气相沉积法合成了直径为20~100nm的硅纳米管。实验手段的进步，不断推进着硅纳米材料的研究，从厚壁硅纳米管到薄壁硅纳米管再到单壁硅纳米管，硅纳米管的尺度不断减小。硅纳米管的直径越小，其量子限制效应越明显。硅纳米管的结构具有高比表面积、低导热和较大的光吸收率等特性，这使得它与目前广泛使用的硅纳米线相比更具独特的优势。当硅纳米管作为高容量和稳定的锂离子电池阳极材料时，将比硅纳米线具有更高电流速率和更好的电化学循环稳定性，如图6-11所示。这是由于管内的空间可以使更多的电解质进入内表面，使锂离子的扩散长度缩短，同时，硅纳米管的一维特性可以促进轴向电荷传输，缩短径向锂离子扩散距离。当硅纳米管表面涂上高电导率的物质时，可进一步提高其作为负极材料的性能。此外，硅纳米管在生物温度（37℃）下具有溶解动力学的特性，可利用硅纳米管的中空结构来填充医疗物质以及利用可调谐表面化学等优点应用于医疗领域。

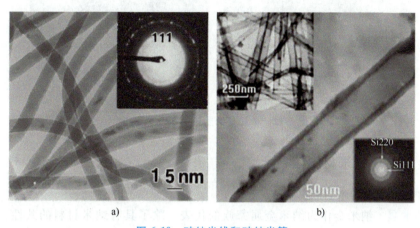

图 6-10　硅纳米线和硅纳米管
a）硅纳米线的 TEM 图像　b）硅纳米管的 TEM 图像

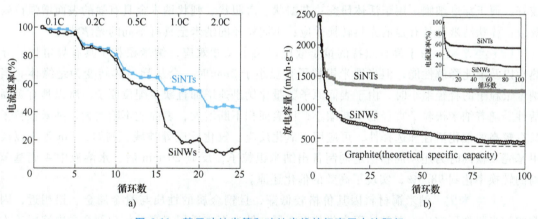

图 6-11　基于硅纳米管和硅纳米线的锂离子电池阳极
a）电流速率　b）电化学循环性能

硅烯（silicene）中的硅原子和石墨烯中的碳原子一样，呈蜂窝状排列，不同之处是其中三个硅原子与其余三个硅原子分别处在具有垂直位移的两个水平平面上，故称为翘曲单原子层二维材料。硅烯是继石墨烯之后发现的第二个单元素二维材料，也是第一个人工合成的单元素二维材料，具有超薄的单原子层厚度。2012 年，Vogt 等人首次合成高质量的单层硅烯薄膜其 STEM 图像如图 6-12 所示。实验所获得的 STEM 图像呈现出与理论预测相同的结构特征，即围绕暗中心的三角形结构的六边形排列。除此之外，Si—Si 距离为（0.22±0.01）nm，数据符合理论预测结果。硅烯在外部场和表面相互作用下，可呈现纯平面石墨烯不具备的特殊物理特性，包括量子自旋霍尔效应、巨磁电阻和应变相关热传导等。此外，通过计算预测，一些特定相的硅烯具有类似石墨烯的电子结构，即能带结构存在狄拉克锥；而翘曲结构赋予硅烯可调谐的带隙，如通过基底界面和外界电磁场，有望实现新颖的二维纳米电子器件。

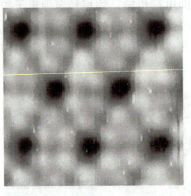

图 6-12　单层硅烯薄膜的 STEM 图像

### 6.1.3　金属单质纳米材料

常见的金属单质纳米材料如下：

（1）**纳米金**　纳米金作为纳米金属家族的代表，除了具有纳米材料的共性，如小尺寸效应、量子效应（含宏观量子隧道效应）、表面效应和界面效应外，还具有其他优良的物理化学性质。这些性质与纳米金的形貌息息相关。例如：球形、小粒径的纳米金，生物兼容性较好，便于穿过细胞，用于活体研究；花瓣状、海胆状、刺状纳米金具有强的表面增强拉曼效应；棒状纳米金具有强的光热转换效应；不同粒径的纳米金具有不同的光学特性。

（2）**纳米银**　由于具有独特的量子效应以及小尺寸效应，纳米银粒子具有导电性、导热性以及催化降解性能，但当纳米银粒子直径小于 2nm 时，会从导电体转变为绝缘体。当纳米银粒子的直径缩小时，由于表面原子数量比例迅速增加且缺少配位原子，所以具有更高活性。随着纳米银粒子直径的不断缩小，比表面积不断增大，表面能不断增大。纳米银粒子具有较高的催化活性和选择性，可应用于氧化反应、氢化反应等领域。例如，Tan 等人以羧甲基壳聚糖同时为还原剂和稳定剂制备出纳米银粒子，反应 20 min 后，水溶液中 4-硝基苯酚的转换率达到 98.8%，实现了高效的催化还原。

（3）**纳米铜**　纳米铜材料因其价格较低廉，且铜金属的性质与贵金属金、银相近，因此在纳米材料研究中，铜常被用来代替贵金属。纳米铜广泛用于高效催化剂和导电浆料等方面的研究。纳米铜还具有超塑延展性，在室温下被拉伸 50 多倍而不出现裂纹。纳米铜材料的不足在于其具有十分活泼的化学性质，当暴露在空气中时容易被氧化，且其纳米结构的材料稳定性和分散性等较差。

（4）**纳米钴**　纳米钴具有特殊的物理化学性质和磁性性质，应用较广泛。钴制成的纯纳米材料具有独特的单轴六边形密堆积结构，可制成形态各向异性的纳米钴晶体，相比于球形纳米颗粒，其矫顽力较大，具有更高的应用价值，如用于制作高密度的磁性记录媒体和永磁体等。钴作为催化剂，多用于降解有机物和合成新物质，常与载体材料复合共同发挥催化作用。纳米钴以厚度薄、质量轻、吸波频带宽、吸收率高等优点成为吸波材料研究领域的新焦点，如纳米钴铁氧体吸波材料、膨胀石墨基纳米钴复合材料，它们的吸收峰值大、吸收峰频带宽，且具备较小的厚度和面密度，符合新一代吸波材料对"轻、薄、宽、强"的要求。

(5) 纳米铁　纳米铁具有大比表面积、强还原性、价格低廉、高反应活性以及丰富的表面结合位点。由于具备这种化学活性，广泛用于燃料电池阴极催化剂、地下水的原位修复等。由于纳米铁具有大的界面，且界面的原子排列相当混乱，原子在外力变形的条件下很容易迁移，这使得纳米铁材料展现出新奇的力学性能，不仅具有高的强度和硬度，而且还具有良好的塑性和韧性。纳米铁具有较高的矫顽力和较大的饱和磁化强度、信噪比较高、抗氧化性较好等优点，可用作高性能磁记录材料和导磁材料。此外，纳米铁、铜、镍及其合金粉末制成的磁流体性能优异，可广泛用于密封减振等领域。

纳米金属材料自诞生以来，对各个领域的影响令人瞩目，主要是因为它们"身怀绝技"，具有优异的性能。随着科学技术的不断发展，纳米技术将进入寻常百姓的生活，渗透到衣、食、住、行等方面。未来，我国纳米金属研究领域的发展前景十分广阔，有望为推动材料科学发展、实现可持续发展和解决重大挑战提供新的思路和解决方案。

## 6.2　二元无机化合物纳米材料

### 6.2.1　氧族化合物

氧族元素主要包含 O、S、Se、Te、Po 等元素，其中 O、S、Se 是典型的非金属元素，Te 为类金属，而 Po 是典型的金属放射性元素。氧族元素的价电子层为 $ns^2np^4$，要达到八电子稳定结构，需吸收两个外来电子。氧族元素的非金属性不如卤族元素，因为结合两个电子不如卤素原子只结合一个电子容易。和金属元素化合时，氧、硫、硒、碲等元素通常呈 −2 价氧化态；但当 S、Se、Te 处于它们的酸根中时，可形成呈正价的氧化态，最高氧化态可达 +6，此时多以共价为主。

目前，纳米材料研究领域中涉及的氧族化合物种类越来越多，以下是一些具有代表性的纳米氧族化合物的研究简介。

**1. 氧化物**

氧和电负性较小的元素所形成的二元化合物，称为氧化物。在氧化物纳米材料的研究中，除了 $SiO_2$、$SnO_2$ 等涉及主族元素外，由于过渡金属氧化物纳米材料具有独特的磁学、光电子学、电子学、催化等性能，因此得到了广泛的研究。

部分过渡金属层状氧化物可允许碱金属离子嵌入、脱出，成为锂离子电池的理想正极材料。锂离子电池是一种基于电解质中锂离子的运动和在正负极活性物质之间的化学反应产生电能，并对其进行储存和释放的充电型电池。当锂离子电池充电时，正极材料中的锂离子被脱出，随后通过电解质导体移动到负极材料，在负极材料中嵌入。放电过程则相反，负极中的锂离子被脱出并移动到正极，正极恢复锂离子，完成电能的储存和释放。

例如，嵌入 $Li^+$ 的钴氧化物（$Li_{1-x}CoO_2$，$0.5<x\leqslant 1$）具有层状结构，Li 离子和 Co 离子在晶体结构中交替有序排列，钴氧形成具有共价性质的紧密层（也称主晶层）；锂在两个钴氧层之间，利用钴氧层外围的氧以锂氧八面体的形式存在（也称间晶层），形成 $LiCoO_2$ 的 O3 结构。通常，$LiCoO_2$ 被用作锂离子电池的层状正极材料。$LiCoO_2$ 的晶体结构和电子结构如图 6-13 所示。

$LiCoO_2$ 中 Co 的电子构型为 $Co^{3+}\ 3d^6$：$t_{2g}^6 e_g^0$，其电子结构主要由 $CoO_2$ 组分贡献，尤其

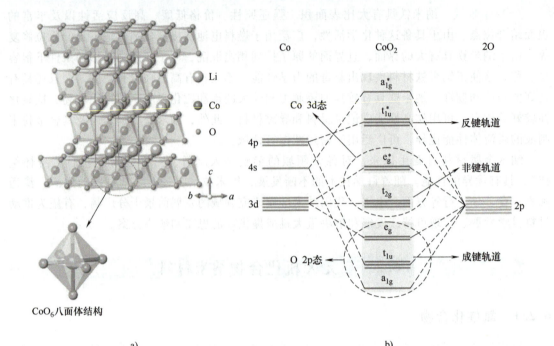

图 6-13 LiCoO₂ 的晶体结构和电子结构
a) 晶体结构 b) 电子结构

是 Co 3d 和 O 2p 能级。具体来说，$O^{2-}$ 2p 主导了成键轨道，而 $Co^{3+}$ 3d 则主要贡献了反键和非键轨道。$Co^{3+}:e_g^{*0}$ 和 $Co^{3+}:t_{2g}^6$ 与 $O^{2-}$ 2p 的轨道杂化分别构成了 LiCoO₂ 的价带和导带，带隙约为 2.7 eV。$Co^{3+}$ 3d 和 $O^{2-}$ 2p 之间强烈的相互作用，导致 Co—O 键长较短、LiCoO₂ 共价性和结构刚性较高。

以 LiCoO₂ 作为正极材料、石墨为负极材料的锂离子电池，其充电和放电的电极反应分别见式（6-1）、式（6-2）

$$LiCoO_2 + C \longrightarrow Li_{1-x}CoO_2 + Li_xC \tag{6-1}$$

$$Li_{1-x}CoO_2 + Li_xC \longrightarrow LiCoO_2 + C \tag{6-2}$$

在充放电、脱嵌 Li 过程中，LiCoO₂ 会经历体相和表面晶体结构与电子结构等多尺度和多维度的结构变化。这些结构变化将导致不稳定因素产生，从而在长循环中逐渐导致结构破坏和电化学性能衰减。

除了具有离子的脱嵌性质，金属氧化物纳米颗粒拥有的最有前景的化学用途之一就是能利用光能激发电子并催化各种有机和无机反应，促进污染物的降解等。下面以纳米 TiO₂ 为例进行介绍。

纳米 TiO₂ 的优点包括：具有高表面积，可提供更多的活性催化位点；在紫外光区域有较高的光吸收能力，能吸收大部分紫外光能量并将其转化为电子激发态，具有足够的能量参与催化反应；具有良好的化学稳定性，不易受环境影响；无毒无害，与环境具有良好兼容性等。由此可见，纳米 TiO₂ 具有广泛的应用前景，并得到了国内外科技界的广泛研究。

纳米 TiO₂ 有金红石型、锐钛矿型和板钛矿型 3 种晶型，如图 6-14 所示。在传统 TiO₂ 材料领域，金红石型 TiO₂ 应用最多，它稳定而致密，有较高的硬度、密度、介电常数及折射率、遮盖力和着色力也较高，常用作涂料工业的原料等。对于纳米 $TiO_2$ 晶体，目前研究最多的是锐钛矿型，它在可见光短波部分的反射率比金红石型高，带蓝色色调，然而，它对紫外线的吸收能力比金红石型低，光催化活性比金红石型高。板钛矿型 $TiO_2$ 晶体在一般情况下稳定性较差，在纳米材料领域虽有研究，但数量不多。

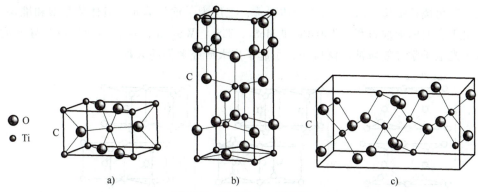

图 6-14　纳米 $TiO_2$ 的晶型
a）金红石型　b）锐钛矿型　c）板钛矿型

关于纳米 $TiO_2$ 的制备已有很多研究报道，采用低温 PEG（聚乙二醇）法制备的流程如图 6-15 所示。

以 PEG 水溶液为反应介质，通过水解 $Ti(NO_3)_4$ 可以制备出纳米 $TiO_2$ 粉体，最后一步得到的干燥后的凝胶主要为 $TiO_2$/PEG 混合物，用热水浸泡回收 PEG 后，得到的沉淀物即为纳米 $TiO_2$。该方法制备的纳米 $TiO_2$ 颗粒结晶性良好，粒径仅约为 4nm。避免了传统溶胶-凝胶法制备纳米材料时的高温焙烧，通过水洗即可获得纳米 $TiO_2$。高分子稳定剂 PEG 可重复使用，既降低了能耗，又节约了原材料，是一项绿色化学技术。

通常，像 MgO、CaO、$Al_2O_3$ 等金属氧化物，由于其自身表面具有碱性或酸性中心，可用于催化酸-碱化学反应等多种重要反应。酸-碱性和在晶格、表面上存在的多种缺陷是金属氧化物具有表面反应活性的两个主要驱动力。当金属氧化物制备成纳米结构

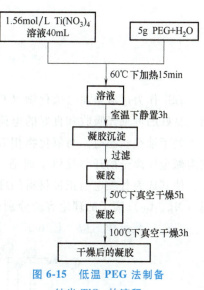

图 6-15　低温 PEG 法制备纳米 $TiO_2$ 的流程

时，不饱和配位离子的比例显著增加，特别是在边和角上。那些大颗粒体系中几乎不被注意的表面化学效应和催化潜力在纳米体系中就会变得十分显著。

与传统方法制备的商业产品相比，一些金属氧化物，如 MgO、CaO、$Al_2O_3$、$SiO_2$ 和 ZnO 等的纳米颗粒能表现出化学吸附和解吸各种有机分子的能力。一些有机分子，包括代烃、醇、醛、酮和胺等，这些氧化物表面都能被强烈地吸附和化学解吸。

**2. 硫化物**

自石墨烯被发现以来，由于其独特的电子与光电子特性，使得二维材料在未来器件中的应用得到了学术界广泛关注。过渡金属硫化物（transition metal dichalcogenides，TMDCs）是

除石墨烯之外最受关注的一类二维材料，其强的面内共价键及比较弱的层间相互作用使其极易通过剥离的方法得到单层样品。

TMDCs 有多种晶型和堆叠方式，最普遍的晶型为 1T、2H 和 3R，其结构如图 6-16 所示。1T 是正方对称，一层即为一个重复单元，正八面体配位；2H 是六方对称，双层为一重复单元，三角棱柱配位；3R 是斜六面体对称，三层为一重复单元。具体的晶型和堆垛顺序，主要取决于它们的形成过程。TMDCs 如 $MoS_2$、$TiS_2$、$WS_2$ 等，具有半导体或超导性质，且在纳米级光电子学等领域被广泛应用，引起了广大研究者们的兴趣。

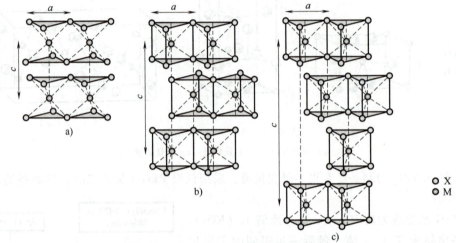

图 6-16　1T、2H、3R 晶型结构示意图
a) 1T　b) 2H　c) 3R

$TiS_2$ 作为过渡金属二硫化物（TMDs）家族中最轻的成员，由于其比表面积大、带隙可调、良好的可见光吸收和良好的电荷输运性能而受到越来越多的关注。

处于堆叠状态时，与氧化物相似，$TiS_2$ 的层状结构也允许碱金属离子的嵌入、脱出。不仅为碱金属离子的迁移提供了通道，并且允许锂离子在嵌入和脱嵌过程中保持结构的稳定性，使其成为各类电池正极材料的理想候选材料。其对碱金属（Na、Li、K）离子和碱土金属（Mg、Ca）离子的理论容量分别达到 957.2mAh/g 和 1914mAh/g。

$TiS_2$ 层状晶体结构（图 6-17）是由两个 S 原子薄片和一个六边形 Ti 片堆叠组成共价

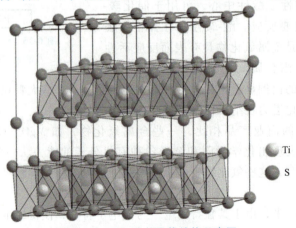

图 6-17　$TiS_2$ 层状晶体结构示意图

S—Ti—S 的碘化镉（$CdI_2$）型结构，每个单元由一层钛原子在两层硫原子之间形成，呈六方密堆积排列，每个钛原子被硫原子八面体包围，一半的八面体空隙都被 $Ti^{4+}$ 填充。每个钛都和六个硫配位，形成八面体结构，每个硫都和三个钛连接，形成三角锥结构。

$TiS_2$ 在电池中的反应机理主要是锂离子在 $TiS_2$ 层状结构中的嵌入和脱嵌，电池放电时（嵌入过程），有

$$TiS_2 + xLi^+ + xe^- \longrightarrow Li_xTiS_2 \tag{6-3}$$

式中，$x$ 表示嵌入的锂离子的数量。

电池充电时（脱嵌过程），有

$$Li_xTiS_2 \longrightarrow TiS_2 + xLi^+ + xe^- \tag{6-4}$$

这个过程是放电过程的逆过程。

层状氧化物和层状硫化物都用作锂离子电池的正极材料。它们在结构、电化学性质方面存在显著差异。

在化学成分和结构方面，层状氧化物通常由锂和过渡金属（如钴、镍或锰）组成（如 $LiCoO_2$、$LiNiO_2$ 和 $LiMnO_2$），其中锂离子位于过渡金属氧化物层之间，氧原子与过渡金属离子之间形成的键具有共价键性质，提供结构的稳定性，同时还具有离子键的电子转移特性。而层状硫化物由锂和与硫键合的过渡金属（如 $TiS_2$、$MoS_2$）组成，这些材料也具有层状结构，硫原子与金属离子之间主要形成共价键，并通过电子的共享来增强层状结构的稳定性。

在电化学性质方面，层状氧化物通常具有较高的工作电压，能量密度较高，且电子导电性更好，具有更高的稳定性和更长的循环寿命，但在高温下易发生氧气释放和热失控，影响安全。层状硫化物往往具有较低的工作电压，因此能量密度较低，由于层间距更大，所以允许插入更多的锂离子，锂存储容量更高，电子导电性较弱，通常需在电极配方中使用导电添加剂，但层状硫化物具有更好的热稳定性，可大大降低热失控的风险。

自然界存在的 $MoS_2$ 通常是 2H 相，其堆垛顺序是 AbA 和 BaB，而合成的 $MoS_2$ 通常含 3R 相，其堆垛顺序为 AbA、CaC 以及 BcB。2H 和 3R 结构的 $MoS_2$ 表现为半导体性质，1T 结构表现为金属性。

块状 $MoS_2$ 是一种典型的金属二硫化物，是一种具有可忽略的光致发光的间接带隙半导体。当 $MoS_2$ 晶体被减薄到单层时，该 d-电子系会出现间接到直接的带隙转变，产生强烈的光致发光，其超薄的厚度、原子级平整的界面、宽的禁带宽度以及可观的室温载流子迁移率，是作为构筑场效应晶体管的理想沟道材料。

$MoS_2$ 不溶于水、稀酸和浓硫酸，一般不溶于其他酸、碱、有机溶剂，但溶于热硫酸，其在 400℃缓慢氧化，生成三氧化钼，即

$$2MoS_2 + 7O_2 \longrightarrow 2MoO_3 + 4SO_2 \tag{6-5}$$

可以用钛铁试剂来检验生成的三氧化钼，首先将产物用 NaOH 或 KOH 溶液处理转化为钼酸盐，然后滴加钛铁试剂溶液，和生成的钼酸钠或钼酸钾反应，产生金黄色溶液。

二硫化钼加热可以和氯气反应，生成五氯化钼，即

$$2MoS_2 + 7Cl_2 \longrightarrow 2MoCl_5 + 2S_2Cl_2 \tag{6-6}$$

$MoS_2$ 由 S—Mo—S 单元在垂直方向上依赖层间范德华作用力堆垛而成，单层 $MoS_2$ 的厚度为 0.6~0.7nm，由中间一层钼原子以及上下两层硫原子组成，是一种类似三明治的结构，如图 6-18 所示。层内 S—Mo 键是天然的共价键，层间由范德华力连接，因此晶体容易沿层

间的面开裂。研究表明，单层 $MoS_2$ 像石墨烯一样通过在表面形成褶皱来保持稳定。

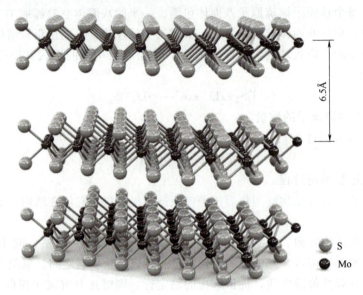

图 6-18　$MoS_2$ 的晶体结构

#### 3. 硒化物、碲化物

相对于氧化物和硫化物，硒化物和碲化物在传统无机化学中的研究较少，纳米材料研究热的兴起促进了有关化合物的研究。硒化物是含硒的阴离子化合物。和硫化物类似，$Se^{2-}$ 只有在强碱性溶液中才能存在，在中性溶液中为 $HSe^-$，而在酸性溶液中形成 $H_2Se$。有一些硒化物很容易和空气中的氧反应，金属硒化物比硫化物更容易分解。活泼金属的硒化物很容易发生氧化或水解反应，如硒化铝在潮湿空气中可以被氧化，并迅速水解，放出剧毒的硒化氢气体。

硒化物、碲化物纳米材料具有量子点的功能，调节它们的粒径可以控制发光颜色。在量子点的研究领域中，CdSe 量子点由于其高发光和良好的量子产率而受到广泛关注。特别是高质量的 CdSe 基量子点为荧光标记物在生物成像、单电子晶体管、发光二极管、激光材料和太阳能电池等领域有着广阔的应用前景。

CdSe 是直接跃迁宽带隙Ⅱ-Ⅵ族化合物半导体，常温下呈深灰色，具有立方和六方两种结构。六方结构的硒化镉晶体（图 6-19）是纤锌矿结构。由于具有较大的平均原子序数，对原子射线具有较高的阻止能力，同时其禁带宽度较大，探测器工作时漏电流比较小，因而被认为是制备室温核辐射探测器最有前途的新材料之一，可广泛应用于探矿、无损检测、核医学、环境监测、军事和空间宇航技术等领域。

硒化物、碲化物是早期量子点研究的重点内容，相关制备方法较为成熟。纳米硒化物、碲化物

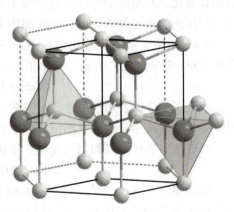

图 6-19　CdSe 的六方结构

的制备方法不同于纳米硫化物的常用制备方法，图 6-20 所示为 CdSe 量子点化学法制备示意图。

选用 Se 粉、$Na_2SO_3$ 和二甲基镉作为前驱体，采用三辛基氧化膦（TOPO）、己基膦酸（HPA）二元表面活性剂体系作为稳定剂。在氩气气氛中，将前驱体与三正丁基膦溶剂混合，并将此混合物按一定的量注入二元表面活性剂体系中，在 300℃ 左右的温度下加热，发生分解、化合反应，即二甲基镉分解出的 $Cd^{2+}$ 与 $Se^{2-}$ 合成 CdSe，产物的几何形状、尺寸与二元表面活性剂间的相互比例、前驱物加入量有关，纳米棒的长径比最大可达 30∶1。当表面活性剂 HPA 处于低浓度时，CdSe 的生长趋于球形，表明 CdSe 晶粒在各个晶面上的生长速度基本相同；当 HPA 的浓度增大时，CdSe 的生长向棒状发展。

CdSe、CdTe 等量子点具有多种光学效应，图 6-21 所示为 CdSe 量子点的 UV-Vis 吸收光谱和 PL 发射光谱的复合图，该量子点的 UV-Vis 光谱在可见光区有多个吸收峰，PL 发射光谱则只显示一个峰。无论使用可见光激发或 UV 光源激发均可看见量子点的发光，一般情况下，常使用 UV 光源作 CdSe 等量子点的 PL 发射光谱激发源。

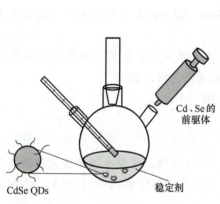

图 6-20 CdSe 量子点化学法制备示意图

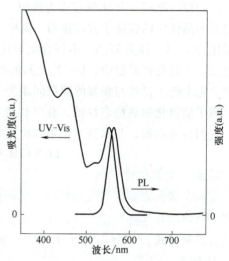

图 6-21 CdSe 量子点的 UV-Vis 吸收光谱和 PL 发射光谱的复合图

## 6.2.2 氮化物

二元无机氮化物（nitrides）通常是指氮原子同其他一种元素互相结合形成的具有某些物理与化学性质的化合物。除去氮与氢、氧或卤素形成的二元化合物及叠氮化物，按性质分为 4 类：①碱金属和碱土金属的氮化物，又称离子型氮化物，它们的热稳定性较低，容易水解产生氨和金属氢氧化物；②过渡元素的氮化物，称为金属型氮化物，一般具有高硬度、高熔点、高化学稳定性，并具有金属的外貌和导电性；③铜分族和锌分族元素的氮化物，是金属型和共价型之间的过渡形式，称为中间型氮化物；④硼族到硫族元素的氮化物，具有共价结构，称为共价型氮化物，一般都非常稳定。

### 1. 离子型氮化物

离子型氮化物主要是氮与碱金属或碱土金属元素形成的氮化物，其晶体以离子键为主，又称为类盐氮化物，氮元素以 $N^{3-}$ 形式存在，如氮化锂 $Li_3N$、氮化钙 $Ca_3N_2$ 等。

目前，离子型氮化物中氮化锂得到较多应用。$Li_3N$ 为深红色固体，属于六方晶系，其晶体结构示意图如图 6-22 所示，其密度为 $1.27g/cm^3$，熔点为 813℃。$Li_3N$ 合成方便，常温下将金属锂暴露在空气中，部分锂转化为氮化锂。也可使锂在氮气流中反应生成氮化锂，要比在空气中快 10~15 倍，这时锂全部转化为氮化锂。氮化锂离子电导率高，能与固态或液态锂共存，是目前能提供的最好的固体锂电解质之一。

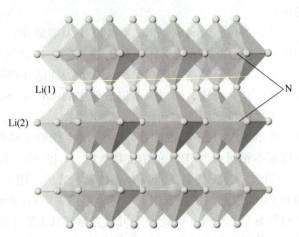

图 6-22 $Li_3N$ 的晶体结构示意图

氮化锂晶体中，存在锂、氮原子共同组成的锂、氮层。其排布方式为锂原子以石墨晶体中的碳原子方式排布，氮原子在锂原子构成的六边形的中心。因为锂、氮层中锂氮比为 2:1，即为 $Li_2N$，不符合化学计量式 $Li_3N$，所以，在每两个锂、氮层之间还有一个锂层。在氮化锂晶胞中，Li—N 之间的距离为 213pm，接近锂离子和氮负离子的离子半径之和，每个锂、氮层与相邻的锂层间距为 194pm。

离子型氮化物热稳定性低，化学性质较活泼，加热至一定的温度时分解为氮和相应元素。它们极易水解，与水蒸气作用放出氨并生成金属氢氧化物，如

$$Li_3N+3H_2O == 3LiOH+NH_3$$

**2. 金属型氮化物**

过渡金属元素形成的氮化物属于金属型氮化物，一般式是 MN、$M_2N$ 和 $M_4N$，其组成不一定严格遵循化学计量比，可以在一定范围内变化。研究发现，常见金属型氮化物的晶体结构具有三种形式，即面心立方（FCC）、密排六方（HCP）和简单六方（HEX）结构，如图 6-23 所示。

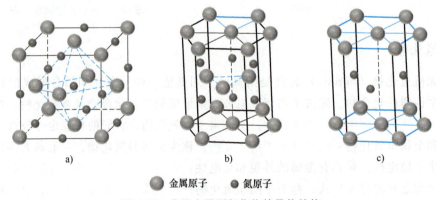

● 金属原子　● 氮原子

图 6-23 常见金属型氮化物的晶体结构
a) 面心立方　b) 密排六方　c) 简单六方

氮原子位于立方或六方紧密堆积的金属晶格间隙中，由于元素 N 的插入，金属晶格扩

张，金属表面态密度增加。这种变化使得金属氮化物具有独特的物理及化学性能：高硬度、高熔点、高温稳定性、高热导率，以及优异的电学、磁学和光学性能，而且可以成为耐蚀材料、光学保护层材料以及光电子行业中的电极材料；大比表面积的过渡金属氮化物还可用作催化剂，在各种加氢脱氢等反应中发挥着不容忽视的催化作用。

金属型氮化物通常在大约1200℃的氨中加热金属来制备。金属型氮化物具有化学惰性，涉及的反应很少。最典型的反应是水解，通常非常缓慢（并且可能需要酸，如下反应中的钒所示），以产生氨气或氮气。

$$2VN + 3H_2SO_4 \longrightarrow V_2(SO_4)_3 + N_2 + 3H_2$$

### 3. 中间型氮化物

中间型氮化物主要是铜分族和锌分族元素的氮化物，是金属型和共价型之间的过渡形式。中间型氮化物类型较少，主要代表为氮化银。

氮化银又称雷爆银，是一种无机化合物，分子式为$Ag_3N$。氮化银是看起来像金属的黑色固体，不溶于冷水，但能被硝酸分解成为硝酸银和硝酸铵，在浓酸中会发生爆炸。在室温下，暴露在空气中的氮化银会缓慢分解，若被加热至165℃，则会发生爆炸。氮化银的感光分解为单质的作用较灵敏，并且容易被照相显影剂还原，这种特性使得它在某些摄影和成像技术中可能具有潜在的应用前景。

### 4. 共价型氮化物

硼族、碳族和硫族元素的氮化物，其晶体以共价键为主，具有共价结构。应用较广的共价型氮化物有BN、AlN、GaN、InN、$C_3N_4$和$Si_3N_4$等，其结构单元类似于金刚石的四面体，故又称为类金刚石氮化物。它们的硬度大、熔点高、化学稳定性好，大部分为绝缘体或半导体，广泛应用于切削工具、高温陶瓷、微电子器件和发光材料等。

用于形成共价型氮化物的方法是在氮气存在下还原金属卤化物或氧化物，如在制备氮化铝时，有

$$Al_2O_3 + 3C + N_2 \longrightarrow 2AlN + 3CO$$

下面以氮化镓为例介绍一下共价键氮化物的结构与性质。

**(1) 氮化镓的结构**　二元族Ⅲ-氮化物（AlN、GaN和InN）可以是纤锌矿或闪锌矿。纤锌矿是六方结构，在正常环境下稳定。闪锌矿是一种立方亚稳态结构，只有在一定条件下才能获得。例如，在狭窄的工艺窗口内，采用分子束外延的方法可以制备出稳定的立方GaN薄膜。闪锌矿由四面体配位的M（M=Al、Ga和In）极和N极组成，呈现ABCABC型的最密集堆叠，而在纤锌矿中，呈现ABABAB型的堆叠。纤锌矿和闪锌矿的原子结构如图6-24所示。

**(2) 氮化镓的化学性质**　氮化物是一种非常稳定的化合物，在高温下具有良好的化学稳定性及宽带隙，这一优点使GaN在高温和腐蚀性环境中成为极具吸引力的材料。Furtado和Jacob小组研究了GaN在高温下基团的稳定性，发现在低至750℃的温度下有着显著的重量损失，而在1000℃的温度下没有观察到显著的重量损失。可以预见，GaN的热稳定性将是需要高功率或高温应用中的关键参数。

此外，氮化镓在半导体器件方面应用广泛，而这样的应用需要对GaN做高温加工和常温的湿法刻蚀。虽然氮化镓的热稳定性使其不排斥高温加工步骤的使用，但对氮化镓的化学稳定性提出了技术挑战。有许多研究描述了GaN在半导体加工中使用的传统湿法蚀刻技术

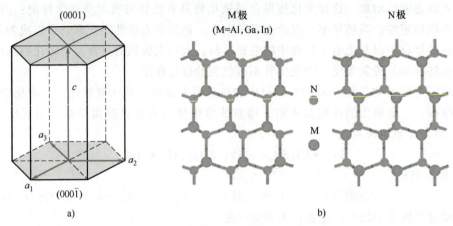

图 6-24 纤锌矿和闪锌矿的原子结构
a) 六方结构　b) M（M=Al, Ga, In）极和 N 极二元氮化物

的耐受性。Maruska 和 Tietjen 的研究发现，GaN 在室温下不溶于水、酸或碱，但 GaN 能以非常缓慢的速度溶解在热碱溶液中。Pankovel 的研究发现，GaN 在 NaOH 中会在表面形成 GaOH 层，所以无法在 NaOH 中蚀刻 GaN。现已观察到较低质量的材料在 NaOH、$H_2SO_4$ 和 $H_3PO_4$ 中蚀刻了相当高的速率，但这些蚀刻仅对低质量的 GaN 有效，这一特性可用于识别缺陷并估计其在 GaN 中的密度。

## 6.2.3 碳化物

碳化物纳米材料是由碳和金属或非金属元素组成的纳米结构材料，具有优异的力学性能、导电性、热导性和化学稳定性。常见的碳化物包括碳化硅、碳化钛和碳化钨等，它们在电子器件、材料加工、催化和能源领域等有着广泛的应用潜力。

**1. 碳化物的结构**

过渡金属碳化物由碳原子填隙似地融进过渡金属的晶格形成。它们倾向于组成可在一定范围内变动的非计量间隙化合物。过渡金属碳化物的固态化学类似于纯金属，具有简单的晶体结构特征，其中的金属原子形成面心立方（FCC）、六方密堆（HCP）或简单六方（HEX）结构，而 C 原子进入金属原子间的间隙位。一般情况下，C 原子占据金属原子间最大的间隙位，如 FCC 和 HCP 的八面体位、HEX 中的三棱柱位。碳化钒（VC）的晶体结构示意图如图 6-25 所示。

碳化物的形成修饰了其相应母体金属的 d 带本性，从而导致催化性质不同于与其相应的过渡金属，与Ⅷ族贵金属相似。键结构测量和计算表明，M—C（M 表示金属）键的形成会导致低于费米能级和高于费米能级处单位能量范围内的电子态密度（DOS）重新分布。而碳化物中 DOS 的重新分布又会对不同取向平面和吸附物质产生明显的影响。

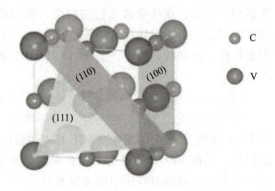

图 6-25 碳化钒（VC）的晶体结构示意图

**2. 碳化物的性质及应用**

碳化物纳米材料由于其独特的分子结构和键合特性，具有许多优良的化学性质，近年来，这些化学性质已引起广泛关注，关于其性能的研究也在持续推进。

（1）**化学稳定性**　由于碳化物纳米材料特殊的分子结构和键合特性，展示出优异的化学稳定性。碳化物材料通常具有高度的结晶性，碳原子和金属原子之间通过共享电子对形成强稳定的共价键，因此它们在许多工业和科技应用中都能稳定地发挥作用。

碳化物材料无论是在酸性、碱性或腐蚀性的化学环境中均有优良的稳定性，能保持结构的完整性，耐酸、碱和盐的侵蚀。碳化硅（SiC）和碳化钨（WC）在强酸或强碱中都能保持其化学稳定性。碳化硅常用于耐蚀涂层和器件封装，而碳化钨则被广泛应用于化工设备和涂层材料。

电化学反应中，由于碳化物材料具有稳定的电子结构，因此在电化学环境中也具有良好的惰性。硅碳化物（SiC）作为一种典型代表，因其在电化学传感器、电极等应用中表现出色，故成为电化学领域的重要材料。

最后，碳化物材料在高温条件下能够保持其结构和性能的稳定，不易发生热分解或化学变化。这种高温稳定性使得碳化物在陶瓷制造、耐火材料等高温应用中显得尤为有用。由于硅碳化物（SiC）在极高温度下也能保持其结构和化学性质的稳定，因此广泛应用于耐火材料、陶瓷基底和高温电子器件中。

（2）**催化性能**　碳化物材料在催化领域有着重要的地位。首先，因具备良好的电导性和化学稳定性，所以它们作为电催化剂被广泛应用，能有效催化如氢气生成和氧化还原反应等电化学反应。例如，钼碳化物（MoC）和钨碳化物（WC）等材料在此领域被广泛研究，有些甚至展现出媲美甚至超越贵金属的催化活性。其优异的催化性能得益于其高强度及表面活性位密度。

此外，很多碳化物材料表面具有低反应性、高比表面积和优秀的化学稳定性，这意味着它们不容易吸附其他物质或发生化学反应。因此，碳化物可作为稳定的支持材料，支持贵金属如铂、钯等，以提升催化效率和稳定性。除此之外，控制合成条件，能够调控碳化物材料的表面结构和化学组成，从而调节其催化活性和选择性。

**3. 碳化物的制备**

过渡金属碳化物大多由各种高温反应制备。例如，碳化锆的工业化生产是以 Zr、$ZrH_2$ 或 $ZrO_2$ 与石墨在真空（或惰性气氛）条件下，或者以 Zr 或 $ZrCl_4$ 与碳化气体（$C_nH_{1-m}$，$H_2+CO$，$CH_4$ 等）于 2000～3000K 的温度下反应而实现的。上述碳化物的合成途径需要高温（800℃以上），所得产物大多为微米级的粒子。

随着对纳米材料研究的不断深入，碳化物纳米材料的合成研究越来越受到重视。人们发展了程序升温法来制备具有较大比表面积的碳化物。随着气相沉积技术的发展，研究人员将其引入纳米材料制备领域，利用此法可制备出纯度高、颗粒分散性好、粒径分布窄的纳米颗粒，尤其是通过控制气氛，可制备出液相法难以获得的过渡金属碳化物纳米粒子。另外，通过等离子体溅射或磁溅射沉积法、脉冲激光沉积法，也可制得纳米级碳化物粒子。但是由于这些过程都需要在高温下进行，所以它们是大量消耗能量的过程。

近年来，相继出现了一些新的温和的制备方法。例如，采用钠在苯溶剂中共还原得到 $MoCl_5$ 和 $CBr_4$，于 350℃合成了 $Mo_2C$ 纳米晶，以及采用金属钠共还原 $SiCl_4$ 和 $CCl_4$ 的方法合成了 SiC 纳米线，钠共还原法合成了 ZrC、NbC 纳米晶等。

自从碳纳米管被发现以后，以碳纳米管为模板合成碳化物一维纳米材料受到关注。国内外的研究人员采用碳纳米管为模板或反应物分别合成了 TiC、SiC、NbC 等纳米棒和 NbC 纳米管、TiC 纳米空心球等碳化物。

### 6.2.4 硼化物

二元硼化物由硼与金属、某些非金属形成，可用通式 $M_mB_n$ 表示，一般为间隙型化合物，不遵循化合价规则。除了 Zn、Cd、Hg、Ga、In、Tl、Ge、Sn、Pb、Bi 以外，其他金属都能形成硼化物。它们都是硬度和熔点很高的晶体，化学性质稳定，热的浓硝酸也不能将其溶解，可由元素直接化合，或用活泼金属还原氧化物制取，用作耐火、研磨和超导材料。

在硼化物晶格中，硼原子间形成以单键、双键、网络和空间骨架型式的结构单元，如图 6-26 所示。随着硼化物中硼相对含量的增加，其结构单元越加复杂。一般来说，硼原子结构越复杂，越不易水解，而且抗氧化稳定性也越强。

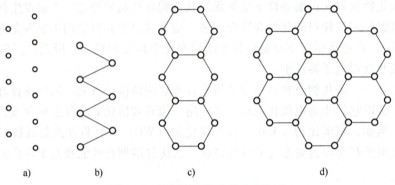

图 6-26　硼原子在硼化物中的构型
a) 单键　b) 双键　c) 网络　d) 空间骨架

二元无机硼化物中金属硼化物应用较为广泛。硼与电负性小的金属元素结合形成的化合物，称金属硼化物。金属硼化物的金属（M）与硼的比例通常从 3∶1（$M_3B$）至 1∶12（$MB_{12}$），还有少数特例，如 $MB_{50}$ 和 $MB_{66}$，M 表示碱金属（如 Li、Na、K）、碱土金属、Ⅲ-Ⅷ族过渡金属、镧系元素和锕系元素（Th、U、Pu）除外。如果 B 原子与 M 原子的比例为 4∶1 或更高，则属于富硼硼化物（如 $MB_4$、$MB_6$ 和 $MB_{12}$）。金属硼化物主要分为：①碱金属硼化物；②碱土金属硼化物；③过渡金属硼化物；④稀土金属硼化物。

二元硼化物纳米材料可通过不同的制备方法和条件获得不同的结构形态，如纳米管、纳米线、纳米片等。这些不同的结构形态使得硼化物纳米材料在功能化设计和应用方面具有更大的灵活性，在能源、环境、电子、生物医学等领域具有广泛的应用前景。

下面以硼化镁为例介绍其结构和主要性质。

硼化镁属于碱土金属硼化物，由六方晶格 $c$ 轴上的 B 和 Mg 两层组成，空间群为 P6/mmm，其中，$a = 3.086\text{Å}$，$b = 3.086\text{Å}$，$c = 3.524\text{Å}$；$\alpha = \beta = 90°$，$\gamma = 120°$。B 原子像石墨片层一样排列，Mg 原子在层间交替（图 6-27）。Mg 原子为 B 原子网提供了它的两个价电子。$MgB_2$ 在低温下失去电阻，具有超导性，起始和终点超导转变温度（$T_c$）分别为 39K 和 38K，属于常规超导体。它的转变温度几乎达到其他同类型超导体的 2 倍，实际工作温度为

20~30K。

MgB$_2$ 插层式的晶体结构表现出各向异性的特征，其超导性在很大程度上取决于成分和制造工艺。不纯的 MgB$_2$ 样品（如晶粒边界存在氧化层）与纯净 MgB$_2$ 样品表现也不同。因此，通过掺杂可以实现 MgB$_2$ 性能的改性，如碳掺杂 MgB$_2$ 可以提高临界磁场和最大电流密度，实验发现 5%的碳掺杂可以将临界磁场从 16T 提高到 36T，而 $T_c$ 仅从 39K 降低到 34K；部分 Mg 原子被 Al 所取代，转变温度会降低；若掺杂一些铜，转变温度则会升高。MgB$_2$ 作为催化剂用 CVD 法可制备氮化硼纳米管（BNNTs），广泛用于热界面材料。此外，MgB$_2$ 可用做高能化合物，作为冲压式喷气机的燃料或火箭推进剂。MgB$_2$ 极低的能耗和较长的超导相干长度等使其在大地探矿、医疗仪器、环境和军事方面具有广阔的应用前景。

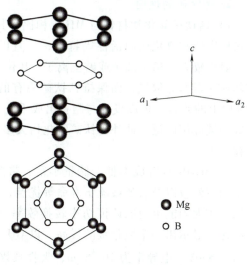

图 6-27　MgB$_2$ 的晶体结构

## 6.3　其他无机化合物纳米材料

### 6.3.1　钙钛矿

**1. 钙钛矿的结构**

1839 年，德国矿物学家 Gustav Rose（1798—1873）在俄罗斯乌拉尔山首次发现了 CaTiO$_3$，为纪念 L. A. Perovski（俄罗斯矿物学家，1792—1856），该类型材料被命名为"Perovskite（钙钛矿）"，它最初用来代指 CaTiO$_3$ 这种矿物，后来，具有类似 CaTiO$_3$ 晶体结构的材料在矿物学上都被称为"Perovskite"。立方钙钛矿的晶体结构如图 6-28 所示，其化学式为 ABX$_3$，其中 X 位是阴离子，A 位和 B 位是阳离子，且 A 位比 B 位的尺寸大，在这一类材料的结构中，B 位和 X 位之间形成 BX$_6$ 结构的八面体骨架，A 位处于这种八面体骨架的中心。钙钛矿材料一般分为无机钙钛矿材料以及有机钙钛矿材料，主要区别是结构中的 A 位为无机或者有机阳离子。由氧组成的钙钛矿，即 X 位为氧元素，B 位可以是 2 价或 4 价金属阳离子，称为钙钛矿氧化物（perovskite oxides），其分子通式为 ABO$_3$，由 A 位的 1 价有机或无机阳离子、B 位的 2 价金属阳离子以及 X 位的卤素阴离子组成的钙钛矿称为金属卤化物钙钛矿（metal halide perovskite，MHPs）。

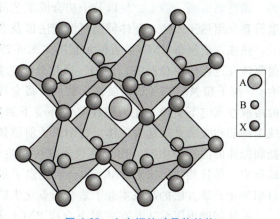

图 6-28　立方钙钛矿晶体结构

### 2. 钙钛矿的性质

1）钙钛矿氧化物材料与 MHPs 相比，其主要特征包括有较高的离子价态，并具有良好的热稳定性和氧化还原活性等特点，一直以来被视为替代贵金属催化剂的首要材料，其 A 位一般为较大的稀土离子或碱土离子，B 位为较小的过渡金属离子，A 位和 B 位的离子均可被其他元素部分取代，而保持钙钛矿原有的结构，这一灵活的结构特点可以包含周期表中 90% 以上的元素，可以设计与制备出成千上万种钙钛矿催化剂，在环境催化、电催化、光催化等领域应用广泛。此外钙钛矿氧化物大多为宽带隙，广泛应用于铁电、介电、压电以及能量存储中。

2）MHPs 具有成本低、储量丰富、带隙可调节、高光致发光量子产率、高吸收系数、量子约束效应以及长的载流子寿命等优点，在太阳能电池中可作为光吸收层，这些特征使单结钙钛矿太阳能电池的认证功率转换效率（PCE）在短时间内超过了 25%，与其他光伏技术相比，显示出一个数量级的提高。以 $CH_3NH_3PbI_3$ 为例，它作为直接带隙半导体，禁带宽度为 1.55eV，电导率为 $10^{-3}$ S/m，吸收系数为 $10^5$，消光系数高，几百纳米厚的薄膜就可吸收 800nm 以内的太阳光，对蓝光和绿光的吸收明显高于硅电池，且钙钛矿晶体有近乎完美的结晶度，极大地减少了载流子复合，增大了载流子的扩散长度。MHPs 不仅在光伏领域的性能优异，在发光二极管（LED）、激光器、晶体管、光电探测器和光催化剂等技术应用中同样表现出巨大的前景。

3）自从 2014 年首次被报道，钙钛矿纳米晶（perovskite nanocrystals，PNCs）引起了人们的注意，因为它们具有钙钛矿宏观尺度上的优异光电性能同时，还具有纳米尺度下材料的量子限域效应。PNCs 的尺寸和形状可以方便地调节到零维量子点、一维纳米线和纳米棒、二维纳米片以及三维纳米立方，二维 PNCs 可以周期排列成多层堆叠构型，发光性能可通过层数和组分进行调节，比非层状钙钛矿具有更好的环境稳定性以及结构可调性。尽管 PNCs 在未来的各种应用中表现出突出的性能和相当大的潜力，但是这些材料的稳定性依然是阻碍其走向商业化的主要问题，通过研究其降解机制来制定有效的保护策略是极其重要的。

### 3. 合成纳米钙钛矿材料的常用方法

合成不同维度和形状 PNCs 的简便方法包括<u>热注入法、配体辅助再沉淀法、乳液法、基于超声波和微波的方法、热溶剂法、微流控法、模板辅助法、静电纺丝</u>以及干法合成工艺的化学气相沉积法。这里简要介绍热注入法、配体辅助再沉淀法以及溶剂热法。

热注入法制备 PNCs 装置的示意图如图 6-29 所示。通常，阳离子前驱体在进样前单独制备，例如，通常分别选择 Cs-油酸铯和甲胺作为 $Cs^+$ 离子和 $MA^+$ 离子的前驱体，然后，将金属卤化物盐和有机配体的溶液在真空下干燥，注入前在氮气环境下加热至一定的反应温度。烷基链酸和胺通常被选为配体。将阳离子前驱体快速注入金属卤化物盐和配体的混合物中时，由于其快速成核和生长的动力学，PNCs 立即形成。尽管热注射法对 PNCs 的合成提供了最佳的形态控制，但到目前为止，该方法的高成本并不适合商业化生产。

配体辅助再沉淀法是在室温下合成 PNCs 最常用的方法。该方法的前驱体是钙钛矿反应物和 N-二甲基甲酰胺（DMF）溶剂的混合物。

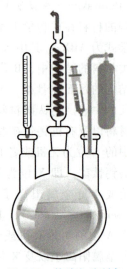

图 6-29 热注入法制备 PNCs 装置的示意图

然后，将一定体积的前驱体放入甲苯或1-十八碳烯（ODE）中，进行PNCs的形成和聚集。前驱体中配体和溶剂的类型是控制PNCs大小和形状的关键因素。

溶剂热法与传统的配体辅助再沉淀法相比，其反应相对较慢。因此，它可以控制PNCs合成过程中成核和生长过程的动力学。此外，该方法还具有结晶度高、均匀性高、尺寸和形状可控、合成简单、成本低、可扩展等优点。通常，将前驱体溶液添加到特氟龙衬垫，该衬垫由不锈钢高压灭菌器固定。然后，将密封罐放入烤箱并在特定温度下加热，反应通常在高温高压下进行。

### 6.3.2 二维MXene材料

自2004年，通过实验首次发现石墨烯以来，各种二维材料因其独特的物理化学性质被广泛研究。二维材料具有大的表面积、容积比及内表面积，实现了高迁移率和高能量密度。继石墨烯之后，许多原子层材料如六方氮化硼（BN）、过渡金属硫化物（TMDs）、硅烯、锗烷和磷烯等也在实验室中被实现，二维MXenes材料在2011年由Gogotsi等人首次提出。

**1. MXenes的结构**

MXene相可由MAX相衍生而来。MAX相是一类三元层状化合物的统称，这类化合物具有统一的化学式$M_{n+1}AX_n$，M位是前过渡金属，A位是Ⅲ、Ⅳ主族元素，X位是C或者N，$n=1, 2, 3\cdots$，其中，$Ti_3AlC_2$是一种典型的MAX相。MAX相的结构特点是M原子和A原子层交替排列，形成近密堆积六方层状结构，X原子填充于八面体空隙中，可通过使用M、A和X的固溶体来制备。通过选择性从相应的三维MAX相中提取A位元素，制备出一类二维早期过渡金属碳化物、氮化物或碳氮化物，又被称为MXenes。习惯性将MXene结构通式定义为$M_{n+1}X_nT_x$，其中，T表示终止官能团（—OH、—F或—O）；M代表早期过渡金属元素，如Ti、V、Cr、Zr、Nb等；X代表C或N元素。需要注意的是，MXenes表面官能团往往是含有—OH、—F或—O在内的复合官能团。

**2. MXenes的性质**

MXenes的离子储存性质、电子性质、光学性质以及催化性质使其在能源存储与转换、传感器、生物医药和多功能聚合物复合材料等领域受到广泛关注。

（1）离子储存性质　自2011年首次发现$Ti_3C_2$纳米片以来，二维过渡金属碳化物/氮化物材料在储能方面做了不同贡献。MXenes作为一种二维层状材料，在电化学储能器件中的应用具有以下优势：①高的电子传导率利于电子的快速转移；②独特的层状结构为离子的快速扩散提供了低扩散能垒；③可调控的层间距可以容纳电化学循环过程中产生的应变；④表面富集的官能团使其与其他材料建立强而有力的连接，可用于金属离子储存。不仅如此，Mxenes还具备优异的力学性能，密度小、质量轻等优点，因此，MXenes凭借这些性质而在电化学储能领域大放异彩。

（2）电子性质　MXenes最核心的性质是电子性质，因为其在能源和环境领域的催化性能主要依赖于其电子性质，同时，MXenes中的M、X原子及终止基团决定了其电子性质。不含终止基团T（—OH、—F或—O）的$M_{n+1}X_n$的MXenes表现出金属性质，而含有终止基团的MXenes具有半导体特性。MXenes的物理结构及形貌也是影响其电子性质的关键因素之一，低浓度缺陷和大尺寸片状结构的电导率更高。

（3）光学性质　第一性原理计算表明，MXenes表面的终止基团会影响其光学性能。官能团不同，其作用效果也不一样，如含有—F和—OH的MXenes表现出相似的光学特性，与含—O的MXenes的光学性质存在差异。在可见光范围内，—F和—OH官能团能够减少光的吸收和反射；而在紫外光区域内，—F、—OH和—O等官能团均能增加光反射。MXenes具有较好的透光性。此外，MXenes还具有卓越的光热转换性，在生物医学和水蒸发领域显示出巨大的应用前景。

（4）**催化性质** 由于在催化析氧（oxygen evolution reaction，OER）、氧还原（oxygen reduction reaction，ORR）、析氢（hydrogen evolution reaction，HER）过程中常使用的催化剂分别为金属氧化物$RuO_2$、$IrO_2$等、贵金属Pt等，导致成本大大提高，限制了其商业化，使用MXenes可以大大降低成本。此外研究人员发现使用Mxenes光催化降解有机污染物也是一种行之有效的途径。

### 3. MXenes常用的制备方法

通常，M—X键提供金属、离子和共价特性，表现出比M—A键更高的结合能。因此，MAX中的M—A键比M—X键更容易断裂。但是，MXenes从本体MAX相中通过机械剥离使M—A键发生断裂，依然是困难的。为了溶解和蚀刻A层，通常使用氢氟酸（HF）。该蚀刻过程可以用式（6-7）~式（6-9）来解释

$$Ti_3AlC_2 + 3HF \Longrightarrow Ti_3C_2 + AlF_3 + \frac{3}{2}H_2 \tag{6-7}$$

$$Ti_3C_2 + 3H_2O \Longrightarrow Ti_3C_2(OH)_2 + H_2 \tag{6-8}$$

$$Ti_3C_2 + 2HF \Longrightarrow Ti_3C_2F_2 + H_2 \tag{6-9}$$

式（6-7）中用HF蚀刻$Ti_3AlC_2$的Al层，生成的$Ti_3C_2$将继续与$H_2O$[见式（6-8）]和HF[见式（6-9）]反应，产生$Ti_3C_2T_2$，它含有终止基团（—OH、—F或—O）。到目前为止，HF蚀刻仍然是制备MXenes最常用的方法之一。在随后的研究中，HF蚀刻成功制备了具有Ti、Ta、V、Nb、Cr、Mo和Zr等不同金属种类的MXenes。然而，氟化物基蚀刻剂的使用不可避免地导致了表面官能团的出现，如—OH、—F或—O，这对MXenes基材料的电化学性能产生了相当大的影响。寻找生产可控表面功能化MXenes的新方法，利于MXenes的未来发展。$Mo_3CT_x$、$Zr_3C_2T_x$和$Hf_3C_2T_x$等几种MXenes采用非MAX相制备，如$Mo_2C$等MXenes通过CVD实现，为制备更多种类的MXenes开辟了新的途径。值得注意的是，为了制备各种MXenes，应从蚀刻剂组成、蚀刻剂浓度、蚀刻时间和蚀刻温度等方面对蚀刻参数进行优化。

## 6.3.3 尖晶石

### 1. 尖晶石的结构

尖晶石（spinel，结构通式为$AB_2O_4$）材料属于离子型化合物，一般具有Fd-3m空间群，属于立方晶系。图6-30所示为尖晶石的结构图示例。它的每个晶胞中包含56个离子，其中含金属离子24个、氧离子32个，其通式为$A_8B_{16}O_{32}$，相当于8个$AB_2O_4$。氧离子的密集排布形成两种间隙，即四面体间隙和八面体间隙。四面体间隙与金属离子形成$MO_4$四面体单元（图6-30中浅色所示的结构），八面体间隙与金属离子形成$MO_6$八面体单元（图6-30中深色所示的结构）。结构式中的A代表的是二价金属离子（阳离子），占据的是

面心立方晶格里面的四面体位置，B 代表的是三价金属离子（阳离子）占据的是面心立方晶体结构的八面体位置。

在众多尖晶石结构化合物中，A 和 B 位离子化合价比例为 2∶3 的比较常见，除此之外，比较常见的还有离子化合价比例为 4∶2。它是由 8 个 $B^{2+}$ 离子进入四面体间隙的 A 位，8 个 $B^{2+}$ 离子与 8 个 $A^{4+}$ 离子共同占据八面体间隙 B 位，即 8 个 A 位离子与 16 个 B 位离子中的 8 个相互交换位置，如 $TiMg_2O_4$、$TiZn_2O_4$、$TiMn_2O_4$，多为反尖晶石结构。此外，还有 A、B 位混合占据。所以，尖晶石结构通常分为三类：正尖晶石、反尖晶石和混合尖晶石结构，结构公式为 $(A_{1-\delta})[A_\delta B_{2-\delta}]O_4$，式中，符号（ ）代表四面体位置，[ ] 代表八面体位置，$\delta$ 为反演系数。

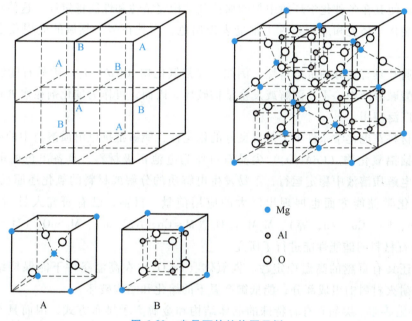

图 6-30　尖晶石的结构图示例

$\delta=0$ 时，结构式为 $AB_2O_4$，属于正尖晶石结构。它的所有 A 位原子位于 $MO_4$ 四面体单元，所有 B 位原子位于 $MO_6$ 八面体单元，形成正尖晶石结构，在低温下可实现这种原子的配置。

$\delta=1$ 时，结构式为 $B(AB)O_4$，属于反尖晶石结构。它的所有的 A 位原子进入到 $MO_6$ 八面体单元，一半的 B 位原子进入到 $MO_4$ 四面体单元，另一半的 B 位原子则继续占据 $MO_6$ 八面体单元，形成反尖晶石结构。

$0<\delta<1$ 时，结构式为 $(A_{1-\delta})[A_\delta B_{2-\delta}]O_4$，属于混合型尖晶石结构。它的 A 位原子与 B 位原子会随机分配、占据四面体与八面体间隙，这样就形成混合型尖晶石结构。在高温烧结等情况下，晶体结构都会倾向于形成这种混合型尖晶石结构。

**2. 尖晶石的性质及应用**

（1）离子交换性　尖晶石材料在化学结构中的离子交换性使其在许多应用中发挥重要作用。尖晶石晶体具有独特的结构，金属离子（A 位和 B 位）在晶格中被有序排列。这种排列使得尖晶石晶体在一定条件下能够接受外部离子的置换，从而产生离子交换作用。

尖晶石中的金属离子可通过离子置换反应来替换部分或全部的 A 位或 B 位金属离子。例如，对于 $MgAl_2O_4$ 尖晶石，可以发生 $Mg^{2+}$ 和 $Al^{3+}$ 之间的离子置换。尖晶石因其离子交换性，在离子交换树脂、水处理和催化剂等领域中被广泛应用。它们能够通过吸附和释放离子来改善水质、分离化学物质或调节催化反应的活性。

控制尖晶石晶体的化学组成和结构（调节金属离子的大小、电荷和配位环境），可以调节其离子交换性，进而影响其对特定离子的选择性吸附能力，使其更加适合特定的应用需求。因此，尖晶石在水处理、催化剂、电化学设备等领域中具有广泛的应用潜力和实际价值。

(2) **化学稳定性** 尖晶石纳米材料具有特殊的分子结构，这种结构赋予了它们出色的化学稳定性，使其在各种化学环境中都能保持其结构完整性和性能稳定性。这使得尖晶石材料在多种极端化学环境和应用条件下都能表现出色，为其在多个领域的应用奠定了可靠的基础。

尖晶石通常具有良好的抗溶解性。例如，镍铝氧化物（$NiAl_2O_4$）尖晶石能够稳定存在于水溶液和酸碱溶液中，不易溶解或发生结构破坏，因而，可作为催化剂在水处理和环境保护等领域中广泛应用。

尖晶石材料在电化学条件下表现出良好的稳定性，能够抵抗电解质溶液中的电荷传递和化学变化。钴铝氧化物（$CoAl_2O_4$）尖晶石可作为电池正极材料，具备出色的电化学稳定性，能够在电解质溶液中稳定运行，不易发生电解质的分解或材料的氧化还原反应。此外，尖晶石在电化学储能方面也展现出巨大的应用前景。目前，已有研究人员对 $M_xCo_{3-x}O_4$（M=Ni、Mn、Fe、Cu、Zn、等）、$M_xMn_{3-x}O_4$（M=Co、Ni、Zn）、$M_2SnO_4$（M=Mg、Co 和 Zn）等尖晶石材料的储能性能进行了研究。

尖晶石还具有卓越的高温稳定性。铁氧体（$Fe_3O_4$）在高温条件下能保持结构的完整性，常用作耐火材料的组成部分，能抵御高温下的熔化和结构破坏。

(3) **催化活性** 尖晶石有着特殊的晶体结构和金属离子排布方式，因而具有良好的催化活性。尖晶石的催化活性主要源于晶格中的金属离子，这些离子充当了活性中心，能够显著降低化学反应的活化能，从而加速反应速率。

作为催化材料时尖晶石具有很多优势。首先是选择性。精确控制晶体结构、金属离子的成分及表面活性位点的设计，尖晶石能够高度选择性地促进特定的反应路径，而不干扰其他不需要的反应。其次是稳定性，尖晶石材料在催化反应中表现出良好的稳定性和耐久性，能够在高温和反应物质的影响下保持催化活性和结构的稳定，不易发生失活或结构破坏。因此，尖晶石材料在多个领域都可用作催化材料，包括氧化反应（如汽车尾气处理）、还原反应（如有机物的加氢还原）、裂解反应（用于石油和生物质的转化）以及氧化脱氢反应（如乙烯制备）。

此外，调控表面特性（如表面配位、掺杂或负载其他催化活性物质）可以增强催化剂的活性位点和选择性，从而提高其在特定反应中的效率和稳定性，进而优化尖晶石的催化活性，提高其在特定反应中的效率和稳定性。例如，在 $Pt/CoAl_2O_4$ 催化剂中，贵金属 Pt 被负载在 $CoAl_2O_4$ 尖晶石表面，显著提高了氢气氧化反应的活性；而在 $Ni/Fe_3O_4$ 催化剂中，Ni 的负载能够有效促进化学气相沉积反应中碳氢化合物的裂解和转化。

### 3. 尖晶石的制备

**（1）高温固相法**　高温固相法是一种应用最早的传统合成技术，也是尖晶石最常用的制备方法。高温固相法的制备工艺简单，但是耗能大且效率低，所制备样品粗糙、大小不均匀、容易混入杂质。

高温固相法的制备路线：首先将固体原料按照一定的化学配比混合并研磨均匀或加入助燃剂一起研磨均匀；然后在某种气氛下高温烧结，使得反应物在高温环境下充分反应；最后冷却并研磨，即可得到样品。

**（2）共沉淀法**　共沉淀法依赖于湿化学技术，此方法克服了高温固相法混合不均匀的特点。在制备的具体流程中，将金属离子的可溶性盐溶液按一定的化学计量配比溶于溶剂，溶剂一般是酸性的，然后再加入碱性沉淀剂，如氢氧根离子或是碳酸根离子等使溶液发生水解，形成不溶性的氢氧化物、水合氧化物或者碳酸盐类，从溶液中析出，然后经过洗涤分离制备出多组分共沉淀物。将所得共沉淀物在一定温度下煅烧并研磨即可得到所需样品。

共沉淀法的优点是各组分达到分子级的均匀混合，热处理时可使各组分之间的反应加快。缺点是经过高温烧结，样品比表面积降低，易形成团簇，颗粒不够细。

**（3）溶胶-凝胶法**　溶胶-凝胶法是制备纳米材料最常见的方法之一。简单来说，溶胶-凝胶法是将无机盐或金属醇盐均匀溶解在水或有机溶剂中，再加入螯合剂，发生水解反应形成溶胶，然后发生缩合反应，使溶质聚合凝胶化，最后把形成的凝胶进行干燥、烧结等以去除有机成分，形成所需的粉体材料。

溶胶-凝胶法的优点是制备工艺简单，容易操作，各个配比的组分混合均匀，胶粒尺寸小于 0.1 μm，制备的粉体细小，可以容纳不溶性或不沉淀的组分等。但是，制备过程要在有机介质中进行、成本较高，同时，材料烧结性不好，干燥时收缩较大、易混入杂质。研究人员采用此方法制备了 $NiFe_2O_4$、$MgFe_2O_4$、$MnFe_2O_4$ 等尖晶石纳米颗粒。

**（4）水热法**　水热法又称热液法，属液相化学法的范畴。在特制封闭的高压容器中，以水溶液或有机溶液为反应介质，在高温高压的条件下得到在大气条件下比较难溶或不溶的物质与水反应生成该物质的溶解产物，并在达到饱和度后结晶和生长出纳米晶体的方法。如果反应介质是有机溶液，则称为溶剂热法。水热法的基本原理简单地解释就是溶解-再结晶机理。现在还有一些与水热法结合的方法，如微波水热合成法等。

水热法的优点：高温下利于产物的结晶、容易操作、产物颗粒比较均匀、形貌可控、纯度高以及能进行有有毒挥发气体参与的反应。

## 6.3.4 硅酸盐

硅酸盐纳米材料的共同特征是天然居多、获取成本低。这些天然纳米材料主要包括沸石、蒙脱土、凹凸土、埃洛石和高岭石等。下面以沸石为例进行介绍。

沸石是孔穴状、笼状结晶硅铝酸盐材料，大多为天然产物，但也可通过改性以及人工合成等手段获得。沸石与纳米材料的关系密切，很多沸石本身就具有纳米尺度的结构。作为一类新型功能材料，沸石具有吸附、催化、离子交换等多种优良性能，从而在化工或石油化工领域得到广泛应用。沸石催化剂不仅催化效率很高，而且易于从反应体系中分离、进行再生处理，因此，沸石是一类性能优越、十分重要的非均相固体酸催化剂。

### 1. 沸石的结构及性质

沸石是由硅氧四面体（$SiO_4$）和铝氧四面体（$AlO_4$）连成三维的格架，格架中有各种大小不同的空穴和通道。因此，沸石又常被称为分子筛。例如，4A 分子筛的名称由来就是因为它的孔径为 0.4nm，这可以利用图 6-31 中的有关键长进行估算。4A 分子筛中形成一个孔需要 4 个 $SiO_4$、$AlO_4$ 四面体结构单元，显然，如果分子筛中形成一个孔需要的四面体结构单元数增加，则孔径将随之增加。在扩孔分子筛（见图 6-32）中，一个大孔由 10 个四面体结构单元构成。

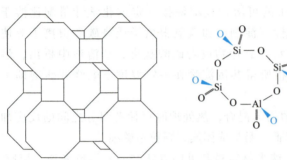

图 6-31　4A 分子筛的结构示意图　　　　图 6-32　扩孔分子筛的结构示意图

沸石由硅铝含氧酸根及金属阳离子（如 $Na^+$ 等）构成，这些阳离子可被 $H^+$、其他碱金属离子、二价金属离子、有机铵根离子等交换。沸石中结晶水的含量 $z$ 并不确定，可通过加热去除。铝硅比（$z/y$）是衡量沸石结构与性能的重要参数，$z/y$ 值为 $1 \sim +\infty$，沸石结构的正电性随铝元素含量的增加而上升，但沸石的稳定性却随之下降，如高铝含量的 X 型沸石较不稳定。沸石的基本结构为硅氧四面体和铝氧四面体，这些四面体通过共用氧原子构成网状结构，故氧原子的个数为铝硅原子个数和的 2 倍而不是 4 倍。沸石的结晶状况会直接影响沸石的功能，故多年来一直是沸石研究中的一个重要内容。相对于结晶状况不好的 $SiO_2$ 或 $SiO_2/Al_2O_3$ 复合物（带有孔状结构），沸石的孔状结构是长程有序的。

作为受体的沸石，孔径的大小直接影响其分离、催化、组装等功能，随着沸石孔径的不断增大，客体分子的体积也随之变大，当孔径大于 2nm 时，相应的沸石可应用于超分子化学的研究。沸石的分类见表 6-1。图 6-33 所示的沸石的孔穴结构类型，对其内部空间结构给予了形象化的解释：当沸石的孔道仅按一维方向生长时，该沸石具有单一隧道（tunnels）结构；当沸石的孔道按二维方向生长时，该沸石内部空间明显膨胀，形成笼状（cages）结构；当沸石的孔道按三维方向生长时，该沸石内部空间进一步膨胀，形成超大穴（supercavities）状结构。

表 6-1　沸石的分类

| 分类 | 孔径/nm | 暴露在孔结构内层的氧原子数 | 示例 | 可接受的客体分子 |
| --- | --- | --- | --- | --- |
| 小孔径 | 0.3~0.5 | 8 | 毛沸石 | $O_2$,$H_2O$ |
| 中等孔径 | 0.5~0.6 | 10 | ZMS-5 | $C_6H_6$,$C_6H_5X$ |
| 大孔径 | 0.6~0.9 | 12 | β 型,Y 型,Ω 型 | $PC_6H_4X$ |
| 超大孔径 | >1 | 14~18 | UTD-1, VPI-5, MCM-41, MCM-41, 多孔材料 | 超分子结构 |

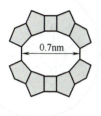 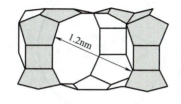 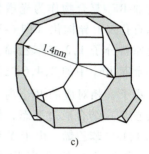

a)           b)           c)

图 6-33  沸石的孔穴结构类型

a) 一维隧道状丝光沸石  b) 二维笼状 β 型沸石  c) 三维超空化八面沸石

在主要的硅铝含氧酸盐材料中，沸石类材料具有自己的结构优势。经柱撑改性的黏土层间距显著增大（如蒙脱土等），导致比表面积显著增加，但仍无法与沸石相比；虽然两类黏土平均孔径较大，但沸石的孔径具有更强的可调节性，变化幅度为 0.55～3.0nm；沸石的比孔容也普遍较大，并具有可调节性。一些硅铝含氧酸盐的结构比较见表 6-2。

表 6-2  一些硅铝含氧酸盐的结构比较

| 类别 | 比表面积/($m^2 \cdot g^{-1}$) | 平均孔径/nm | 比孔容/($mL \cdot g^{-1}$) |
| --- | --- | --- | --- |
| 黏土 | 46 | 3.57 | 0.08 |
| 柱撑改性黏土 | 250 | 1.34 | 0.18 |
| ZSM-5 沸石 | 375 | 0.55 | 0.11 |
| 丝光沸石 | 400 | 0.74 | 0.16 |
| Y 型沸石 | 550 | 1.27 | 0.32 |
| MCM-41 沸石 | 750 | 3.0 | 0.59 |

除了孔结构，沸石在化学反应中的活性部位问题也与其催化、吸附、分离等功能密切相关。沸石结构中主要有三个活性部位，其反应如图 6-34 所示。沸石中的质子酸结构失去氢原子形成高活性氧自由基正离子，表明通过酸交换等方法酸化沸石是制备、改性沸石催化剂的重要手段。沸石吸附 $O_2$ 的状态、量子化学计算结果表明，沸石中具有 Lewis 酸结构的铝原子可通过两种方式与 $O_2$ 结合。沸石中的钠离子团簇可充当光诱导产生高活性自由基正离子的角色，即在光照条件下产生的自由基可通过与 $Na_4^{4+}$ 离子间的电子传递产生高活性自由基正离子。

图 6-35 所示为氧蒽经 Y 型沸石催化氧化的一个关键步骤。经碱交换处理的 Y 型沸石的孔道可以容纳氧蒽分子，脱氢生成碳自由基后，吸附在孔穴中的 $O_2$ 分子获得电子后使氧蒽自由基转变为氧蒽碳正离子。这一过程已被激光脉冲实验所证实，过程经历时间在微秒级。

图 6-34  沸石结构中三个主要活性部位的反应

吡喃-$BF_4$复合物作为光敏化剂可在沸石孔穴中异构化（图6-36），左边是原料分子1,2-二苯乙烯，与复合物吡喃-$BF_4$中的2,4,6-三苯基吡喃正离子（相对应的$BF_4^-$离子在图中被省略）结合成过渡态，解离后得到1,1-二苯乙烯。由于Y型沸石孔穴的直径及比孔容均小于

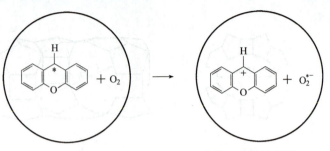

图6-35 氧蒽经Y型沸石催化氧化的一个关键步骤

MCM-41沸石，所以，2,4,6-三苯基吡喃正离子及其过渡态结构在Y型沸石孔穴中难以扩散，而在MCM-41沸石孔穴中的扩散相对容易，因而，在MCM-41沸石孔穴中的异构化转化率是在Y型沸石孔穴中的3倍左右。

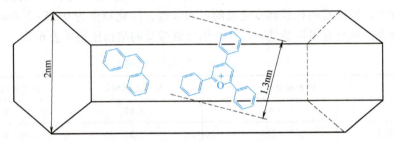

图6-36 吡喃-$BF_4$复合物作为光敏化剂在沸石孔穴中的异构化

三(2,2′-联吡啶)合钌离子$[Ru(bpy)_3]^{2+}$是一种重要的配位离子，可作为光敏化剂用于新型催化材料的制备。图6-37为将$[Ru(bpy)_3]^{2+}$离子引入Y型沸石孔穴中的方法（沸石孔穴的反应Ⅰ），先将体积较小的$[Ru(NH_3)_6]^{3+}$离子交换到Y型沸石孔穴中，再用联吡啶(bpy)取代$NH_3$，最终在Y型沸石孔穴中形成体积较大的$[Ru(bpy)_3]^{2+}$离子。

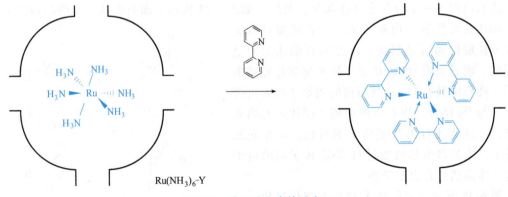

图6-37 沸石孔穴内的反应Ⅰ

E.Sbrigham等将$[Ru(bpy)_3]^{2+}$-Y和4,4′-联吡啶二季铵盐-Y体系同时放入含$Na^+$的水溶液，结果体积较小的4,4′-联吡啶二季铵离子可以与$Na^+$相互置换，被交换出的4,4′-联吡啶铵离子一部分在水溶液中形成自由移动的离子，另一部分可被继续交换至与$[Ru(bpy)_3]^{2+}$离子共存的沸石孔穴中（图6-38）。

第6章 无机纳米材料化学

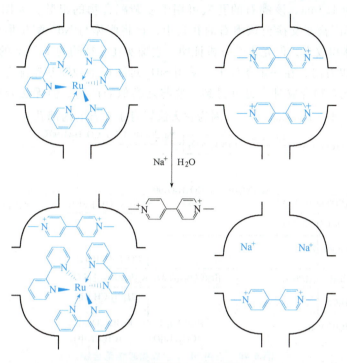

图 6-38 沸石孔穴内的反应 II

沸石的孔穴结构为纳米尺度，最近出现了沸石颗粒的整体尺寸也在纳米尺度范围，例如，图 6-39a 所示为某纳米沸石的 SEM 图像，显示其几何形貌为八面体，每一颗粒长约 80nm、宽约 50nm。图 6-39b 为这种八面体纳米沸石的 TEM 图像，有规律的方格是沸石的孔

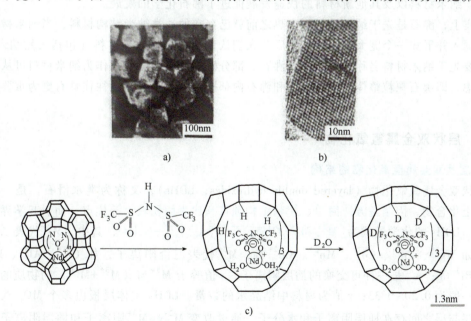

图 6-39 某纳米沸石的结构及孔穴反应
a）SEM 图像 b）TEM 图像 c）复杂配合物的组装

133

穴结构,直径约为 1.3 nm。该沸石的孔穴可用于复杂配合物的组装,如图 6-39c 所示,将 $NdCl_3$ 溶液中的 $Nd^{3+}$ 离子交换至该沸石的孔穴中,再将配体与 $Nd^{3+}$ 配位形成配合物,虽然此复杂的配合物体积较大,但光谱学分析证明,它确实在直径约为 1.3 nm 的孔穴中形成。

从图 6-40 可以看出,在一定条件下,采用 $SiO_2$ 可制得多种羰基铱配合物。用沸石替代 $SiO_2$ 进行羰基铱配合物合成时,也可得到一些与之类似的产物,但无法合成体积过于庞大的羰基铱配合物,如 $[Ir_8(CO)_{22}]^{2-}$,因为它无法置身于沸石的内部孔穴。

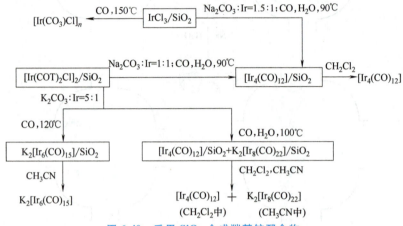

图 6-40 采用 $SiO_2$ 合成羰基铱配合物

### 2. 沸石的制备

沸石的人工合成和改性研究始于 20 世纪 60 年代初,研究种类有 A 型、X 型、Y 型等。进入 20 世纪 80 年代后,相关研究报道的数量明显增加,涉及内容更为丰富,这是因为 20 多年来,纳米材料以及其他新材料的快速发展促进了沸石化学的发展。

事实上,沸石是先于纳米材料研究热之前就已存在的一类纳米结构材料,当纳米材料研究不断深入并形成一个庞大的知识体系后,人们认识到,某些纳米材料(包括天然纳米料)的问世要先于纳米材料名称的诞生,如沸石、部分感光材料等。沸石作为纳米材料可从两个方面考虑,即沸石颗粒整体尺寸的大小和沸石内部孔穴的大小,后者往往具有更为重要的应用价值。

## 6.3.5 层状双金属氢氧化物

### 1. 层状双金属氢氧化物的结构

层状双金属氢氧化物(layered double hydroxides,LDHs),又称为类水滑石,是一种阴离子黏土化合物,因制备方法简单、层状结构独特和比表面积较大等优点,而引起学界的广泛关注。LDHs 的化学通式为 $[M^{2+}_{1-x}M^{3+}_x(OH)_2]^{x+} \cdot (A^{n-})_{x/n} \cdot yH_2O$,其中,$M^{2+}$ 代表二价阳离子,如 $Mg^{2+}$、$Zn^{2+}$、$Co^{2+}$、$Mn^{2+}$、$Cu^{2+}$ 等;$M^{3+}$ 代表三价阳离子,如 $Cr^{3+}$、$Al^{3+}$、$Fe^{3+}$、$Mn^{3+}$、$Bi^{3+}$ 等;$A^{n-}$ 是一种可交换的插层阴离子;$x$ 值等于 $M^{3+}$ 与($M^{3+}+M^{2+}$)的物质的量的比值,一般为 0.20~0.33;$y$ 值为材料中结晶水的数量。LDHs 主体层板由多个 $MO_6$ 八面体构成,层与层之间存在插层阴离子和水分子,通过改变 $M^{2+}$、$M^{3+}$ 阳离子和插层阴离子的种类,即可改变 LDHs 纳米材料的种类和催化性能。

因其组分和结构可调,使得 LDHs 纳米材料的禁带宽度为 2.0~3.4 eV,当一定波长的光照射在LDHs催化剂表面，光的能量大于或等于禁带宽度时，其价带中的电子（$e^-$）将被激发跃迁到导带，在价带上留下空穴（$h^+$）形成电子-空穴对。纳米材料存在的缺陷阻碍了光生电子和空穴的复合，利用 $e^-$ 的还原能力和 $h^+$ 的氧化能力，使得LDHs具有催化活性。

由于LDHs制备成本较低、化学稳定性较高，金属阳离子和层间阴离子组成可调、分布均匀，因而，在光催化光解水制氢、降解有机染料和二氧化碳还原等领域得到了广泛应用。

**2. 层状双金属氢氧化物的性质及应用**

由于LDHs独特的化学性质，在化学反应和材料科学中应用广泛。LDHs具有强大的阴离子交换能力，能调节层间距并吸附或去除不同类型的阴离子，如硫酸根、碳酸根、磷酸根和氯离子。其化学组成和层间的阴离子种类可通过化学方法进行调整，从而调节其化学性质和反应活性。此外，LDHs在氧化还原反应中表现出色的催化性能，其金属离子提供活性位点，广泛应用于有机合成和污染物降解。

酸性条件下，LDHs易于溶解释放金属离子和阴离子，如含铝的LDHs在酸性溶液中可分解成铝离子和氢氧根离子，显示出良好的溶解性。在碱性和中性环境中，LDHs具有良好的化学稳定性，能长期保持结构和性能的稳定性，尤其在加热条件下显示出良好的热稳定性，虽然在高温下可能会发生相变或分解。

由于较大的比表面积和强大的阴离子交换能力，LDHs对阴离子污染物表现出优异的吸附性能，依赖于层间的阴离子交换和表面化学反应。部分LDHs还具有光催化性能，在紫外光或可见光照射下，能够催化水解反应和降解有机污染物，显示出其在环境保护和能源领域中广泛的应用前景。

在加热条件下，LDHs会发生脱水、脱羟基等热分解反应，释放出水和氧化物，这种热分解性能赋予LDHs在热处理和材料合成中重要的应用价值。

**3. 层状双金属氢氧化物的制备**

LDHs作为一种独特的层状材料，具有带隙可调、表面积较大、阴离子交换容量大和"记忆效应"等优点，因而受到众多学者的关注。目前常用的制备方法主要包括共沉淀法、水热/溶剂热法、离子交换法、焙烧还原法和溶胶-凝胶法等。

（1）**共沉淀法** 共沉淀法是LDHs纳米材料最基本、最常用的制备方法，含目标阳离子的金属盐溶液与碱溶液按一定的比例混合，会发生共沉淀反应。将含有二价金属阳离子的盐溶液和含有三价金属阳离子的盐溶液在水中混合并加入沉淀剂（常用的沉淀剂包括尿素、氢氧化钠和碳酸钠等），调节pH值至碱性，使目标离子沉淀。用共沉淀法可合成一系列不同金属离子组成的LDHs纳米材料，其中，温度、二价金属阳离子和三价金属阳离子的比例以及pH值对LDHs合成过程中的形貌、稳定性和催化活性都有较大影响。

（2）**水热/溶剂热法** 水热/溶剂热法是一种高温高压条件下的湿化学法。若反应介质为水则称为水热法；若使用其他有机溶剂作为反应介质，如乙醇、甲醇、二甲基甲酰胺等，则称为溶剂热法。水热/溶剂热法常以尿素作为沉淀剂，随着加热温度的提高，反应环境的压强增大，尿素缓慢分解使反应体系的pH值缓慢上升至碱性，使目标阳离子逐渐沉淀，团聚现象减少。该方法能够有效控制纳米材料的晶体结构、微管结构、晶粒度以及分散性。水热/溶剂热法制备的LDHs具有颗粒纯度高、分散性好、结晶度好、形貌可控等优点，因而是制备LDHs纳米材料的常用方法。

（3）**离子交换法** LDHs纳米材料的层间阴离子具有可交换性，离子交换法正是利用这种特性，用目标阴离子替换原材料中的插层阴离子，得到理想的 LDHs 纳米材料。当体系中的二价、三价金属阳离子或阴离子在碱性溶液中不稳定时，离子交换法是合成 LDHs 纳米材料的首选方法，利用离子交换法可获得多种层间阴离子不同的 LDHs 纳米材料。

（4）焙烧还原法　首先将前驱体 LDHs 在一定温度下焙烧，目的是去除层间阴离子，然后将焙烧产物放入含有目标插层阴离子的溶液中，再经过一系列加热操作得到目标 LDHs。焙烧还原法可用于合成阴离子体积较大的 LDHs，特别适用于制备各种氧酸盐、有机酸盐等。

（5）溶胶-凝胶法　溶胶-凝胶法是一种简单的获得纳米级粒子的方法。将含有目标金属阳离子、易于水解的金属烷氧基化合物与有机溶剂混合，再加入酸调节反应体系的 pH 值，形成溶胶-凝胶，经洗涤、干燥后得到 LDHs，这种方法可应用到不同种类 LDHs 材料的制备及应用中，如成功铸造 LDHs 薄膜并且得到高纯度产品，整个过程的条件是温和的，因此能够插入有机分子和生物物种。此外，溶胶-凝胶法可以精确控制产品的结构和织构特性，得到比表面积大和窄孔径分布的材料。该方法制备的 LDHs 的形态和结构均优于共沉淀法制备的。

## 思 考 题

1. 分析 $LiCoO_2$ 正极材料充放电过程中离子脱嵌性质。
2. 层状氧化物和层状硫化物作锂离子电池正极材料时有什么相同与不同之处？
3. 块体二硫化钼有什么特征，将其纳米化后，会出现什么潜在的应用价值？
4. 根据图 6-41 中两种纳米 CdS 的 UV-Vis 谱图，求算各 $E_g$ 值。
5. 根据图 6-42 中 Au 溶胶的 UV-Vis 曲线，判断该 Au 溶胶可能具有的颜色。

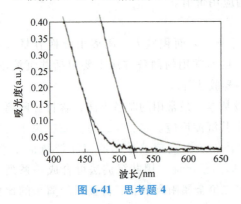

图 6-41　思考题 4

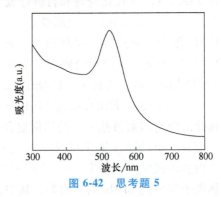

图 6-42　思考题 5

## 参 考 文 献

[1] 谢璐，蔡信强，赵帅，等. 三维蜂窝碳的研究进展综述：性能和应用 [J]. 中国科学：物理学 力学 天文学. 2024，54 (5)：101-132.

[2] KROTO H W, HEATH J R, O'BRIEN S C, et al. $C_{60}$：Buckminsterfullerene [J]. Nature，1985，318：162-163.

[3] ONOE J, NODA Y, WANG Q, et al. Structures, fundamental properties, and potential applications of low-dimensional $C_{60}$ polymers and other nanocarbons: a review [J]. Science and technology of advanced ma-

terials, 2024, 25（1）：2346068.

[4] ZHANG J W, YANG C, WEI F Q, et al. Study on the mechanism and process of a universal preparation of carbon nanotubes uniform dispersions in aqueous solution［J］. Ferroelectrics, 2020, 562（1）：135-144.

[5] LI H P, ZHOU L L, WU T. Sodium dodecyl benzene sulfonate for single-walled carbon nanotubes separation in gel chromatography［J］. Diamond and related materials, 2018, 88：189-192.

[6] MA G Y, HUANG K S, MA J S, et al. Phosphorus and oxygen dual-doped graphene as superior anode material for room-temperature potassium-ion batteries［J］. Journal of materials chemistry A, 2017, 5（17）：7854-7861.

[7] HIRSCH A. The era of carbon allotropes［J］. Nature materials, 2010, 9（11）：868-871.

[8] BAUGHMAN R H, ZAKHIDOV A A, DE HEER W A. Carbon nanotubes-the route toward applications［J］. Science, 2002, 297（5582）：787-792.

[9] COLUCI V R, GALVAO D S, BAUGHMAN R H. Theoretical investigation of electromechanical effects for graphyne carbon nanotubes［J］. Journal of chemical physics, 2004, 121（7）：3228-3237.

[10] LU T T, HE J J, LI R, et al. Adjusting the interface structure of graphdiyne by H and F co-doping for enhanced capacity and stability in Li-ion battery［J］. Energy storage materials, 2020, 29：131-139.

[11] MA D D D, LEE C S, AU F C K, et al. Small-diameter silicon nanowire surfaces［J］. Science, 2003, 299（5614）：1874-1877.

[12] SHA J, NIU J, MA X, et al. Silicon nanotubes［J］. Advanced materials, 2002, 14（17）：1219-1221.

[13] 王强，马锡英. 硅烯的研究进展［J］. 微纳电子技术, 2014, 51（10）：634-639.

[14] VOGT P, DE PADOVA P, QUARESIMA C, et al. Silicene：compelling experimental evidence for graphenelike two-dimensional silicon［J］. Physical review letters, 2012, 108（15）：155501.

[15] 汪信, 刘孝恒. 纳米材料化学简明教程［M］. 北京：化学工业出版社, 2014.

[16] 张杰男. 高电压钴酸锂的失效分析与改性研究［D］. 北京：中国科学院大学（中国科学院物理研究所），2018.

[17] 雷圣辉, 陈海清, 刘军, 等. 锂电池正极材料钴酸锂的改性研究进展［J］. 湖南有色金属, 2009, 25（5）：37-42.

[18] LIU X, YANG J, WANG L, et al. An improvement on sol-gel method for preparing ultrafine and crystallized titania powder［J］. Materials science and engineering：A, 2000, 289（1-2）：241-245.

[19] MEYER J C, GEIM A K, KATSNELSON M I, et al. The structure of suspended graphene sheets［J］. Nature, 2007, 446（7131）：60-63.

[20] KAN M, WANG J Y, LI X W, et al. Structures and Phase Transition of a $MoS_2$ Monolayer［J］. The journal of physical chemistry C, 2014, 118（3）：1515-1522.

[21] 张千帆, 高磊, 田洪镇, 等. 二维层状材料过渡金属硫化物［J］. 北京航空航天大学学报, 2016, 42（7）：1311-1325.

[22] CHHOWALLA M, SHIN H S, EDA G, et al. The chemistry of two-dimensional layered transition metal dichalcogenide nanosheets［J］. Nature chemistry, 2013, 5（4）：263-275.

[23] JIANG Y, XIE H, HAN L, et al. Advances in $TiS_2$ for energy storage, electronic devices, and catalysis：A review［J］. Progress in natural science：materials international, 2023, 33（2）：133-150.

[24] CHAI J, HAN N, FENG S, et al. Insights on Titanium-based chalcogenides $TiX_2$（X＝O, S, Se）as LIBs/SIBs anode materials［J］. Chemical engineering journal, 2023, 453（1）：139768.

[25] 肖建坤. 单层 $MoS_2$ 场效应晶体管构筑与电输运性能调控［D］. 北京：北京科技大学, 2021.

[26] WILSON J A, YOFFE A. The transition metal dichalcogenides discussion and interpretation of the observed

optical, electrical and structural properties [J]. Advances in physics, 1969, 18 (73): 193-335.

[27] RADISAVLJEVIC B, RADENOVIC A, BRIVIO J, et al. Single-layer MoS$_2$ transistors [J]. Nature Nanotechnology, 2011, 6 (3): 147-150.

[28] 汪信, 刘孝恒. 纳米材料化学 [M]. 北京: 化学工业出版社, 2006.

[29] SURANA K, SINGH P K, RHEE H W, et al. Synthesis, characterization and application of CdSe quantum dots [J]. Journal of industrial and engineering chemistry, 2014, 20 (6): 4188-4193.

[30] MANNA L, SCHER E C, ALIVISATOS A P. Synthesis of soluble and processable rod-, arrow-, teardrop-, and tetrapod-shaped CdSe nanocrystals [J]. Journal of the American chemical society, 2000, 122 (51): 12700-12706.

[31] 于海林. 氮化银结构特性的第一性原理研究 [J]. 常熟理工学院学报, 2007, 21 (4): 33-37.

[32] 姚舜晖, 苏演良, 高文显, 等. 氮化银铬和氮化钨铬纳米薄膜在微型钻头上的应用 [J]. 材料科学与工艺, 2010, 18 (1): 75-78.

[33] LUO Q, LU C, LIU L, et al. A review on the synthesis of transition metal nitride nanostructures and their energy related applications [J]. Green energy & environment, 2023, 8 (2): 406-437.

[34] FURTADO M, JACOB G. Study on the influence of annealing effects in GaN VPE [J]. Journal of crystal growth, 1983, 64 (2): 257-267.

[35] MARUSKA H P, TIETJEN J. The preparation and properties of vapor-deposited single-crystal-line GaN [J]. Applied physics letters, 1969, 15 (10): 327-329.

[36] PANKOVE J. Electrolytic etching of GaN [J]. Journal of the electrochemical society, 1972, 119 (8): 1118.

[37] CHU T. Gallium nitride films [J]. Journal of the electrochemical society, 1971, 118 (7): 1200.

[38] MORIMOTO Y. Few characteristics of epitaxial GaN-etching and thermal decomposition [J]. Journal of the electrochemical society, 1974, 121 (10): 1383-1384.

[39] ITO K, HIRAMATSU K, AMANO H, et al. Preparation of Al$_x$Ga$_{1-x}$N/GaN heterostructure by MOVPE [J]. Journal of crystal growth, 1990, 104 (2): 533-538.

[40] AKOPOV G, YEUNG M T, KANER R B. Rediscovering the crystal chemistry of borides [J]. Advanced materials, 2017, 29 (21): 1604506.

[41] NAGAMATSU J, NAKAGAWA N, MURANAKA T, et al. Superconductivity at 39K in magnesium diboride [J]. Nature, 2001, 410 (6824): 63-64.

[42] LI C, LONG X, SONGFENG E, et al. Magnesium-induced preparation of boron nitride nanotubes and their application in thermal interface materials [J]. Nanoscale, 2019, 11 (24): 11457-11463.

[43] SUN S, LU M, GAO X, et al. 0D perovskites: unique properties, synthesis, and their applications [J]. Advanced science, 2021, 8 (24) 2102689.

[44] WANG S, YOUSEFI AMIN A A, WU L, et al. Perovskite nanocrystals: synthesis, stability, and optoelectronic applications [J]. Small structures, 2021, 2 (3): 2000124.

[45] DEY A, YE J, DE A, et al. State of the art and prospects for halide perovskite nanocrystals [J]. ACS Nano, 2021, 15 (7): 10775-10981.

[46] KUMAR J A, PRAKASH P, KRITHIGA T, et al. Methods of synthesis, characteristics, and environmental applications of MXene: a comprehensive review [J]. Chemosphere, 2022, 286 (1): 131607.

[47] ZHANG X, ZHANG Z, ZHOU Z. MXene-based materials for electrochemical energy storage [J]. Journal of energy chemistry, 2018, 27 (1): 73-85.

[48] XU X, ZHANG Y, SUN H, et al. progress and perspective: MXene and MXene-based nanomaterials for high-performance energy storage devices [J]. Advanced electronic materials, 2021, 7 (7): 2000967.

[49] AHMAD S, ASHRAF I, MANSOOR M A, et al. An overview of recent advances in the synthesis and applications of the transition metal carbide nanomaterials [J]. Nanomaterials, 2021, 11 (3): 776.

[50] 霍智强, 白雪, 滕英跃, 等. 纳米层状双金属氢氧化物的制备及光催化性能研究进展 [J]. 硅酸盐通报, 2022, 41 (4): 1440-1453.

[51] 张中太, 林元华, 唐子龙, 等. 纳米材料及其技术的应用前景 [J]. 材料工程, 2000, (3): 42-48.

[52] 武晓娟. 过渡金属掺杂尖晶石结构 $ZnAl_2O_4$ 纳米材料的制备与性能研究 [D]. 兰州: 兰州理工大学, 2018.

[53] CHEN Z Y, SHI M Q, MA C A, et al. Simple, green self-construction approach for large-scale synthesis of hollow, needle-like tungsten carbide [J]. Powder technology 2013, 235: 467-474.

[54] SILVERI F, QUESNE M G, ROLDAN A, et al. Hydrogen adsorption on transition metal carbides: a DFT study [J]. Physical chemistry chemical physics, 2019, 21 (10): 5335-5343.

# 第 7 章

# 有机纳米材料化学

尽管目前纳米材料研究报道仍以无机类物质居多，但相关领域的一些科技工作者一方面正积极努力地使有机化学以高分子科学研究的形式不断融入纳米科技这一新的学科之中，如在新颖的分子结构之上，利用业内已成熟的有机物和高分子的合成技术获得最终目标产物——具有纳米结构的有机材料。另一方面，在纳米材料、纳米科技已经迅速向传统的多学科领域渗透的大背景下，人们终于发现，在有机化学等领域中原先建立的部分前沿学科不知不觉中已包含了纳米材料、纳米结构的概念和思想。根据一些已有的高质量、具有代表性的文献来看，有机化学在纳米材料领域中的基础理论与应用研究工作已取得明显进展，已派生出纳米材料有机化学的轮廓，本章主要对金属有机化合物、穴状有机物、分子开关等内容进行介绍。

## 7.1 金属有机化合物

与传统的无机/有机杂化材料相比，金属有机化合物具有明显的优势，主要体现在：①不同的性质。嵌入特定配体场的金属离子表现出不同的热力学、动力学、化学、物理和结构性质，使其成为多功能的纳米平台。②设计灵活性。金属离子和有机配体阵列的多样性允许通过选择不同的有机配体或金属离子进行灵活的结构设计，保证材料组成的适应性。③响应性。金属-配体相互作用是动态的，对外部刺激（如 pH 值、温度等）有响应性，使这些纳米材料能够在形态和功能之间切换，为功能材料的开发提供了一个多功能平台。④多孔结构和稳定性。金属有机化合物具有多孔结构、稳定的化学/物理性能和良好的生物相容性，为多种应用提供坚实的基础。金属有机化合物通常被定义为金属和有机材料的混合物，由金属离子（簇）与有机桥接配体相互作用形成，如金属有机框架、金属-配位纳米颗粒、金属-聚合物纳米颗粒。除了金属离子本身携带的独特性质，金属有机化合物中的功能聚合物或有机配体还可以为纳米颗粒带来一些独特的性质，如 pH 响应聚合/降解、活性氧（ROS）响应生成、靶向性、保留肿瘤治疗等。金属有机化合物还具有生物活性高、功能多样性、易于与多种生物分子进行修饰等特点。

### 7.1.1 金属有机框架材料

金属有机框架（metal organic frameworks，MOFs）材料是由金属离子或团簇与有机配体配位形成的周期性多孔结构材料。制备 MOFs 材料的方法有几种，如水热/溶剂热法、电化学法、机械化学法和微波辅助合成法。这些方法在控制合成的 MOFs 材料的结构、形状、粒度和功能方面具有通用性，允许定制性能并实现不同的应用。每种方法都有其优点，可形成具有不同特征的 MOFs 材料，使其适用于各种工业和科学用途。MOFs 材料有着诸多特点，如超低的质量密度（~0.13g/cm³）、大孔容以及明晰的孔径分布。近年来被广泛研究的 MOFs：重复网络 MOFs（iso-reticular MOFs，IRMOFs）、沸石咪唑酯骨架（zeolitic imidazolate framework，ZIFs）、拉瓦锡材料研究所骨架（materials institute lavoisier，MILs）以及孔-通道式骨架材料（Porous X Coordination networks，PCNs）。

作为一种常见的 MOFs 材料，IRMOFs 主要是通过 $[Zn_4O_6]^+$ 金属簇与羧酸基有机配体键合而成的重复网络拓扑结构。IRMOFs 具有较大的孔穴及孔容。与此同时，羧酸基有机配体倾向于与金属离子形成簇，从而在某种程度上阻止 MOFs 的相互贯穿。在 IRMOFs 系列中，MOF-5[$ZnO_4(BDC)_3(DMF)_8C_6H_5Cl$] 是最常见的一种，最早由 Yaghi 等人于 1999 年首次成功合成。以使用对苯二甲酸为有机配体与 Zn 离子通过八面体形式配位形成三维立体 MOF-5 材料。MOF-5 的比表面积可高达约 2900m²/g。在后续研究中，人们使用对苯二甲酸类似物将类 MOF-5 的孔径从 0.38nm 提高至 2.88nm，实现了中孔 MOFs 的合成。

ZIFs 材料由 Zn 或者 Co 与咪唑（或咪唑衍生物）环上面的 N 以四配位的方式自组装而成。ZIFs 的孔结构比较类似于一种硅铝酸盐沸石。除此之外，与其他种类的 MOFs 相比，ZIFs 具有较好的热稳定性和化学稳定性。在 ZIFs 中，常见的也是被合成最多的是 ZIF-8 与 ZIF-67，分别为 Zn 和 Co 与二甲基咪唑配位而成。这两种 ZIFs 合成较为简易，甚至可在室温下进行结晶。特别是 ZIF-8 具有极好的稳定性，能在沸水、苯、甲醇中浸泡 1~7 天。

MILs 材料是另外一种较为特殊的 MOFs 材料，它可使用三价过渡金属离子（如 Fe、Al 及 Cr）与羧酸基配体（对苯二甲酸、均苯三甲酸）配位而成。MILs 同样具有极大的比表面积。在 MILs 中，MIL-100 和 MIL-101 是较为常见的两种类型。MIL-100 是将 $Fe^{3+}$ 或 $Cr^{3+}$ 与均苯三甲酸配位而成，其在 275℃ 下仍有较好的热稳定性，其比表面积最大可高达 3100 m²/g，其孔径可达 2.9nm。与 MIL-100 相比，MIL-101 则是过渡金属离子与对苯二甲酸配位而成，且比表面积最高可达 5900m²/g。

Cu 离子作为一种常见的金属节点常与三羧酸基配体配位合成 PCNs 材料。PCNs 材料中同时有孔形结构和三维正交通道，通过小窗口连接。与 IRMOFs 相比，PCNs 的结构更为复杂。HKUST-1（香港科技大学-1）是一种典型的 PCNs，它采用 $Cu_2(COO)_4$ 簇与均苯三甲酸配位而成，并具有两种孔结构，一种是正交孔，另外一种是直三维正交通道。此外，这些孔彼此共享着一些贯通道。

## 7.1.2 金属-配位纳米粒子和金属-聚合物纳米粒子

金属-配位纳米粒子和金属-聚合物纳米粒子是另一类金属/有机杂化纳米材料。这些纳米颗粒涉及金属离子或团簇与有机配体的配位，通过非共价相互作用结合在一起，包括金属配位键、氢键、主客体相互作用和 π—π 相互作用。

纳米材料表面配位化学是研究配体如何在表面金属原子上配位，并在分子水平上影响其性质的科学。表面配位化学与形貌控制合成，以及金属纳米材料许多有趣的表面特性之间存在密切的联系。

在分子水平上，超细金属纳米颗粒上存在各种金属配位位点。这些位点可能对反应物、中间体和产物表现出截然不同的配位化学。位点的分布通常取决于金属纳米颗粒的大小或形状，从而引起许多尺寸和形状效应。此外，在催化中，金属纳米颗粒通常被支撑在高表面积材料上，以防止其聚集。为了产生积极的催化作用，配位在金属纳米晶体上的表面配体至少应满足两个条件：①表面配体在纳米晶体上的覆盖率不应太高，避免其阻塞所有的表面活性位点；②配体必须改变反应物/中间体与催化剂表面的相互作用。在覆盖方面，不同类型的配体以不同的配位结构结合在金属表面。配位结构还随配体类型的不同而不同，小吸附剂的强表面配位会显著降低它们优先结合面的表面能，从而形成非 Wulff 构型的纳米晶体。例如，卤化物与具有不同结合模式的金属有很强的配位能力（图 7-1a）。

在均相催化和生物催化中，具有催化活性的金属中心与配体和生物分子配合。配体创造了一个微妙的局部环境来诱导显著的空间和电子效应，调整整体催化，特别是选择性。聚合物或小有机配体常用于高质量金属纳米晶体的合成，防止其聚集或控制其形貌。长期以来，表面活性剂的存在被认为会阻塞金属纳米晶体的表面活性位点，进而对催化活性有害。因此，表面配体通常通过后处理去除，以优化其催化活性。然而，越来越多的研究证明了表面配体对金属纳米晶体催化的促进作用，特别是它们的选择性。例如，CO 在金属表面的化学吸附引发了大量的实验和理论研究。CO 在金属表面的结合结构主要有三种不同的模式，即顶部模式、桥式模式和空心模式，如图 7-1b 所示，与 CO 的情况类似，硫醇盐配体以丰富的配位构型与表面金属原子强烈结合（见图 7-1c）。硫醇盐丰富的配位化学性质使它们很容易扩散到金属表面，从而极大地毒害它们的催化位点。相比之下，烷基胺的配位化学相当简单。它们与表面金属原子的结合相对较弱。当胺与金属原子配位时，胺主要作为单配位体（见图 7-1d）。

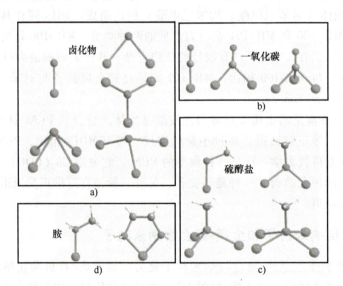

图 7-1　典型的配体配位结构
a）卤化物（halide）　b）一氧化碳（carbon monoxide）　c）硫醇盐（thiolate）　d）胺（amine）

当表面原子未被完全覆盖时，周围配体会通过空间位阻和电子效应影响附近的催化金属位点的催化作用。空间效应一个很好的例子是使用大体积的手性配体来修饰金属纳米催化剂的表面，以产生对映选择性氢化的非均相催化剂。例如，金鸡纳生物碱表面修饰的 Pt 纳米催化剂已被用作酮类对映选择性加氢的有效催化剂如图 7-2a 所示。使用有机改性剂来控制反应物和催化表面之间的相互作用结构，已经远超出了对映选择性氢化。有机改性非均相金属催化剂在涉及多个加氢位点或步骤的化学选择性加氢中也得到了广泛的研究。例如，在 Pd 纳米颗粒表面沉积正烷硫醇自组装单层膜增强了 1-环氧-3-丁烯（1-epoxy-3-butene，EpB）加氢的催化选择性，如图 7-2b 所示。与未经上述处理的钯催化剂相比，在 313K 时，对环氧丁烷的选择性为 11%，在相同的 EpB 转化率下，硫醇修饰的钯催化剂的选择性大大提高了，达到 94%。

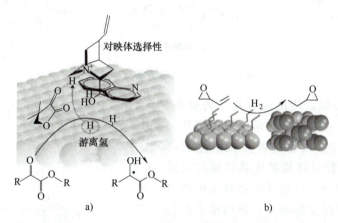

**图 7-2　在氢化反应中，表面配位产生立体效应以促进催化选择性**

a）金鸡纳生物碱在铂上的表面改性提高了对映选择性　b）硫醇在 Pd 上的表面吸附促进了 1-环氧-3-丁烯加氢成 1-环氧-3-丁烷

## 7.2　穴状有机物

穴状有机物的研究较多涉及其他有机分子向洞穴中渗透以及在洞穴中运动、反应等问题，如其他有机分子在洞穴中的旋转过程研究、异构化研究。本节将介绍一种具有代表性的洞穴状有机物——环糊精。环糊精（cyclodextrin，CD）由多个 D（+）-葡萄糖单元通过 α-1,4-糖苷键首尾相连而成的环状化合物。常见的环糊精有 α-CD、β-CD 和 γ-CD，分别由 6~8 个葡萄糖单元组成。其中，β-CD 由于价格低廉且具有多种独特的物理化学性质，成为目前研究最热门的环糊精。环糊精及衍生物能将有机小分子等包合进疏水空腔，改变有机小分子在水中的溶解性，还能通过电荷作用影响分子的电性环境。环糊精还是一种天然的手性分子，将环糊精及衍生物用于催化有机反应不仅使反应在温和的条件下同样能得到良好的收率，还能应用于不对称合成。

环糊精催化的有机反应。已知结构明确的环糊精最多含有 32 个葡萄糖单元，至少含有 150 个单体的环糊精也有过报道，但是其结构表征不够确切。最常见的三种环糊精的结构示意图，如图 7-3 所示。

非修饰的环糊精具有疏水空腔以及较好的水溶性，可与疏水有机小分子相互作用，形成可逆的主客体包合物，提高疏水有机小分子在水中的溶解性，使有机反应可以在水相中进行。同时，环糊精上具有大量的羟基，能够与有机小分子通过分子间作用力形成氢键，影响

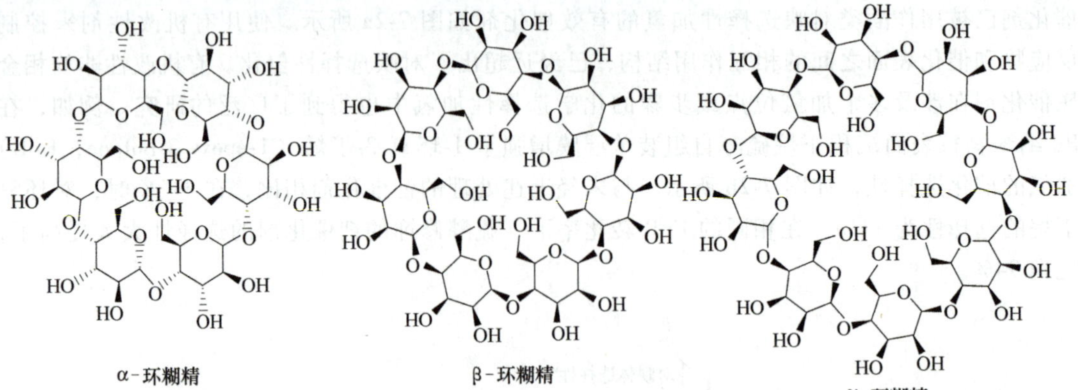

α-环糊精　　　　　　β-环糊精　　　　　　γ-环糊精

图 7-3　三种环糊精的结构示意图

有机分子的电性环境，使反应有良好的收率。Rao 课题组在温和的条件下用非修饰环糊精催化吲哚与硝基烯烃，以发生傅克烷基化反应（图 7-4），反应过程是环糊精先将吲哚以及硝基烯烃包合进入空腔，增加反应物在水中的溶解性，在电荷性等因素影响下，环糊精上的羟基可促进反应物发生傅克烷基化反应。而且非修饰环糊精能够催化环氧化物以及氮杂环丙烷具有区域选择性的亲核开环反应（图 7-5）。

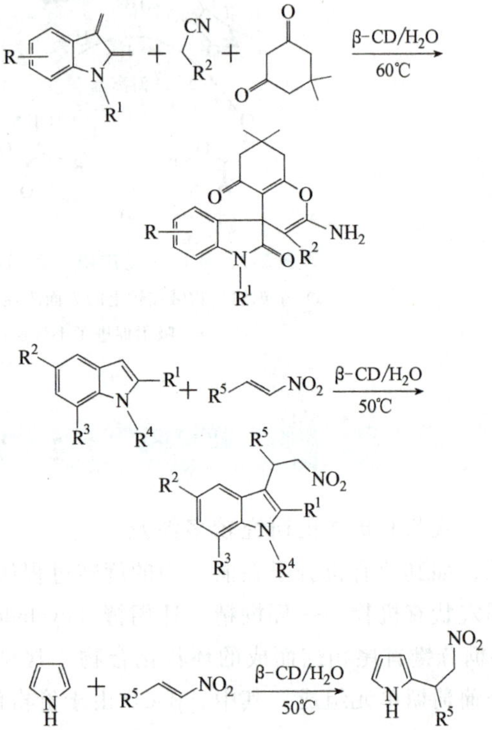

过渡金属催化有机反应是现代有机合成中重要的手段之一，将金属离子引入环糊精体系可以有效地结合金属的催化性能和环糊精的分子识别和相转移等性能。环糊精空腔主客体以及其生物酶的特性能够催化一系列的反应。环糊精"内疏水、外亲水"的特性能实现有机反应在水相中的进行。在环糊精上修饰 N、P 原子以及其他具有孤对电子对、易于与金属配位的原子，可使环糊精作为配体，与金属形成络合物，作为催化体系参与催化反应。在酶催化中，Karakhanov 等对环糊精纳米反应器进行了一种改造，将连有钯金属离子的环糊精用于催化 Wacker 氧化反应，使长链的端基烯烃选择性地氧化成对应的甲基酮。催化反应的条件是在高压灭菌的钢瓶中，在 30~90℃ 水溶液中反应 2h，反应保持 0.5MPa 的氧气压力。在反应过程中，除了加入环糊精衍生物作为配体、钯金属离子作为催化剂，还加入 $CuCl_2$ 作为辅催化剂，能够催化不饱和烯烃的选择性氧化。催化

图 7-4　傅克烷基化反应

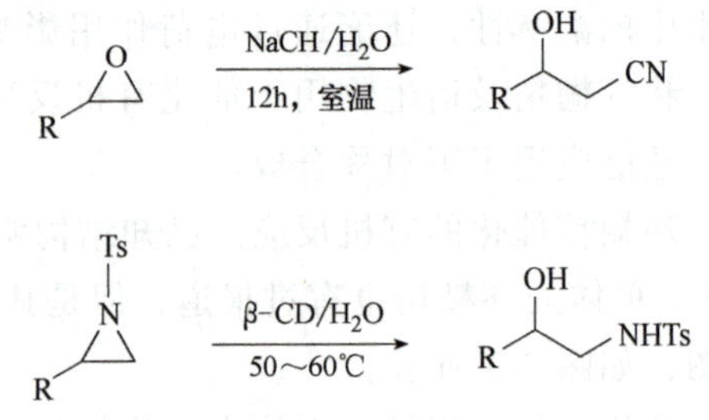

R=芳氧基，芳基，烷基

图 7-5　环糊精催化环氧化物以及氮杂环丙烷发生亲核开环反应

实验结果表明，超分子催化剂的活性取决于超分子空腔与底物分子的契合度，选择新型超分子、对其修饰成大环受体是未来具有选择性超分子催化剂的研究热点。过渡金属催化有机反应虽然能取得高产率，但是多数金属价格昂贵，并且具有毒性，不符合绿色化学的要求。环糊精及其衍生物也能在无金属参与的条件下催化部分水相反应。Bols 等通过在环糊精上修饰了腈醇基、乙烯基、乙酸基等，制备得到一系列环糊精衍生物。得到的环糊精衍生物具有类人工酶的特性，能选择性地催化一部分氧化反应。Bols 在 β-环糊精的 2 位羟基上修饰 2~4 个甲酰甲基制得三类环糊精衍生物，将这三类环糊精衍生物在中性的缓冲溶液中催化氧化氨基酚的反应，并以过氧化氢作为氧化剂，2-氨基苯酚作为底物，使反应收率增加了 20000 倍。将邻氨基甲酚和对氨基甲酚一起加入反应，且反应时间足够长时，两个底物的反应收率比为 16∶1。说明制备的衍生物具有很好的底物选择性，类人工酶选择性氧化研究有很好的前景。

## 7.3 分子开关

在过去，人们对表面上的分子开关进行了深入的研究。通过操纵分子构象、偶极子取向、自旋态、电荷态甚至化学键的形成，以及各种外部刺激，如光、电场、温度、隧道电子甚至化学刺激，来激活这些分子在双稳态甚至多态之间的开关。开关事件既可发生在表面上，也可发生在断口上。分子开关在这里被定义为响应于刺激（如电化学、热、酸碱或光化学）的分子结构和性质的巨大可逆变化。根据分子开关的切换模式，可定义几种类型的分子开关，如 E-Z 异构化（苯乙烯、偶氮苯）、周环反应（二乙烯）和伴随 Z-E 双键异构化的周环反应（螺吡喃）。如上所述，这些可逆变化可以由各种刺激诱导，如电极电位、化学添加剂、pH 值跳变和/或光。二乙烯在其开放和封闭形式之间的转换只涉及很小的结构变化（和活化体积），而螺吡喃（开放和封闭）和偶氮苯（顺式和反式）的异构体之间的结构差异较大。因此，用于使表面或界面功能化的分子开关类型对所得到的（宏观）功能以及研究其开关的可用技术的数量产生影响。

大多数情况下，分子开关的输入信号化学、电子或光学信号。也可采用其他不太常见的输入，如磁刺激。作为对这些输入的响应，分子开关产生的输出通常也是化学、电子或光学信号。但是，输入和输出不需要属于同一类别。例如，光致变色开关将光输入转换为光输出，而电致变色开关将电输入转换为光输出。

### 7.3.1 化学激活分子开关

分子开关是一种强大而有效的动态工具，它赋予原本是静态的化学过程和材料动态的适应性，从而使科学家能够远程控制和调节这些系统的特性和功能。光化学激活的分子开关（如偶氮苯，乙烯和螺吡喃）和化学驱动的分子开关（如酸/碱和氧化还原，如连环烷，轮烷和金属配位配合物）已经成功地用于调节催化活性、疏水性、驱动性、流变性、相性质、电导率和生物活性（如光药理学）等功能。但到目前为止，该领域所取得的成就主要停留在理论层面，过渡到实际应用的可能性很小。造成这种实际应用滞后的原因可能是：①这些可切换系统固有的缺点（如复杂的合成、在水介质或固态介质中稳定性不足、小的几何变化、较差的切换效率、不受控制的热弛缓速率和抗疲劳性等）；②我们对如何将这些系统适当地集成到材料中和如何在开关级联中正确使用它们的有限理解。

光活化和化学活化后的腙已作为新的分子工具出现，可用于解决分子开关和分子机器领域面临的许多挑战。Aprahamian 小组开发了一系列基于腙的化学激活开关，在酸碱切换时显示出构型变化，而不是构象变化。通过结构性能分析，设计了以喹啉基环和吡啶基环分别作为定子和转子部件的开关（1-E）。这种结构修改为系统引入了一个额外的分子内氢键（与使用萘基定子的母体系统相比），锁定了转子和定子的相对构型和构象。将不饱和脂肪酸（TFA）添加到 1-E 溶液中会导致 1-Z-H$^+$ 构型变化，进一步添加 TFA 后会转变为 1-Z-H$_2^{2+}$（构象变化）。腙的四步酸和碱诱导切换如图 7-6 所示。将 NEt$_3$ 添加到 1-Z-H$^+$ 或 1-Z-H$_2^{2+}$ 中，可提供亚稳 Z 构型（1-Z），该构型热松弛回 1-E，尽管比萘基母体化合物慢。通过仔细控制酸的量，该开关在两个独立的轴（即 C=N 双键和 C—N 单键）周围提供完整的旋转保真度。Leigh 和同事利用这种完全控制分子开关结构和构象的独特特性，设计了一种基于腙的机械臂，可以运输 2nm 的货物。此外，Leigh 及同事使用相同的支架构建了一个分子组装器，能控制硫醇和烯烃添加到 α，β-不饱和醛的绝对立体化学结构。

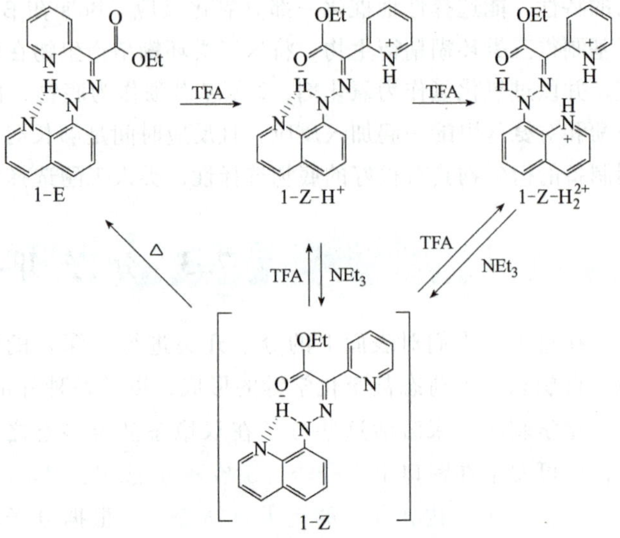

图 7-6　腙的四步酸和碱诱导切换

### 7.3.2　光激活分子开关

与化学刺激相比，光具有四个优势，即其空间和时间控制、远程寻址、低毒性和易于实施。这些优势推动了许多用于光药理学、传感、能源生产和驱动的光激活分子开关元件的发展。光激活分子开关有望实现多种应用，如作为光致动器或光调控催化剂，其中最突出的例子之一是视网膜，即受体蛋白视紫红质的发色团，存在于哺乳动物眼睛的视网膜视杆细胞。在可见光照射下，视网膜发生构象变化，导致信号级联，最终导致视觉刺激。因此，它在眼睛的功能中起至关重要的作用。从机制上讲，视网膜的异构化可追溯到沿 C=C 双键的 E/Z 异构化。因此，许多合成的光激活分子开关都基于类似的原理。例如，偶氮苯可通过紫外区域的光从其 E 异构化到其 Z 构象，Z→E 的异构化由可见光谱蓝色区域的光触发的（图 7-7a）。吸收最大值可通过偶氮苯与供电子或吸电子基团的衍生化来移动。另一种典型的光激活分子开关类型以光环化反应为代表，如在二芳基乙烯的光环化反应（图 7-7a）。这类分子开关基于化学键的形成或断裂。事实上，大多数（光激活的）分子开关可分为两类，即立体异构（在不改变化学键模式的情况下改变结构）和结构异构（包括键的重新分布）。此外，杂环戊烷-1,3-二基的双自由基是有效且化学稳健的体系，也可用作分子开关（图 7-7b）。它们在红光照射下可以发生结构异构化，能够有效地淬灭双自由基特性。然后，双自由基在黑暗中通过热逆反应被完全回收。外环 C=N 支架上有机基团的取代改变了系统的性质，有望实现稳定性、活化化学和激发波长等关键特征的可变性。

了解键的形成和断裂过程（或一般化学键的性质）一直是化学科学所有领域广泛研究的课题。其中，单线态双自由基（或双自由基）因其特殊的电子结构常被引用为键形成和断裂过程的合适模型系统，有时被称为包含形式自由基中心之间的"部分键"。在这方面，单线态双自由基是分子开关的候选者，因为微小的结构变化通常会显著改变自由基中心之间的键合相互作用，进而影响双自由基特性。而双自由基的特性，如小分子活化成非线性光学特性，能够改善其结构变化带来的影响。

化学激活和光激活分子开关的迅猛发展预示着分子机器的未来。这些进展证明了要推动该领域迈上新台阶，就需要大幅扩充和增强目前从业者可使用的工具。

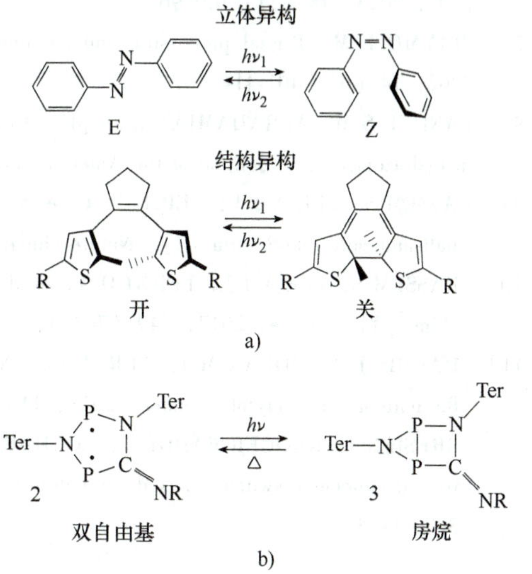

图 7-7 分子开关的类型
a）立体异构和结构异构
b）杂环戊烷-1,3-二基

## 思 考 题

1. 与无机纳米材料相比，有机纳米材料有什么优势及特性？
2. MOFs 材料有哪些结构特点？
3. 为了产生积极的催化作用，配位在金属纳米晶体上的表面配体至少应满足哪些条件？
4. CO 在金属表面的结合结构有哪些？
5. 环糊精结构有何特点？非修饰的环糊精的特性及其应用是什么？
6. 何为"分子开关"？如何发生"分子开关事件"？

## 参 考 文 献

[1] LIU P, QIN R, FU G, et al. Surface coordination chemistry of metal nanomaterials [J]. Journal of the American chemical society, 2017, 139 (6): 2122-2131.

[2] KUMAR V P, REDDY V P, REGATI S, et al. Supramolecular synthesis of 3-indolyl-3-hydroxy Oxindoles under neutral conditions in water [J]. The journal of organic chemistry, 2008, 73 (4): 1646-1648.

[3] MAKSIMOV A, SAKHAROV D, FILIPPOVA T, et al. Supramolecular catalysts on the basis of molecules-receptors [J]. Industrial & engineering chemistry research, 2005, 44 (23): 8644-8653.

[4] ZHOU Y, LINDBÄCK E, PEDERSEN C M, et al. Cyclodextrin-based artificial oxidases with high rate accelerations and selectivity [J]. Tetrahedron letters, 2014, 55 (14): 2304-2307.

[5] PIANOWSKI Z L. Recent implementations of molecular photoswitches into smart materials and biological systems [J]. Chemistry, 2019, 25 (20): 5128-5144.

[6] STEEN J D, DUIJNSTEE D R, BROWNE W R. Molecular switching on surfaces [J]. Surface science re-

ports, 2023, 78 (2): 100596.

[7] RAYMO F M. Digital processing and communication with molecular switches [J]. Advanced materials, 2002, 14 (6): 401-414.

[8] LANDGE S M, APRAHAMIAN I. A pH activated configurational rotary switch: controlling the isomerization in hydrazones [J]. Journal of the American chemical society, 2009, 131 (51): 18269-18271.

[9] KASSEM S, LEE A T L, LEIGH D A, et al. Pick-up, transport and release of a molecular cargo using a small-molecule robotic arm [J]. Nature chemistry, 2015, 8 (2): 138-143.

[10] KASSEM S, LEE A T L, LEIGH D A, et al. Stereodivergent synthesis with a programmable molecular machine [J]. Nature, 2017, 549 (7672): 374-378.

[11] HARRIS J D, MORAN M J, APRAHAMIAN I. New molecular switch architectures [J]. Proceedings of the national academy of sciences, 2018, 115 (38): 9414-9422.

[12] BRESIEN J, KRÖGER-BADGE T, LOCHBRUNNER S, et al. A chemical reaction controlled by light-activated molecular switches based on hetero-cyclopentanediyls [J]. Chemical science, 2019, 10 (12): 3486-3493.

# 第 8 章

# 纳米材料超分子化学

复合纳米材料化学以其独特的魅力和广泛的应用前景，正吸引着越来越多科学家的目光。当谈论纳米材料时，我们不仅是在探讨一种尺寸上的变化，更是在探索一种全新的材料世界，一个由原子和分子构成的微观宇宙。

在纳米尺度的微观宇宙中，超分子、自组装与纳米材料研究相互结合、相互促进、共同发展。超分子，作为分子层次上的高级结构，通过分子间非共价键的相互作用，形成了具有特定功能和性质的分子集合体。而自组装，则是一种无需外力介入，分子或纳米单元自行组织成有序结构的过程。这种过程不仅展示了自然界的神奇魅力，更为制备具有特定功能的复合纳米材料提供了强大的工具。

超分子为自组装提供了丰富的构建单元，自组装则为超分子提供了实现复杂结构和功能的有效途径。通过超分子与自组装的结合，可以制备出具有独特性能和结构的复合纳米材料，这些材料在能源、医疗、环保等领域展现出巨大的应用潜力。

本章将重点介绍复合纳米材料研究涉及的部分无机化合物、有机化合物及高分子类物质的超分子化学，介绍各类物质的超分子组装体，展现天然体系所具有的自组装性、协同性、应答性和再生性等优势，为人工体系纳米超分子组装体的研究开发提供借鉴。

## 8.1 超 分 子

超分子（supermolecule）通常指两种或两种以上的分子，通过分子之间的次级键结合在一起，形成分子以上层次的多分子体系。这时分子形成了有序的聚集体，并显示出特有的结构和功能。

研究由两种或两种以上分子所形成的聚集体的化学，称为超分子化学。传统化学主要研究共价键，而超分子化学则研究分子间较弱且可逆的非共价键的相互作用。后者包括氢键、金属配位、疏水作用力、范德华力、π—π相互作用（离域π键堆积形成）和静电效应。自从 1987 年 Lehn 等首次提出超分子化学的概念以来，这一领域的研究已历经了从低级结构到高级结构、从相对简单的主-客体（包括配合物）到复杂有序组装结构的过程。超分子自组装体系，按组装原理，即分子间的弱相互作用类型，可分为利用氢键组装，利用静电组装，利用配位键组装，利用不同溶剂间的极性差异组装，甚至可以利用结晶和非晶组装，以及利用生物质抗原和抗体之间特殊相互识别作用组装等。

分子识别和自组装是超分子形成的两个重要方面。由分子间弱相互作用力的加合和协同作用形成的有一定方向性和选择性的强作用力，成为分子识别和自组装的主要作用力。形成超分子时，要求分子间达到能量和空间结构的匹配，称为识别。分子识别可定义为这样的一个过程，对于一个给定的受体，底物选择性地与之键合。因而，选择和键合是识别的两个方面。具体来说，分子识别过程需遵循两个原则，即互补性和预组织。互补性是指识别分子间的空间结构和空间电学特性的互补性。空间结构的互补即"锁与钥匙"的相配，这种相配需识别分子间达到一种刚性和柔性的统一。预组织原则是指在分子识别之前，识别系统中的主体和客体都采取一种有利于相互作用的构象或排列方式。这种构象或排列方式使得主体和客体在相遇时能迅速、有效地进行识别和结合。

超分子化学对纳米材料的软化学制备、纳米器件的组装研究都有很强的促进作用。不仅如此，单纯从审美角度看，一些超分子结构也非常具有美感，如图8-1所示，图中圆球代表金属离子，其他为有机结构。

21世纪60年代中期，有机化学、配位化学等领域开始了大环配合物的研究工作，这也被认为是一个新的化学学科——超分子化学诞生的标志。随后，超分子化学在缓慢、平稳地向前发展的同时，始终与配位化学保持密切联系，但矛盾性的问题也随之出现。在一般配合物中，配体与金属离子之间的作用是近距离的，通常为0.18~0.25nm，这与共价键的键长大致相当。配体与金属离子之间的作用力较强，金属离子与

图8-1　某种超分子结构

配体中的O、N、S、Cl等原子的结合能通常为139~571kJ/mol，在化学键键能范围内。因此，从这种意义上讲，超分子化学的内涵应包括真正意义上的超分子和内在分子两方面，配合物中的配体与金属离子之间的作用力应属于同一分子内的作用力。

传统意义上的超分子主体，如环糊精、冠醚、杯芳烃等，尺寸相对较小，这极大地限制了它们在功能材料等领域的应用。因此，通过模板效应、自组装或自组织等方法，将相对独立的超分子单元连接为有序的分子组装体，就成了超分子化学的研究主线。当今分子组装研究的热点逐步集中到采用适当的手段将组装体的规模控制在纳米尺度。图8-2所示为从合成受体到分子组装体的方法。这一类型材料的优势在于它既具有组装体中各个结构单元的优点，但又不是各单元性能的简单叠加，这就使科学家能够在较高的分子水平或单分子水平上开发功能材料和分子器件，从而促进信息、能源、材料、环境、医疗卫生、生物和农业等领域的技术革命。

显然，绝对地把超分子化学的实质看成是建立在"非化学键"作用力基础之上的观点是不全面的，因为众多研究早已证明，金属离子与配体形成的结合体在大多情况下是

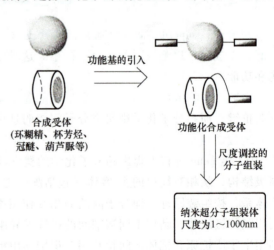

图8-2　从合成受体到分子组装体的方法

靠典型的化学键维持的，而配位化学的许多方面已融入超分子化学之中。

超分子化学发展过程中的一个里程碑是"组装（assembly）"概念的提出。这一概念关注的是众多化学物质在人为控制下的集合，而这种集合多是有序的，它涉及真正的分子之间的相互作用，同时也包括配位化学问题。

超分子化学作为一门植根深远的新兴热门学科，所涉及的应用领域极其广泛。由于超分子较之于传统共价分子有着独特的特性和功能，即超分子具有分子识别、主客体作用、天然酶功能、电子转移、能量传递、物质传输、化学转换，以及光、电、磁和机械运动等众多的新颖特征，故科学家预言，分子计算机和生物计算机的实现将指日可待。与此同时，我们也坚信，随着人们对超分子化学研究的不断深入，超分子化学这把"万能的钥匙"，必将在21世纪"开启"更多应用的"锁"。与此同时，超分子化学必将成为21世纪新思想、新概念和高新技术发展的重要源头，其对人类社会的贡献必将结出丰硕的成果。

综合以上讨论，可认为超分子化学的内容应包含以下3个方面：
1) 真正意义上的分子间的相互作用，指氢键和范德华力。
2) 配位化学中的相关内容，以配位键为主。
3) 众多彼此相互独立的分子有序性集合，主要是分子的组装或自组装问题。

## 8.2　自　组　装

在探索微观世界的奇妙旅程中，纳米材料以其独特的尺寸效应和性质，正引领着一场科技革命。在这个微小的尺度下，物质的行为与我们日常所见截然不同，它们展现出令人惊叹的新特性，为材料科学、电子学、医学等领域带来了前所未有的可能性。

想象一下，如果我们能够像组装积木一样，在纳米级别上精确地组装分子，那将是一种怎样的神奇体验？纳米材料化学分子自组装技术，正是这样一门充满魔力的科学。它允许我们在纳米尺度上，通过分子间的相互作用力，如范德华力、静电力和氢键等，让分子自动排列成有序的结构，以形成具有特定功能的纳米材料。自组装已成为一种合成一系列新型纳米材料的有效且非常有发展前景的方法。自组装的过程中，原子、分子、粒子和其他基本单元在系统能量的驱动下，具有组装形成功能性结构的能力。自组装是指如果体系拆分成相应的亚单元，在适当的条件下，这些亚单元会混合、重新形成完整的结构。对于自组装过程，其最重要的驱动力是亚单元间的相互作用能，无论这些亚单元是原子、分子或粒子。分子自组装是在自由扩散的情况下，通过非共价键特异性结合分子形成有序的高级结构。很多分子都可以自组装，如有机分子、蛋白质、多肽、DNA 等。1981年，EricDrexler 提出"bottom-up"（自下而上）方式构建纳米结构，他指出以蛋白质作为构建单元通过自组装形成高级结构。蛋白质或多肽分子自组装主要依靠氢键、静电相互作用、疏水相互作用等次级键的作用。

分子自组装技术的魅力在于其自发性和精确性。在无需外界干预的情况下，分子们能自发地寻找最佳的位置和角度，相互结合形成稳定的结构。这种自组装过程不仅高效，而且能够制备出具有优异性能的纳米材料。这些材料在尺寸、形状和性质上都可以精确控制，使得我们能够根据具体需求设计出具有特定功能的纳米器件。

纳米材料化学分子自组装技术的应用前景广阔。在医学领域，它可用于制造靶向药物输送系统，实现药物的精确投放和高效治疗。在电子学领域，它可用于制造高性能的纳米电子器件，提高电子设备的性能和可靠性。在能源领域，它可用于制造高效的能源转换和存储材料，推动可再生能源技术的发展。

随着科学技术的不断进步，纳米材料化学分子自组装技术将继续发挥重要作用。它将为我们打开一扇通往微观世界的大门，让我们能更深入地了解物质世界的奥秘，并创造出更多具有革命性意义的科技产品。

按组装单元，即参与组装的分子类型，分子自组装分为小分子和小分子组装、小分子和高分子组装、高分子和高分子组装，以及无机分子和有机分子（含高分子和小分子）组装等。

## 8.2.1 冠状化合物的分子组装

1967 年，美国 Du Pond 公司的 C. J. Pedersen 发表第一篇关于冠状化合物论文，由于其具有许多新奇的化学结构和独特的性质，因此形成了一门吸引多方面重视的新兴学科，即大环化学。人们不仅对这类化合物的合成及特性，还对它在有机合成、高分子合成、化学分析、金属离子的捕集和分离，以及对光学异构体的拆分、酶模拟、分子催化、生物物理、无机化学、生物化学、医药及农业等方面的应用进行了广泛而深入的研究。随着纳米科学技术的发展，作为第一代超分子主体化合物的冠状化合物，进一步以其对金属离子特殊的选择配合作用和分子自组装方式，成功构筑有序的高级结构，已成为纳米超分子化学中最重要的一个研究领域。

以冠状化合物为基体，通过金属软连接方式构筑的自组装超分子体系，虽然已显示一些可与天然体系相媲美的功能，有的已在材料、信息等领域展现了重要的应用前景，但总体来说，尚处于发展阶段，任重而道远。因此，金属软连接的超分子自组装研究必将推动超分子化学和纳米科学与技术的发展。

1990 年，Fujita 首先自组装出具有纳米穴径的正方形大环，先将分子筛类固体材料裁剪成单分子的纳米体系，然后在水介质中应用金属配位将小分子组分经过"自下而上"的自组装过程得到纳米穴径尺寸的分子方形大环，其仍具有分子筛特征的分子识别和包容性，故这类自组装纳米体系又称为"分子的分子筛"，后来被 Stang 命名为"分子方"。沿着这种自组装方法，Stang 等自组装了一系列通过钯、铂等金属离子配位而高度对称的多角和多面体的金属软连接分子配合物。

过渡金属-配体间相互作用的键能和定位能力，使其已经成为构筑多种超分子体系的一个有力工具。大环组装体的制备及其与客体分子的键合模式如图 8-3 所示。四氧化锇、烯烃与 4,4'-联吡啶可以自组装成大环组装体。在这个组装过程中，八面体配体中心并不需要额外的步骤来为金属中心准备其所需的几何环境，并且电中性的组装体可以排除在以氢键为基础的分子识别中抗阴离子带来的干扰。研究发现，大环组装体的分子量随浓度而变，低浓度时，小尺寸组装体的相对数量会增多；反之，大尺寸的组装体会增多。这种组装体可以识别有机分子，其与 2,6-萘二酚、2,7-萘二酚及 2-羟基萘的键合常数分别为 4500L/mol、1900L/mol 和 110L/mol。令人吃惊的是，该大环组装体与 2,6-萘二酚形成了一个双环六边形的晶体结构，如图 8-4 所示，每个 2,6-萘二酚以两个氢键和面对面芳环堆积被键合在大环组装体的每个边上，由于锇-联吡啶-锇所组成的边是凹陷的，从而导致 4,4'-联吡啶微弯曲。该研究为寻求通过客体控制组装体的大小和形状提供了有价值的信息。

金属软连接的超分子组装体结合了有机组分和无机组分的性质，因此必将对化学传感器

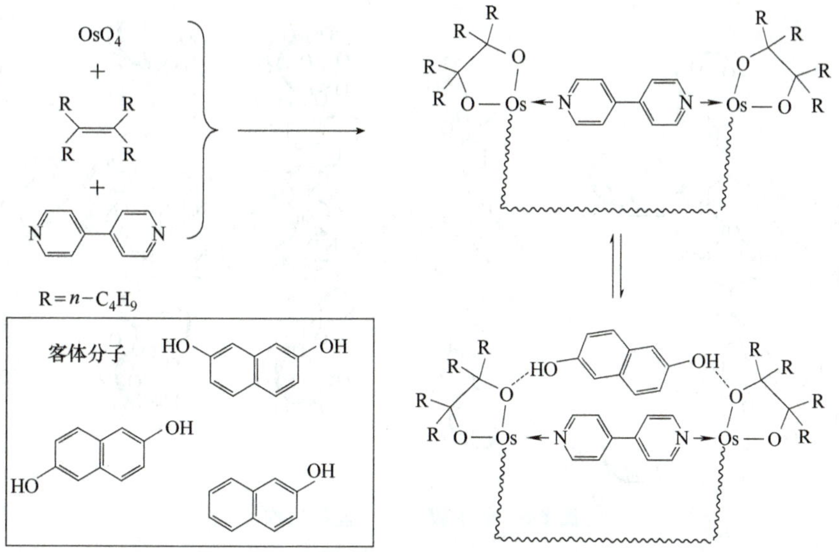

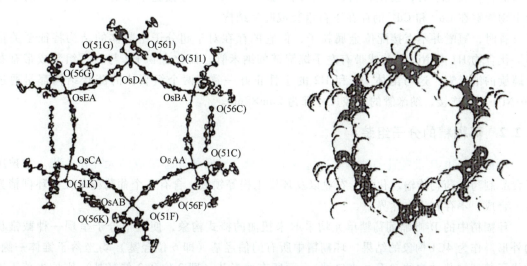

图 8-3 大环组装体的制备及其与客体分子的键合模式

图 8-4 大环组装体与 2,6-萘二酚形成的双环六边形的晶体结构

的设计产生重大影响。最近，Stang 等报道了一种对过渡金属离子有响应的组装体，这个含有菲咯啉的超分子传感器对微摩尔级浓度的 $Ni^+$、$Cd^{2+}$ 和 $Cr^{2+}$ 等金属离子都能产生快速的光学响应。

以上例子都属于金属离子与其他原子配位形成的大环类超分子，金属成为大组装体的组成部分。下面的例子属于金属软连接的另一个范畴：金属离子与已有的大环化合物配位而形成超分子组装体。

众所周知，15-冠-5 可以与 $K^+$ 形成稳定的夹心配合物。Osuka 等以二吡啶甲烷与醛基取代的苯并 15-冠-5 反应合成了悬挂冠醚的卟啉二聚体。当它与 $K^+$ 作用时，可得到相对分子质量约为 100000，即 50 个卟啉二聚体单元的线形聚集体，其可能的结构如图 8-5 所示。

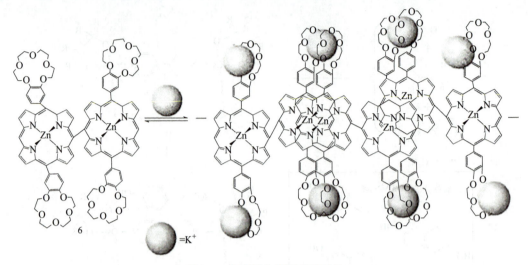

图 8-5　线形聚集体可能的结构

冠醚具有键合离子的特征，当并入一个基体后，尤其是当它们的环腔保持空的状态以便可以键合金属离子时，会使材料产生新的性质。Clearfield 等报道了带有磷酸根基团的冠醚衍生物能够在 $Co^{2+}$ 和 $Cd^{2+}$ 的存在下自组装成叶片结构。

有时，冠醚并不直接配位金属粒子，但它的存在对于超分子组装体的结构特征至关重要。化合物 H1 与 $Ni^{2+}$ 组装成带有左手螺旋链的纳米管，而化合物 H2 与 $Ni^{2+}$ 组装成带有右手螺旋的纳米管，这与配体 H1 和 H2 的手性正好一致。两个组装体的链状结构都是通过 N⋯Ni⋯N 键连接，纳米管的管腔尺寸都为 2nm×2nm。

## 8.2.2　环糊精的分子组装

环糊精是由 D-吡喃葡萄糖单元通过 α-1,4 糖苷键首尾相连形成的大环化合物。常被用于食品制药、药物传输、化学、农业以及环境工程等领域，含有 5 个葡萄糖单元的环糊精为人工合成，不存在于自然界中。

环糊精中的 D-吡喃葡萄糖单元均采取未扭曲的椅式构象，使整个分子呈现一种截锥状的外形。作为 4C1 构象的结果，环糊精中所有的伯羟基（即 6 位羟基）均坐落于锥体一侧，构成了其截锥状结构的主面（小口端）；而所有仲羟基（即 2 位和 3 位羟基）则均坐落于锥体另一侧，构成了环糊精截锥状结构的次面（大口端）。这些羟基构成了环糊精亲水的外壁，而指向锥体内部 C3 和 C5 上的氢原子以及糖苷键的氧原子则共同构成了环糊精疏水的内腔。环糊精的区域特征示意图如图 8-6 所示。

鉴于环糊精不仅具有不同尺寸的疏水性内腔和亲水性表面，而且具有手性的微环境，因此能

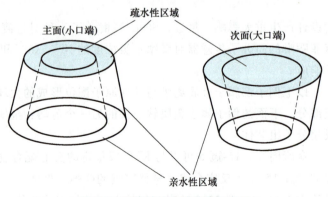

图 8-6　环糊精的区域特征示意图

够选择性地键合各种有机、无机和生物分子，形成主-客体包结配合物，从而成为超分子化学发展进程中继冠醚之后的第二代主体化合物。对环糊精的主面或次面进行化学修饰得到的环糊精衍生物更是大大拓展了天然环糊精的适用范围，使其得到更广泛的应用。

正是基于环糊精分子的独特构造，化学家们将其作为基本构筑单元引入不同的超分子体系中，构筑出各种各样奇特、复杂而有序的分子聚集体。在这些聚集体中，部分是由环糊精自身按一定方式有序排列而成的，更多的则是与其他分子经由特定的方式组装而成的，后者通常按结构特征分别称为分子轮烷、索烃、单分子膜及多层膜等，其中一些特殊结构的组装体更是被形象地称为分子项链、分子算盘、分子链条等。贾等人通过在聚氨酯表面进行分子自组装 β-环糊精，得到了具有丰富的表面羟基且亲水的功能面。该改性聚氨酯作为摩擦纳米发电机的电正性摩擦层时，可以与环境中的水分子形成氢键，从而使水分子与改性聚氨酯一同参与摩擦起电，增强了摩擦纳米发电机在高湿度环境中的电输出性能。

## 8.2.3　杯芳烃的分子组装

一类新型的具有独特空穴结构的大环化合物——杯芳烃，近年来在纳米超分子化学方面的研究受到科学工作者的广泛关注，被誉为是继冠醚和环糊精之后的第三代超分子主体化合物。杯芳烃由苯酚单元通过亚甲基在酚羟基邻位连接而构成的一类环状低聚物。杯芳烃分子具有独特的结构特征，"杯口"上缘由苯环的修饰基构成，下缘是规则排列的酚羟基单元，中段是富电子的疏水空腔。

作为第三代超分子主体化合物，杯芳烃具有独特的空穴结构，具有如下特点：

1) 杯芳烃是一类合成的低聚物，空穴结构具有较大的可调节度，目前已合成的杯芳烃拥有 4~20 个苯酚单元的空腔。

2) 控制不同的反应条件及引入适当的取代基，可控制杯芳烃的构象。

3) 杯芳烃的衍生化反应通常发生在杯芳烃下缘的酚羟基、上缘的苯环对位以及连接苯环单元的亚甲基部分。对杯芳烃的修饰不仅能改善杯芳烃自身较差的水溶性，而且还可以改善其分子键合能力和模拟酶活力。

4) 杯芳烃的热稳定性及化学稳定性好，虽可溶性较差，但通过衍生化反应能使其具有很好的溶解性。

5) 杯芳烃与离子和中性分子都能够形成主-客体包结配合物，兼具冠醚和环糊精两者的优点。

6) 杯芳烃的合成过程较为简单，能获得较为价廉的产品。

近 20 年对杯芳烃的研究取得了飞速的发展，到现在已有多本专著和多篇综述文章报道了杯芳烃在液膜传输、配合萃取、分子探针、分子器件、传感器、液晶、非线性光学等领域的应用。随着纳米科学技术的发展，杯芳烃已由简单的小分子有机化合物向纳米超分子体系发展，展示出许多特殊的纳米材料特性。非共价键相互作用构筑超分子组装体一直受到广泛关注。对分子组装过程的研究可以提供分子功能单体之间相互作用的有用信息，可利用其设计和制造具有新颖结构和功能的分子组装体和分子器件。目前，作为纳米超分子构建单元的高级有序功能体系的开发，杯芳烃主要包括两亲性层状分子组装体、分子胶囊以及其他类型的组装体。刘育等系统地研究了两亲性磺化杯芳烃形成囊泡及包覆和输送药物的性能。例如，他们发现在上缘引入正己基的杯芳烃 SC4AH，可以和伊立替康等药物共组装，作为

"药物伴侣",形成包覆药物的囊泡纳米粒子,保护药物分子不受溶液酸碱度的影响。磺化杯芳烃的亲水磺酸头基暴露在组装体表面,可进一步与靶向剂分子,如生物素的吡啶盐形成静电作用,从而构建平台型的靶向癌细胞的药物载体,通过输送提高药物活性。

### 8.2.4 其他合成受体的分子组装

**1. 葫芦脲的分子组装**

葫芦脲同样具有疏水的空腔,可以包结有机分子。另外,葫芦脲的空腔由羰基环绕,进而又形成了阳离子键合位点。所以,通过偶极相互作用和与脲羰基形成的氢键来结合有机分子的带电部分。由于葫芦脲内腔刚好可容纳对位二取代的苯环或其他相当尺寸的客体分子,故对位取代的苯及衍生物可以进入葫芦脲的空腔,而邻位或间位取代的同类物却不能与之形成有效的键合,葫芦脲的空间结构示意图如图 8-7 所示。

与环糊精或其他大环化合物相比,葫芦脲具有更强刚性的结构。因为这种多环化合物不能改变形状以适应客体分子尺寸或形状,所以可以预期配位作用必会伴随极强的专一性和极高的缔合常数。显然,这种体系对研究非共价缔合中的疏水效应和其他因素具有极其重要的意义。同冠醚和环糊精一样,葫芦脲对模型底物分子的包结配位能力使其可作为环状组分与线形分子结合构筑轮烷和准轮烷。

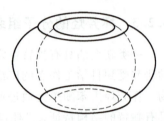

图 8-7 葫芦脲的空间结构示意图

**2. 卟啉和酞菁的分子组装**

卟啉是在卟吩环上拥有取代基的一类大环化合物的总称。卟吩是由四个吡咯环和四个次甲基桥连起来的大 π 共轭体系。卟吩分子如图 8-8a 所示。卟吩分子中,四个吡咯环的八个位和四个中位的氢原子均可被其他基团取代,生成各种各样的卟吩衍生物,即卟啉。卟啉的环系基本位于一个平面,是一个高度共轭的体系,因此它的性质比较稳定,并且具有较深的颜色。卟吩环上有 11 个共轭双键,这个高度共轭的体系极易受到吡咯环及次甲基的电子效应影响,从而表现出各不相同的电子光谱。如果,在卟啉环上改变取代基、调节四个氮原子的给电子能力、引入不同的中心金属离子,或者改变不同亲核性的轴向配体,都会使卟啉或金属卟啉展示出不同的功能。

酞菁是与卟啉结构相近的大环化合物,如图 8-8b 所示。卟吩环中位上的碳原子被氮原子取代形成的化合物,即为酞菁。酞菁与卟吩是等电子结构,它们的环上都具有离域的 π 电子,能调节四个内环氮原子的得失电子能力。环上未结合氢的氮原子可接受两个质子形成正二价离子。而结合氢的氮原子又能给出两个质子形成负二价离子,它能同金属离子形成配合物。卟吩环的空腔中心到氮原子的距离为 0.2nm,这个数值与过渡金属原子和氮原子的共价半径之和恰好相匹配。因此,卟啉和酞菁阴离子对过渡金属离子都有很强的配位能力。

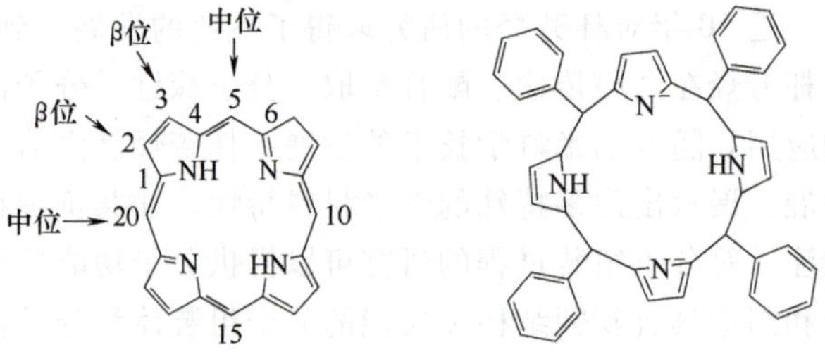

卟啉和金属卟啉配合物在自然界

图 8-8 卟吩分子和酞菁分子

a) 卟吩分子　b) 酞菁分子

和生物体中广泛存在，如细胞色素、血红素、叶绿素等都是常见的金属卟啉配合物，如图 8-9 所示。这些配合物在生命过程中起重要的作用；因此，卟啉类化合物较多地应用于医学、生命科学等领域。人们通过对卟啉配合物的研究，试图了解这类化合物的生物功能、产生机理、作用条件并模拟各种反应去合成类似化合物，再将它们的特殊性质和功能应用于各个科技领域，推动科学发展，为此已经做了大量工作。迄今为止，卟啉化学已经成为生物配位化学中的重要组成部分。

酞菁类化合物是一类人工合成的分子受体化合物，更多地应用于生产中。随着人们对这一类化合物认识的深入，它们也越来越多地被应用于高科技领域。酞菁化合物具有高的热力学稳定性、光稳定性，对酸碱呈惰性，不溶于大多数溶剂。在应用方面，它最早被用作颜料、染料，广泛应用于油漆、印刷、纺织、造纸工业以及化学纤维、塑料和金属的着色过程。另外，其在催化、有机半导体、光导体、液晶等方面都得到广泛的研究和应用。

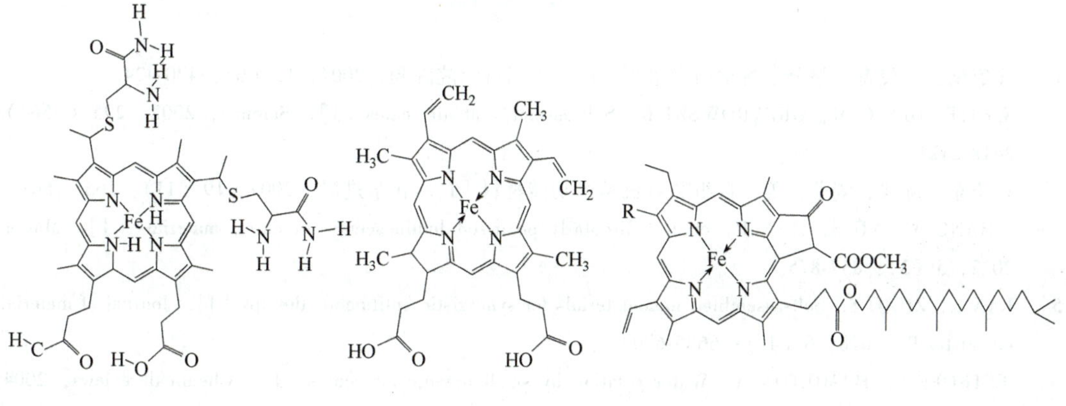

图 8-9 常见的金属卟啉配合物
a）细胞色素 b）血红素 c）叶绿素

卟啉和酞菁的基本结构和性能决定其超分子自组装可以有氢键、配位键、堆积效应、静电相互作用、疏水相互作用及模板驱动自组装等形式。因此，卟啉、酞菁及其金属配合物的纳米超分子自组装及分子器件研究已成为当代超分子化学的重要分支，它不仅为超分子仿生化学的发展注入了新的活力，还为动能超分子的实用化研究勾勒出美好的前景。

### 3. 环肽的分子组装

环肽是自然界中广泛存在的一种环状生物分子，已报道的环肽大多来自低等生物，实际上，环肽和类环肽也广泛存在于微生物、真菌、藻类和高等植物中，并在生物体的生命活动中扮演着重要的角色。正因为其诸多的生物学功能，环肽类化合物引起化学家、药物学家和生物学家的关注。一些环肽类化合物具有识别离子，并发挥着辅助其通过天然膜和人工液膜体系的作用。在离子识别和分子自组装方面的研究，环肽也在近年来取得了一定的进展。目前，人工合成多肽组装成二维网状结构的报道较少。但 Shun-ichi Inoue 等应用天然 Samia cynthia 蚕丝蛋白自组装成了网络结构。蚕丝蛋白取于晚期蚕丝腺，蚕丝蛋白单体大约长 300nm、宽 10nm、高 0.4nm。将单体溶液在 5℃ 条件下孵育 24h，即可形成网状结构。

关于蛋白质/多肽自组装纤维的报道很多，如 Pochan 等选择一段多肽，孵育后多肽溶液变为有一定力学强度、热稳定性的凝胶。Zhang 等以另一种孵育后的多肽凝胶作为组织工程支架，并尝试将其应用于神经组织、软骨组织。2002年，Sylvain Vanthey等报道了一种由双亲多肽链构建的双壁闭口多肽纳米管。

## 思 考 题

1. 什么是超分子？为什么说绝对地把超分子化学的实质看成是建立在"非化学键"作用力基础之上的观点是不全面的？
2. 自组装过程的驱动力是什么？
3. 冠状化合物的自组装方式是什么？
4. 卟啉和酞菁有哪些自组装方式？

## 参 考 文 献

[1] 沈家骢，孙俊奇. 超分子科学研究进展 [J]. 中国科学院院刊，2004，19（6）：420-424.

[2] WHITESIDES G M, GRZYBOWSKI B. Self-assembly at all scales [J]. Science, 2002, 295 (5564): 2418-2421.

[3] 庄小东，陈彧，刘莹，等. 自组装有机纳米功能材料 [J]. 化学进展，2007，19（11）：1653-1661.

[4] ZHANG Y, YU S, HAN B, et al. Circularly polarized luminescence in chiral materials [J]. Matter, 2022, 5 (3): 837-875.

[5] LAN C, ZHAO S. Self-assembled nanomaterials for synergistic antitumour therapy [J]. Journal of materials chemistry B, 2018, 6 (42): 6685-6704.

[6] ESTROFF L, HAMILTON A. Water gelation by small organic molecules [J]. Chemical reviews, 2004, 104 (3): 1201-1218.

[7] LEHN J M. Supramolecular chemistry — Scope and perspectives: Molecules — Supermolecules — Molecular devices [J]. Journal of inclusion phenomena, 1988, 6 (4): 351-396.

[8] MOOIBROEK T J, SCHEINER S, VALKENIER H. Molecular Recognition [J]. ChemPhysChem, 2021, 22 (5): 433-434.

[9] FURLAN DE OLIVEIRA R, MONTES-GARCíA V, CIESIELSKI A, et al. Harnessing selectivity in chemical sensing via supramolecular interactions: from functionalization of nanomaterials to device applications [J]. Materials horizons, 2021, 8 (10): 2685-2708.

[10] ZHANG W, GAO C. Morphology transformation of self-assembled organic nanomaterials in aqueous solution induced by stimuli-triggered chemical structure changes [J]. Journal of materials chemistry A, 2017, 5 (31): 16059-16104.

[11] CRISTIE-DAVID A S, MARSH E N G. Metal-dependent assembly of a protein nano-cage [J]. Protein science, 2019, 28 (9): 1620-1629.

[12] MOSANENZADEH S G, SAADATNIA Z, KARAMIKAMKAR S, et al. Polyimide aerogels with novel bimodal micro and nano porous structure assembly for airborne nano filtering applications [J]. RSC advances, 2020, 10 (39): 22909-22920.

[13] MACFARLANE R J. From nano to macro: thinking bigger in nanoparticle assembly [J]. Nano letters, 2021, 21 (18): 7432-7434.

[14] LI Y, GAO Q. Novel self-assembly nano OSA starch micelles controlled by protonation in aqueous media [J]. Carbohydrate polymers, 2023, 299: 120-146.

[15] 戚冬伟. 超分子自组装及其在纳米材料的研究进展［J］. 宿州教育学院学报, 2010, 13（1）: 140-142.

[16] RAJAGOPAL K, SCHNEIDER J P. Self-assembling peptides and proteins for nanotechnological applications［J］. Current opinion in structural biology, 2004, 14（4）: 480-486.

[17] EDE S R, ANANTHARAJ S, SAKTHIKUMAR K, et al. Investigation of various synthetic protocols for self-assembled nanomaterials and their role in catalysis: progress and perspectives［J］. Materials today chemistry, 2018, 10: 31-78.

[18] LIU J, CAI B, CUI L, et al. Peptoid-based hierarchically-structured biomimetic nanomaterials: Synthesis, characterization and applications［J］. Science china materials, 2020, 63（7）: 1099-1112.

[19] THORKELSSON K, BAI P, XU T. Self-assembly and applications of anisotropic nanomaterials: a review［J］. Nano today, 2015, 10（1）: 48-66.

[20] 张来新. 新型冠醚及其超分子配合物研究的新进展［J］. 应用化工, 2014, 43（4）: 732-734.

[21] KUEHL C J, HUANG S D, STANG P J. Self-assembly with postmodification: Kinetically stabilized metalla-supramolecular rectangles［J］. Journal of the American chemical society, 2001, 123（39）: 9634-9641.

[22] LEININGER S, OLENYUK B, STANG P J. Self-assembly of discrete cyclic nanostructures mediated by transition metals［J］. Chemical reviews, 2000, 100（3）: 853-908.

[23] SUN Y, STANG P J. Assembly of metallacages into diverse suprastructures［J］. Russian chemical bulletin, 2021, 70（11）: 2241-2246.

[24] CLEARFIELD A, SHARMA C V K, ZHANG B. Crystal engineered supramolecular metal phosphonates: crown ethers and iminodiacetates［J］. Chemistry of materials, 2001, 13（10）: 3099-3112.

[25] HOU S S, HSU Y Y, LIN J H, et al. Alkyl-poly（l-threonine）/cyclodextrin supramolecular hydrogels with different molecular assemblies and gel properties［J］. ACS macro letters, 2016, 5（11）: 1201-1205.

[26] NIEHUES M, SIMKE J, RAVOO B J. Orthogonal self-assembly of cyclodextrin-decorated noble metal nanoparticles via photoresponsive molecular recognition in aqueous solution［J］. Chem Nano Mat, 2020, 6（12）: 1743-1748.

[27] 贾贞贞, 钟先锦, 吴丹, 等. β-环糊精改性聚氨酯基摩擦纳米发电机的湿度阻抗研究［J］. 表面技术, 2023, 52（11）: 377-385.

[28] 王卉兰. 杯芳烃的性质及应用［J］. 内蒙古石油化工, 2005, 31（7）: 13-14.

[29] LI P, CHEN Y, LIU Y. Calixarene/pillararene-based supramolecular selective binding and molecular assembly［J］. Chinese chemical letters, 2019, 30（6）: 1190-1197.

[30] PAN Y C, HU X Y, GUO D S. Biomedical applications of calixarenes: state of the art and perspectives［J］. Angewandte chemie international edition, 2021, 60（6）: 2768-2794.

[31] GUO T Y, DUNCAN C L, LI H W, et al. Calixarene-based supramolecular assembly with fluorescent gold-nanoclusters for highly selective determination of perfluorooctane sulfonic acid［J］. Spectrochimica acta part A: molecular and biomolecular spectroscopy, 2023, 302: 123-127.

[32] ZHANG R, CHEN Y, CHEN L, et al. Photo-activated in situ supramolecular reversible self-assembly based on amphiphilic calix［4］arene for information encryption［J］. Advanced optical materials, 2023, 11（13）: 2300101.

[33] CHEN C H, KUO T C Y, YANG M H, et al. Identification of cucurbitacins and assembly of a draft genome for aquilaria agallocha［J］. BMC genomics, 2014, 15（1）: 578.

[34] BARAKAT W, HIJAZI I, ROISNEL T, et al. Adaptable overhanging carboxylic acid porphyrins: towards

molecular assemblies through unusual coordination modes [J]. European journal of Inorganic chemistry, 2019, 2019 (25): 3005-3014.

[35] NA Y, MIAO S, ZHOU L, et al. Bio-inspired model of photosystem II: supramolecular assembly of an electron mediator into an $SnO_2$ photoanode co-sensitized by a porphyrin photosensitizer and ruthenium molecular catalyst [J]. Sustainable energy & fuels, 2018, 2 (3): 545-548.

[36] YANG J, ZHANG C, HE R, et al. Insight into impacts of π-π assembly on phthalocyanine based heterogeneous molecular electrocatalysis [J]. The journal of physical chemistry letters, 2024, 15 (17): 4705-4710.

[37] FENG X, LIU C, WANG X, et al. Functional supramolecular gels based on the hierarchical assembly of porphyrins and phthalocyanines [J]. Frontiers in chemistry, 2019, 7: 336.

[38] WORTHINGTON P, LANGHANS S, POCHAN D. β-hairpin peptide hydrogels for package delivery [J]. Advanced drug delivery reviews, 2017, 110/111: 127-136.

[39] QUAN C, ZHANG Z, LIANG P, et al. Bioactive gel self-assembled from phosphorylate biomimetic peptide: a potential scaffold for enhanced osteogenesis [J]. International journal of biological macromolecules, 2019, 121: 1054-1060.

[40] VAUTHEY S, SANTOSO S, GONG H, et al. Molecular self-assembly of surfactant-like peptides to form nanotubes and nanovesicles [J]. Proceedings of the national academy of sciences, 2002, 99 (8): 5355-5360.

# 第 9 章

# 纳米材料的应用

纳米材料作为 21 世纪最具前沿性和潜力的材料之一,引领着科技与工程的发展潮流。它在各个领域的广泛应用,使其备受瞩目。本章将简要探讨纳米材料的性质及其在不同领域的应用,并介绍其在这些领域中的作用机制和应用前景。通过本章的学习,读者将全面了解纳米材料的研究现状和发展趋势,为未来科技创新和应用提供重要的理论基础和实践指导。

## 9.1 纳米材料在能源环境领域的应用

近年来,由于人类社会的快速发展带来了传统能源危机和环境污染,因此清洁能源的转化和储存问题急须解决。纳米材料巨大的结构优势,使其在能源存储和环境保护领域受到了人们的广泛关注。大量研究表明,纳米材料体系不仅表现出了优异的性能,也为解释材料化学储能性能与微观结构、本征性质之间的关系提供了理想的材料模型,促进纳米材料在实际生产、生活中的应用。

### 9.1.1 氢气储存

氢气作为能源具有无污染、可再生、高燃烧值等优点,被认为是汽车能使用的新型能源。但是,普通氢气能量密度低,需大幅压缩,现常用的储氢手段为使用高压容器。由于在高速运行的汽车上使用高压容器存在安全隐患,故人们多年来一直寻求新型储氢材料。目前常见的储氢材料包括储氢合金、络合物储氢材料以及碳质储氢材料等几种,最为常用的是储氢合金。储氢合金是指在一定温度和压力下能可逆地大量吸收、储存和释放氢气的金属间化合物,利用金属或合金与氢反应后生成金属氢化物来储氢,金属氢化物加热后又可以释放出氢。元素周期表中的部分金属能够与氢反应形成金属氢化物,反应比较简单,只要控制一定的温度和压力,金属和氢气接触便能发生反应。相比气态高压储氢和液化储氢,金属氢化物储氢更安全。此外,基于金属氢化物的固态储氢具有可逆循环、制备技术和工艺相对成熟等优点,被认为是最具发展前景的一种储氢方式。

大部分金属氢化物的储氢质量分数为 1%~3%,质量储氢容量有待进一步提高。金属氢化物要实现商业化还须提高单位质量、单位体积的吸氢容量,降低分解温度和分解压力,减少放氢时所需的能量。尽管现已发现了多种类型的储氢材料,但综合性能最好的应属于二元合金,如 $LaNi_5$、$FeTi$ 和 $Mg_2Ni$ 等。

二元合金储氢纳米材料等的研究也自然包括在储氢材料的研究范围之内,储氢材料纳米化后，其比表面积显著增大，储氢性能明显改善。一般来说，储氢材料纳米化对自身热力学性能影响不大，而对自身动力学性能影响较大，包括释氢速度加快、释氢温度降低、可逆储氢容量增加等。

## 9.1.2 电解水制氢

传统制氢方法（如煤制氢、天然气制氢等）对化石燃料依赖性强，反应条件苛刻，不利于环境。探索绿色制氢技术受到了广泛关注。目前，常见的绿色制氢技术包括利用风电、水电、太阳能等可再生能源电解水制氢、太阳能光解水制氢及生物质制氢，其中电解水制氢技术操作简单、高效环保，已成为最具前景的绿色制氢技术之一。电解水制氢的过程包括阴极析氢反应（hydrogen evolution reaction，HER）和阳极析氧反应（oxygen evolution reaction，OER）。目前这两个反应都存在反应能垒高和动力学缓慢的问题，反应所需过电位偏高，增加了制氢成本。因此，开发高效电解水制氢用催化剂迫在眉睫。贵金属（如 Pt、Pd、Rh 等）基催化剂被公认是目前最有效的 HER 催化剂，但由于其储量稀少、价格昂贵，且在碱性条件下性能不佳，使其在工业上始终无法大规模应用。将贵金属与非贵金属形成合金是开发高活性、低成本催化剂的有效策略。其中，Cu 基合金纳米催化剂能够有效利用金属之间的协同作用，增强电催化性能，大大提高了贵金属的利用率，进而降低了催化剂的材料成本。目前，研究较多的 Cu 基合金纳米催化剂主要包括一维 Cu-Pt、Cu-Pd、Cu-Ru 和 Cu-Rh 等，一维纳米结构具有更强的抗团聚能力、几何稳定性和电荷传输性能，能够有效提升催化剂的稳定性。这类催化剂在反应活性、稳定性、耐久性等方面有明显优势。

虽然一维 Cu 基合金纳米催化剂具有许多优势，但在实际生产中仍存在腐蚀、碱性条件下活性变低等不足，限制其进一步发展。因此，寻找高效可控的优化策略，最大限度地发挥一维纳米结构的优势，进而提高催化剂的性能，降低相关技术成本，对于实现大规模电解水制氢具有重要意义。

## 9.1.3 燃料电池

传统化石能源转化效率低下，储量有限且不可再生，难以持续使用，它在燃烧过程中产生的废气导致环境污染，使环保压力日益增大。全球都在致力于寻找清洁可再生能源，以满足可持续发展的需要。在众多能源形式中，燃料电池（fuel cell）以一种清洁的能源形式被各国推崇，具有环保、转化效率高、能与生态环境友好相融等优点，已成为产业化重点发展方向。

燃料电池是将燃料和氧化剂中的化学能转化为电能的电化学装置。燃料电池内部反应过程的本质是氧化还原反应，燃料通过阳极侧进入，空气或氧气通过阴极侧进入，二者在电解质两侧分别发生氢氧化反应（hydrogen oxidation reaction，HOR）与氧化还原（oxygen reduction reaction，ORR）反应，电子流经外电路做功，从而产生电能。因为燃料电池的这种能量转换方式不用经过热机过程，不被卡诺循环约束，所以能量转换效率很高。

燃料电池最常用的燃料是氢气，产物主要为水，几乎不排放氮氧化合物和硫氧化合物。氢燃料电池可克服充电困难、输出不稳定的缺点，已被诸多汽车厂家应用，丰田 Mirai 早在 2014 年就推出了以氢燃料电池为主要能源的汽车电池。氢能源汽车的行驶系统如图 9-1 所示。本田也已经推出了 Clarity 燃料电池和 Tucson 燃料电池。此外，欧洲第二大航空公司计划在飞机上安装氢燃料电池以降低污染气体的排放对高空大气的影响。

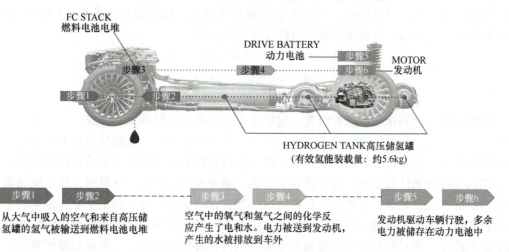

图 9-1　氢能源汽车的行驶系统

氢燃料电池中，氢氧化反应发生在阳极，氧化还原反应发生在阴极。其中，阳极的 HOR 是快速的动力学过程，而阴极的 ORR 涉及多步电子增减过程和耦合质子的传递，使动力学过程迟缓，比 HOR 的速率慢 5 个数量级，因此 ORR 的速率限制氢燃料电池的功率。目前，贵金属 Pt 及其合金仍然是 HOR 和 ORR 的最佳催化剂，但由于 Pt 的价格昂贵、储量有限及易中毒等缺点，其在催化剂成本、电池效率和稳定性等方面难以满足大规模商业化的需求，因此，进一步降低成本、解决 ORR 的缓慢动力学问题以及提高催化剂的耐久性是氢燃料电池催化剂研发的关键。

为了克服这些问题，研究人员转向使用纳米 $TiO_2$ 作为 Pt 催化剂的载体。纳米 $TiO_2$ 具有极高的比表面积和优良的化学稳定性，这使其成为优秀的载体材料。通过纳米化处理，$TiO_2$ 的表面积大幅增加，从而提高了 Pt 颗粒的负载量和分散性。这意味着更多的 Pt 可以被均匀负载在 $TiO_2$ 表面上，而不是以大块的形式聚集。这种均匀分散的 Pt 颗粒不仅提高了催化剂的利用率，还减少了 Pt 的总使用量，有助于降低成本。

此外，$TiO_2$ 的高化学稳定性和耐蚀性可以有效保护 Pt 颗粒，使其免受失活的影响，延长了催化剂的使用寿命。这种组合使得 $Pt/TiO_2$ 催化剂不仅在活性和效率上表现出色，而且在长期稳定性和耐久性方面也具备优势。应用纳米 $TiO_2$ 作为贵金属催化剂载体，是提高催化效率和稳定性、降低成本并推动氢燃料电池商业化的重要技术策略。

## 9.1.4　锂离子电池

锂离子电池具有比能量高、自放电不严重、循环性能好、无记忆效应和绿色环保等优点，是目前最具发展前景的高效二次电池和发展最快的化学储能电源。近年来，锂离子电池在航空航天领域的应用逐渐加强，大量应用于火星着陆器无人机、地球轨道飞行器、民航客机等航空航天器中。随着节能环保、信息技术、新能源汽车及航空航天等战略性新兴产业的发展，科研工作者急须在材料创新的基础上研发出具有更高能量密度、更高安全性的高效锂离子二次电池。

锂离子电池由正极、负极、隔膜和电解液构成，其正、负极材料均能允许离子在其内部嵌入、脱嵌。它采用一种摇椅式的工作原理，充放电过程中，$Li^+$在正、负极间来回穿梭，从一边摇到另一边，往复循环，实现电池的充放电过程。以石墨作为负极、$LiCoO_2$为正极的电池为例，其正极、负极及电池反应的反应式分别为

$$LiCoO_2 \longleftrightarrow Li_{1-x}CoO_2 + xLi^+ + xe^-$$

$$nC + xLi^+ + xe^- \longleftrightarrow Li_xC_n$$

$$LiCoO_2 + nC \longleftrightarrow Li_{1-x}CoO_2 + Li_xC_n$$

电池是化学能转化为电能的装置，电能来源于其中所进行的化学反应。<u>电极是化学电池的核心组成部分，是发生电化学反应的场所和电子传递的介质</u>。电极反应从本质上决定了电池的性能参数，而电极材料的能量密度、循环寿命等性能在很大程度上受材料表面形态、尺寸、结晶程度等条件的影响。对于锂离子电池，通常使用的传统块体材料，其反应物离子短时间内仅能在表层扩散，很难进入材料的核心部位，造成活性物质利用率低，且不利于离子的快速扩散，限制了电池的容量和高倍率放电性能。纳米材料具有更高的反应活性和较短的离子扩散路径，通过纳米技术优化现有电极材料的物理化学性能，发展新的储锂概念，是锂离子电池领域的重要研究方向。

将锂离子电池正极材料适当纳米化，可以显著提升该电池的充放电性能等电化学性质。将锂离子电池正极材料纳米化后，其尺寸会更加小，由此缩短了锂离子的嵌脱路径，在一定程度上增加了锂离子的嵌脱能力，增强了电池充放电能力。且纳米化后的锂离子电池正极材料比表面积更大、孔隙率增大，锂离子嵌脱过程中的反应位置增多，锂离子空位也增多，因此电池容量会有所增大。除此之外，纳米材料的表面张力相比于普通材料有所增大，溶剂分子在嵌锂过程中不易进入材料的晶格中，阻止了溶剂分子的共嵌作用，由此减缓了电池的衰老、延长了其使用寿命。$LiFePO_4$正极材料是层状橄榄石型磷酸盐$LiMPO_4$（M=Fe、Co、Cr、Mn、V）材料中的分支之一，具有较强的安全性能以及较好的使用稳定性，同时，较为优良的能量密度、较低的制造成本以及环境友好等优点，使其成为近年来科学家们的研究重点。将$LiFePO_4$正极材料纳米化后，结构更加稳定，各项电化学性能也随之稳步提升，尤其是离子扩散性能会随材料颗粒的纳米化而得以提升，同时提升了电池的导电性能。

锂离子二次电池负极材料中，纳米过渡金属氧化物的研究非常具有代表性。2000年，Nature报道了纳米过渡金属氧化物MO（M为Co、Ni、Cu、Fe）可作为锂离子电池负极材料。这种材料的储锂过程不同于一般的锂离子嵌入/脱出或锂合金化机理，而是一个所谓的转化反应上，即

$$M_mO_n + 2nLi^+ + 2ne^- \longleftrightarrow nLi_2O + mM$$

这种转化反应允许每个分子活性物质储存超过2分子的锂离子，使理论容量大大提高。同时，这种反应表现出一定的可逆性，然而，一般认为$Li_2O$是电化学非活性的，即金属氧化物被电子还原后，生成的分散在无定形$Li_2O$基质中的金属纳米颗粒具有很高的反应活性，表面活泼原子的比例增大，在电化学驱动下使$Li_2O$表现出电化学活性，从而实现MO的可逆吸放锂。

### 9.1.5 超级电容器

超级电容器又称电化学电容器，作为介于传统电容器和电池之间的新型储能器件，具有对环境无害、性能优异、市场潜力大等优点，在工业控制、电力、交通等领域有着广阔的应

用前景。超级电容器根据储能机理分为<u>双电层电容器</u>和<u>法拉第电容器</u>。双电层电容器利用电极与电解质界面形成的电荷分离储存电荷，电极材料通常采用具有高比表面积和良好导电性的碳材料，如活性炭和碳纳米管，其特点是在电极表面形成大量的电双层结构，能高效存储电荷，具备优异的功率密度和循环寿命，但这些材料能量密度相对较低。此外，碳材料虽然具有良好的电导率，但其内部电子传输速度可能受到限制，影响了电极的响应速度和功率密度。另外，碳材料的制备成本较高，特别是碳纳米管，这降低了大规模商业化生产的可能。法拉第电容器常使用高容量氧化物或导电聚合物作为电极材料，具有较高的能量密度，其特性是通过化学反应存储电荷。但这些材料在循环稳定性和耐久性方面存在不足。例如，氧化物电极材料可能在长时间的循环过程中发生结构变化或活性物质的损失，使电容器性能衰减。某些法拉第电容器材料可能具有较高的内电阻，影响其在高功率需求场景中的应用。

科学界对超级电容器中使用的各种纳米材料的兴趣逐渐增强。纳米尺寸的电极材料借助表面效应、小尺寸效应和量子尺寸效应，提升自身电荷储存能力，增强电化学反应效率和材料利用率，进而提高能量密度和功率密度。电极用纳米材料的形貌、尺寸结构、组成的设计是关键。目前，纳米材料电极设计集中在单一物质纳米材料电极和复合物纳米材料电极两方面。

**1. 单一物质纳米材料电极**

（1）金属氧化物/氢氧化物纳米材料　由于金属氧化物/氢氧化物不仅依靠双电层来储存电荷，而且能在电极/溶液界面发生可逆的氧化还原反应，因此它们产生的电容远大于碳材料的双电层电容。目前，研究重点主要集中在过渡金属氧化物，包括氧化钌/铱、氧化锰、(氢)氧化镍/钴、氧化铁、氧化钼、氧化钒等。

（2）导电聚合物　导电聚合物于1976年被发现，它具有高的理论比电容、良好的导电性、易合成及价格低廉等优点，如今已成为超级电容器电极材料的重要类型。常见的导电聚合物主要包括聚苯胺（比电容为1284F/g）、聚吡咯（比电容为480F/g）、聚乙烯二氧噻吩（比电容为210F/g）及衍生物，它们通常是在溶液中通过化学或者电化学的方法氧化制得。

（3）金属氮化物纳米材料　金属氮化物纳米材料主要包括ⅥB～ⅧB族过渡金属氮化物，具有法拉第准电容特性，且不易分解、价格低廉。过渡金属氮化物的良好化学稳定性和导电性使其成为超级电容器发展的重要方向之一。

**2. 复合物纳米材料电极**

复合物纳米材料由两种或两种以上物理性质和化学性质不同的材料在纳米尺寸上复合杂化而成。它们充分弥补了单一物质纳米材料的缺点，具有更多的优点。在电化学能量储存方面，复合物纳米材料具有更加明显的优势，可获得高电容量、高能量密度和高功率密度的储能材料，是目前研究的热点。

碳材料在超级电容器电极中占据主导地位，尤其是石墨烯等材料的出现引发了广泛的研究热潮。然而，碳材料本身电容性能有限，难以满足高能量密度的商业需求。相比之下，金属化合物虽然具备丰富资源、低成本等优势，但导电性较差，限制了其在超级电容器领域的应用。为了克服各自的局限性，将高导电性的碳材料与高比电容的金属化合物进行复合就成为一种有效的策略。这种新型复合纳米材料（如碳/$MnO_2$、$ZnO/MnO_2$、$TiO_2/PPy$等）结合了碳材料的导电性和金属化合物的高比电容，具有显著的优势，有望在超级电容器应用中发挥重要作用。

### 9.1.6 废水处理

随着改革开放后工业进程的加快,我国的用水量不断增大,很多城市出现了缺水现象。水资源短缺一方面表现为人均水资源量匮乏,另一方面表现为污染严重。特别是大量复杂的工业有机废水,如印染废水、制药废水、乳液废水等,其中含有不同类型的有机污染物,且浓度高、种类繁多、结构复杂、生物降解性差,给人类和其他生物会带来严重危害。因此,加强水污染治理、实现水资源综合高效利用迫在眉睫。

吸附法由于操作简单、效率高、成本低、选择性好等突出优势而成为应用较普遍的一种污水处理方法。在吸附过程中,吸附剂是影响污染物去除效率和水处理成本的核心因素。目前,大部分的吸附剂在使用过程中或多或少存在吸附容量低、再生困难等问题,限制了吸附法在污染废水处理方面的普遍应用。因此,研究开发吸附容量大且可再生回收的新型水处理吸附材料受到了高度关注。

近年来,随着高新技术的发展,纳米技术越来越多地被应用于水处理技术的研究。磁性纳米材料作为吸附剂,具有较高的比表面积,在外加磁场作用下具有良好的固液分离能力,洗涤、脱附再生后可以重复利用,应用领域广。常见的磁性铁材料有:零价铁(ZVI)、α-$Fe_2O_3$、γ-$Fe_2O_3$、$Fe_3O_4$。其中,由于磁性 $Fe_3O_4$ 纳米材料生物相容性好、表面功能化作用强、饱和磁化强度与磁响应性高,可以通过外加磁场从处理水体或多组分环境中快速定向分离出来,而被广泛应用。例如,在染料废水处理中,磁性 $Fe_3O_4$ 可通过静电相互作用和表面络合反应展现出有效的吸附能力。其表面羧基和羟基基团利于吸附阳离子染料,如罗丹明 B 和亚甲蓝。此外,磁性 $Fe_3O_4$ 复合材料还能在酸性条件下通过络合反应去除染料,如 $Fe_3O_4$/MgAl-LDH 对带正电荷的染料显示出较好的吸附效果。

## 9.2 纳米材料在电子信息领域的应用

20 世纪初诞生了真空电子管,随后出现了无线电、雷达和遥测遥控。1947 年出现了晶体管,以后发展为大规模集成电路,出现了个人计算机和高性能计算机。由真空电子管到微电子器件,是电子器件发展的第一次变革。这一次变革对人类社会的发展产生了非常大的推动作用。微电子器件是计算机的基础,如今,计算机已经广泛地进入人类生活的各个领域,对社会进步发挥着重要作用。一些发达国家以微电子器件为基础的电子工业,逐渐超过钢铁、能源、化工、交通等传统产业,成为国家经济的主要支柱,因此,各国政府都非常关注电子工业的发展。

纳米电子学研究纳米结构内单个电子或电子波表现出来的特征和功能,并利用这些性质,制备用于信息的产生、传递和交换的器件、电路和系统。纳米电子学在信息科学技术、纳米生物学、纳米测量学、纳米显微学及纳米机械学等学科中将有广泛的应用,因此也被称为量子功能电子学。纳米电子学是纳米技术的重要组成部分,是纳米技术发展的主要动力。它立足于最新的物理理论和最先进的工艺手段,按照全新的概念来构造电子系统。它将突破传统的极限,开发物质潜在的信息和结构潜力,使单位体积物质的储存和处理信息能力提高百万倍以上,实现信息采集与处理能力的革命性突破。纳米电子学将成为 21 世纪信息时代的核心学科。

## 9.2.1 纳米发光功能材料

**1. 硅基半导体纳米发光材料**

纳米技术推动了光电子技术的发展，使之成为当今信息系统和网络中最引人瞩目的关键技术，给整个工业和社会带来了比电子技术更为巨大的冲击。硅集成电路技术已相当成熟，实现硅基材料上的光电集成的关键是在硅材料上发光。解决这一问题有两条基本途径：①对单晶硅进行改性，这种方法通常是在单晶硅中掺入发光中心，如稀土离子、硅的同族原子等；②在硅材料上制备发光材料获得具有发光性能的复合体系。

（1）多孔硅　多孔硅是硅基纳米发光材料，对其表面的修饰和钝化，可改善多孔硅的发光特性。虽然这种材料的发光稳定性较差，但由多孔硅引发的纳米发光材料的理论研究仍具有重要的学术价值，推动了其他相关纳米发光材料的发展。一些研究者利用多孔硅纳米结构制备了一些复合体系的发光材料，得到了一些新的物理现象，如将本来不发光的 $C_{60}$ 分子嵌入到多孔硅，可观察到明亮的光致发光，或在多孔硅中嵌入激光染料或其他有机分子，可发现有机分子发射光谱的窄化和蓝移。

（2）硅基量子结构发光材料　硅基量子结构发光材料是指具有纳米尺寸的量子点、量子线、量子阱和超晶格等发光材料及相关器件。硅量子点通常指尺寸小于 5nm 的晶体硅微粒，用紫外光激发这种纳米硅，可观察到可见区发光，其发光波长与纳米硅的制备方法、钝化处理方式有关。这种硅量子点的发光虽强度较弱，但与多孔硅相比，其发光的稳定性更优，而且其工艺过程与现有的硅加工技术完全兼容。随着研究的不断深入、发光强度的不断提高，这类发光材料很有希望在光电集成方面有所作为。硅基量子线发光材料是指在硅材料基础上形成的径向尺寸在纳米范围的线状结构的发光材料。多孔硅中的纳米硅柱可认为是一种量子线。除此之外，还有人用多种方法制备了 GeSi、硅聚合物等量子线结构，并获得了相应的发光材料。硅基量子阱与超晶格则是一种纳米多层周期性结构。在这种结构中，一种材料用于发光材料，另一种材料则起限制势垒的作用。

**2. 纳米粉末发光材料**

纳米粉末发光材料是发光材料中的重要组成部分，它是指微粒尺寸小于 100nm 的发光材料。它包括纳米半导体发光材料及稀土离子和过渡金属离子掺杂的纳米氧化物、硫化物、复合氧化物和各种无机盐发光材料等。制备纳米粉末发光材料的方法很多，主要有溶胶-凝胶法制备 $Y_2O_3:Tb^+$ 等，共沉积法制备 $ZnS:Tb^{3+}$，气相反应法制备 $Y_2O_3:Eu$，燃烧法制备纳米镧系氧化物掺 Eu 的发光材料，水热法制备 $YVO_n:Eu$ 和微乳液法制备 CdS 和 $Y_2O_3:Eu$ 等，除上述方法，还有自组装、机械研磨及热解等方法。纳米粉末发光材料主要应用于各种发光显示技术和光电探测技术等，如阴极射线发光、电致发光等。利用这些材料可获得一些比传统发光材料更优越的发光特性，可提高发光器件的分辨率。目前，纳米粉末发光材料要解决的主要问题是其分散性和稳定性等。

## 9.2.2 光子晶体和光子存储

**1. 光子晶体**

光子晶体是一种特殊的纳米结构材料，具有周期性的等间隔孔洞结构，能够对特定波长的光进行高效的反射、衍射和透射。光子晶体由两种或两种以上折射率不同的材料交替排列而成，具有光学带隙、成像、非线性光学等特性。人们对光子晶体的兴趣与其可能的实际应用有关，由于光子晶体具有一个完全的光子禁带和光子局域，所以它具有较为广泛的应用。

(1) **高效率、低损耗反射镜** 由于光子晶体不允许光子频率禁带范围内光子的存在，所以当一束在光子频率禁带范围内的光子照射到光子晶体时，这束光子将会被全反射回去。利用这一点可以制造出高品质的反射镜。特别是在短波长区域内，金属对光波的吸收损耗很大，而介质材料则对光波的吸收损耗非常小，因此用介质材料做成的光子晶体反射镜具有极小的损耗。

(2) **光子晶体微谐振腔** 微谐振腔的制作对光集成系统非常重要，但由于它尺寸小，所以用传统的制作方法制造相当困难。而且在光波波段，传统的金属谐振腔的损耗相当大，品质因数值很小。而光子晶体微谐振腔的品质因数可做得很高，是采用其他材料制作的谐振腔所无法达到的。例如，对于采用具有光纤质量的介质材料制作的光子晶体微谐振腔，光子的衰减吸收长度达数千米，其对应的衰减时间 $t \geqslant 10s$，设光波的频率 $\omega = 10^{15} Hz$，则该谐振腔的品质因数 $Q = \omega\tau = 10^{16}$。

(3) **高效率发光二极管和低阈值激光振荡** 一般的发光二极管发光中心发出的光经过包围它的介质的无数次反射后，其中大部分不能有效地耦合出去，从而使二极管的光辐射效率很低。如果将发光二极管的发光中心放入一块特制的光子晶体，并设计成该发光中心自发辐射频率与该光子晶体的光子频率禁带重合，则发光中心发出的光不会进入包围它的光子晶体中，而会沿着特定的设计方向辐射到外面。实验表明，采用光子晶体后，发光二极管的效率会从目前的10%左右提高到90%以上。在激光器中引入光子晶体还可实现低阈值激光振荡。这是因为光子晶体对位于其光子频率禁带范围内的电磁波具有抑制作用，所以，当光子晶体的光子禁带频率与激光器工作物质的自发辐射频率一致时，激光器中的自发辐射就会被抑制。这样，激光器中因自发辐射引起的损耗就会大大降低，从而会使激光振荡的阈值变得很低。

(4) **宽带带阻滤波器和极窄带选频滤波器** 利用光子晶体的光子频率禁带特性，可以提高对光子的滤波性能。这是由于光子晶体的滤波带宽可以做得比较大，钻石结构光子晶体的滤波带宽可以做到中心工作频率的20%，而由 S. Gupta 等人所提出的金属-介质复合型光子晶体可以将从低频（接近0）直到红外波段的电磁波完全滤掉。利用传统的滤波器是难以实现这种大范围的滤波作用的。另外，研究发现，当光子晶体因某些单元被取消而造成缺陷时，会使得光子晶体的光子频率禁带出现一些"可穿透窗口"，即光子频率禁带内的某些频率会毫无损失地穿过光子晶体，光子晶体的这一特性可用于制作高品质的极窄带选频滤波器。

### 2. 光子存储

由于光存储技术所特有的长寿命、安全可靠和低成本等优点，从20世纪60年代开始一经发展就迅速流行，已普及到各行各业。随着全固态硬盘（solid state drive，SSD）、机械硬盘（hard disk drive，HDD）等存储技术的快速发展，其存储密度和容量不断增大、成本不断降低，以及网速的不断提高、云存储的普及，光盘市场不断萎缩。但随着云计算、物联网、人工智能、大数据云存储时代的到来，主流的数据保存方法，如 SSD 存储存在单位成本高的问题，同样存储容量的 SSD 比 HDD 贵得多，而 HDD 虽然单位成本低，适合做大容量存储，但读写速度远不如 SSD。而且 SSD 和 HDD 的使用寿命都只有 3~5 年。磁带库具有存储密度高、成本低的优点，但每 10 年左右就要迁移，需要恒温、恒湿的保存环境，且抵御强电磁场的能力差。在此情况下，面对大数据时代长期保存、低能耗、高可靠的存储要求，新一代高密高速数字光存储技术开始受到重视进而得到发展。

光子存储的基本原理是基于光子同物质之间的直接相互作用，导致记录介质产生能够识别的物理和化学等性质的变化，从而达到信息记录的目的。根据记录前后双稳态的特性，既可进行适时存储，又可实现永久记忆。光子存储的最大优点在于超高记录速度（很容易达到纳秒和皮秒量级）、密度和分辨率。理论上，分辨率可达到分子水平，但实际达到的分辨率将由记录体系，包括激光波长、驱动装置、信号加工转换等过程决定。在当前技术条件下，二维（平面）记录密度的极限仍然为 $10^8 \sim 10^9 \text{bit/cm}^2$。光子存储的记录方式有以下 4 种：

（1）斑点式　斑点式是目前最常用的一种记录方式，它将激光通过一个圆形透镜聚焦成一个斑点，作用到记录介质上，靠光子与介质之间的相互作用完成信息记录。一个斑点即一个信息位，完成一个斑点后再去记录另一个斑点，由一定数量的斑点去实现一个完整的信息记录。斑点的大小与激光波长有关，波长越短则斑点越小，从而使单位面积的信息密度增大。

（2）矢量式　这种格式是从一个斑点扩展到一条线，是一种矢量并行体系，具有较高的带宽。这种矢量并行体系具有高记录密度和高处理速度的特点。它在数据并行处理和信息带宽方面比第一种方式增加了 3 个数量级。很显然，这种矢量式方式是通过激光一维列阵实现的。

（3）图像式　这种方式是从记录一条线扩展为同时记录一个平面图像，通过激光二维列阵实现的记录格式，满足大容量、高速度等的信息高速公路对信息存储、传输和处理的要求。

（4）全息式　这种方式是通过角度（位相）、波长和空间等多功能实现全息式光存储，是一种多维和高密度的存储方式，其存储密度可达 $10^{12} \sim 10^{13} \text{bit/cm}^2$。据报道，在 $1 \text{cm}^2$ 的晶体中可存入超过 16 万幅的信息。

## 9.2.3 磁性液体

磁性液体（magnetic liquid）又名铁磁流体，是由纳米量级的磁性微粒在特定表面活性物质的包覆作用下，稳定悬浮在载液中形成的胶体溶液，它将传统固体磁性材料的磁性移植到无定形的液体中，故被称为磁性液体。因其超顺磁性以及在磁场作用下的各向异性，磁性液体表现出特殊的物理性质，如磁粘特性、磁光特性等。目前磁性液体在密封、润滑及扬声器散热方面有着相对成熟的商业应用。

密封是目前磁性液体最为成熟的用途，20 世纪 60 年代，美国航天局初次尝试在宇航服的重要活动部位使用磁性液体密封。相比于传统的垫片密封、机械密封、填料密封以及其他非接触式密封形式，磁性液体密封有三个优势：①可实现"零"泄漏，泄漏率最低可达 $1 \times 10^{-11} \text{Pa} \cdot \text{m}^3/\text{s}$；②结构简单，制造容易，对孔、轴的表面粗糙度值、轴的对中性要求不高；③在工况良好、不需要任何维护的条件下，磁性液体的密封寿命可达十年以上。

磁性液体也可用于机械润滑。当磁性纳米粒子分散至普通润滑油中，可延长润滑油的使用寿命，这是因为润滑油在机械表面耗尽后，磁性纳米粒子仍可附着在机械表面发挥润滑功能。此外，在扬声器散热方面，通过磁性液体特殊的磁性和导热性能来提升设备的整体散热效果。这些液体可以有效传导内部产生的热量，并且可通过外部磁场调节其黏度，从而优化散热效率。在高功率扬声器或长时间使用的音响设备中，这种技术不仅能够降低内部温度、延长设备寿命，还有助于保持声音质量的稳定性。

## 9.3 纳米材料在生物医药领域的应用

纳米材料在医学卫生领域的设计和使用一直受到医药界高度的关注。随着与新的理论知识，如人工智能、3D 打印、生物医学、大数据分析、生物信息学等进一步结合与应用，纳米技术将推进临床疾病诊断、预防和治疗向微观、微型、微量、实时、无创、动态、快速和智能化的精准医疗方向发展。近年来，纳米技术取得了长足的发展，纳米材料也得到了广泛的应用，在众多疾病治疗领域展现出极大的优越性与良好的治疗效果。纳米颗粒是一种胶体体系，尺寸非常小（1~1000nm），具有很高的表面体积比，其形态和性质取决于其组分和制备方案。纳米材料可用作治疗剂（例如，产生热疗的磁性纳米颗粒），作为药物载体，或作为成像用造影剂。因此，纳米材料在生物医药领域等方面显示出卓越的应用价值，其中部分产品已进入临床应用，还有大量产品已处于临床试验阶段。

### 9.3.1 药物传递

药物传递技术已被证明可以在许多方面改善治疗结果，包括提高治疗效果、减少毒性、提高患者依从性和实现全新的医学治疗方案。随着治疗领域从小分子药物发展到包括蛋白质、多肽、单克隆抗体、核酸甚至活细胞在内的新一代疗法，药物递送技术也在不断发展，以满足独特的药物递送需求。构建药物传递系统作为今后药物发展的重要方向，受到了很多关注。该系统很容易被开发，并且能够促进体内活性成分的修饰释放。有趣的是，每一种药物传递系统都有独特的化学、物理和形态特征，并可通过化学相互作用（如共价键和氢键）或物理相互作用（如静电力和范德华力）对不同极性的药物产生亲和力。扩散、溶剂、化学反应和刺激控制释放为纳米载体中药物释放的四种机制，如图 9-2 所示。

纳米药物传递具有较高的载药量和包封率。其载体材料可以生物降解且毒性较低或者近乎无毒。另外，纳米药物载体还具有适当的粒径与粒形，在治疗过程中，具有较长的体内循环时间。纳米药物载体种类繁多，如生物大分子、细胞类、合成非生物降解大分子等，可以延长药物在病灶内的存留时间，增强药物效应、减小药物中存在的不良反应，提高药物的稳定

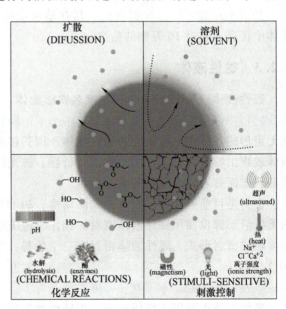

图 9-2　可以代表纳米载体中药物释放的四种机制

性，防止人体内核酸被降解。纳米靶向药物载体具有靶向作用，它是以纳米颗粒作为药物的载体，主要通过改变药物在体内的分布和药物动力学的特性，确保药物对肿瘤等病变部位的靶向性。这种药物大大提高了药物对病变部位治疗的准确性，在有效治疗的同时，减轻了患者的痛苦。

**1. 有机纳米材料在药物传递中的应用**

有机纳米材料作为药物载体具有高生物相容性、靶向性好、低毒性、多药荷载性佳等优势。脂质体与树枝状大分子等有机纳米材料已被报道在药物传递领域中得到了广泛的应用和研究。

脂质体作为药物载体，已有大量的研究经验与临床试验数据，并且相关产品已上市。作为药物载体，脂质体具有以下优势。①载药类型丰富。脂质体特殊的双分子层结构，可以封闭和保护不同类型的药物和基因。②给药途径多。脂质体可以通过不同的途径进行给药，包括口服、注射、局部应用等。③靶向能力。经过化学修饰的脂质体可通过附着特定的配体或功能基团实现靶向效果，提高药物的靶向性和选择性。④生物相容性高。脂质体在结构上与生物膜相似，具有很好的生物相容性，能减少对人体的不良影响。但是，脂质体在角质层中缺乏穿透能力，故在皮肤给药应用中受到限制。另外，脂质体的其他缺点包括亲水性药物的包封性差，以及由于药物在介质中泄漏而导致的储存稳定性差。

树枝状大分子，简称树状分子，是指结构呈树状且高度支化的高分子。树状分子的独特特性，包括易被细胞摄取、多功能性、易与药物结合、包载高分子量药物、血液循环时间长，使其成为潜在的药物载体。此外，树状分子的纳米结构可通过增强药物分子的渗透性，促进药物对肿瘤组织的被动靶向。由于优良的结构性质和受控尺寸，树状分子已成为生物医药应用研究中备受关注的材料，在口服药、透皮吸收药、眼用递药、骨靶向药、肿瘤靶向药等方面均有研究。与其他纳米粒子相比，树状分子具有结构易控制、表面易修饰、能够负载亲水性或疏水性药物的优点，其缺点是具有一定的毒性以及分子间可能会产生聚集。

研究表明，有机金属框架（metal organic frameworks，MOFs）在药物传递系统中也得到了广泛应用。MOFs具有多向性结构和特性，典型MOFs的晶体结构如图9-3所示。MOFs可在非常广的范围内选择不同的金属离子和有机配体进行络合。因此，将其应用于药物载体时，可根据药物的性质，设计出具有不同孔道结构和化学特性的金属-有机骨架。这种材料与其他载体相比，除载药量高外，还具有种类多样性、结构可设计性与可调控性等优点。由于MOFs系统在疾病治疗中给药方面的优势，所以近年来MOFs系统在许多疾病的治疗中都取得了显著的进展，包括感染、肺部疾病、糖尿病、眼部疾病和肿瘤。

**2. 无机纳米材料在药物传递中的应用**

相比有机纳米材料，无机纳米材料是生物医药领域中研究的新方向。无机纳米材料制备简便、形状尺寸可控，其大小、形状和表面可被定制，可以在体外和体内与生物系统产生不同的相互作用。此外，其表面易于修饰，纳米粒子核同样可以被设计并具有独特的光学物理特性，包括上转换、尺寸相关的吸光度、发射以及超顺磁性等。因此，无机纳米材料的这些特性使它们成为很有前途的输送系统。

作为较为常用的无机纳米材料，金纳米粒子（Au nanoparticles，AuNPs）能以纳米球、纳米棒、纳米星、纳米壳和纳米笼等多种形式发挥作用。金本身具有物理、电学、磁学和光学特性赋予了AuNPs独特的光热性能。另外，AuNPs也较容易功能化以获得额外的特性和

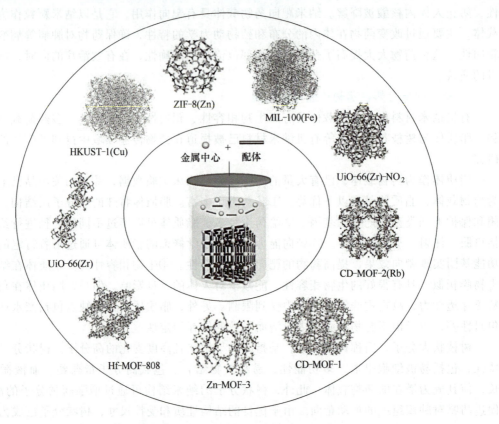

图 9-3 典型 MOFs 的晶体结构

HKUST-1（Cu）—1,3,5-均苯三羧酸铜　UiO-66（Zr）—锆-1,4-羧基苯有机金属框架
Hf-MOF-808—氟化氢-有机金属框架-808　Zn-MOF-3—锌-有机金属框架-3　CD-MOF-1-环糊精-有机金属框架-1　CD-MOF-2（Rb）—环糊精-有机金属框架-2（铷）　UiO-66（Zr）-$NO_2$—锆-硝基-1,4-羧基苯有机金属框架　MIL-100（Fe）—1,3,5-均苯三羧酸铁　ZIF-8（Zn）—类沸石咪唑酯骨架-8

递送能力。氧化铁是另一种常用的无机纳米粒子合成材料，且氧化铁纳米粒子构成了相关法律法规批准的大部分无机纳米药物。其中，磁性氧化铁纳米颗粒由磁铁矿或磁赤铁矿组成的，它在某些尺寸下具有超顺磁性，可以应用于造影剂、药物传递载体和热疗法等方面。其他常见的无机纳米粒子有用于基因和药物传递的介孔二氧化硅纳米粒子，以及由硅等半导体材料制成的用于体外成像和体内诊断的量子点。

**3. 复合纳米材料在药物传递中的应用**

结合上述有机纳米材料与无机纳米材料各自的优越性得到的复合纳米材料［或称为有机-无机杂化纳米材料（organic-inorganic hybrid nanomaterials，OIHNs）］也开始成为诸多研究的焦点，如使用有机材料对无机纳米材料进行改性或修饰，以改善其物理化学特性和体内动力学行为，或者在脂质或聚合物纳米材料中引入无机金属纳米材料来制备同时含有造影剂和药物的多功能纳米系统，实现诊治一体化。

在有机和无机载体中，无机载体具有更小的粒径和更弱靶向能力（通过磁性），以及由特殊的光学、力学和电学特性带来的多功能优势。已知有机药物载体在装载亲水性和疏水性药物方面具有更高的生物相容性和多功能性。有机药物载体，如脂质体，具有热稳定性和化学稳定性，可以迅速被免疫系统识别。然而，无机纳米颗粒的主要缺点是：为了提高稳定性和分散性，需要表面功能化。为此，无机纳米颗粒使用有机分子进行表面功能化，以提高生物相容性和生物降解性。此外，这些有机涂层需最大限度地减少化疗药物的副作用，并触发药物传递和释放的位点特异性靶向，不会对正常组织造成损害。因此，同一体系中同时包含有机和无机组分的OIHNs，由于其良好的物理化学性质而受到关注。它不仅表现出各自的特性，而且由于其协同效应而产生新的特性。在这些方面，OIHNs在给药领域得到了极为广泛的研究。

（1）基于无机纳米粒子的纳米杂化　介孔和非孔二氧化硅纳米颗粒是非常常见的无机纳米颗粒，由于其可调节的孔结构、大表面积、易于表面功能化和药物装载能力，所以被用于药物传递。虽然介孔二氧化硅纳米颗粒等无机纳米颗粒具有更高的稳定性、多功能性和更高的载药能力，但其生物相容性较低、不可生物降解性和药物释放速度快。通过药物传递生成二氧化硅有机纳米杂化物，使这些问题得到了解决。为此，已有报道将有机成分包封到二氧化硅基体中，并将存在于内部或外部表面的硅醇基团与其他有机分子进行表面修饰。

超顺磁性氧化铁纳米颗粒（superparamagnetic iron oxide nanoparticles，SPIONPs）由于其物理、化学、热学和力学性能而受到越来越多的关注。在外部磁场的帮助下将磁性氧化铁纳米粒子（iron oxide nanoparticles，IONPs）引导到其目标位置是开发SPIONPs作为新型药物递送载体的原理。SPIONPs是合成$\gamma\text{-}Fe_2O_3$（磁赤铁矿）或$Fe_3O_4$（磁铁矿）的颗粒，其核心直径为10~100nm。由于这种独特的磁响应性，可以被运送到特定的位置。然而，SPIONPs也有一些缺点，包括聚合、网状内皮系统的快速清除和快速氧化。在不同的有机基团中，高分子材料广泛用于离子键的功能化，这些聚合物涂层通常提供位阻屏障，提高胶体稳定性，降低毒性，并增大负载。此外，离子表面的官能团可以改善锚定和刺激反应（pH、热敏、近红外响应）以释放药物。目前，基于氧化石墨烯的多功能IONPs纳米杂化已经实现，它既可作为药物传递剂，也可作为诊断剂。此外，环糊精功能化的氧化石墨烯改善了化疗药物阿霉素（doxorubicin，DOX）的负载和细胞摄取能力，而碳包被的IONPs提供了靶向药物传递和磁共振成像的成像能力。

（2）基于有机纳米粒子的纳米杂化　使用碳纳米管作为药物载体，由于其高的长宽比、合适的尺寸、更大的表面积、易于功能化和卓越的细胞穿透能力，所以引起了广泛的关注。功能化碳纳米管与二氧化钛、铁、羟基磷灰石等无机材料偶联制备得到碳纳米管的OIHN（organic-inorganic hybrid nanomaterials，有机-无机杂化纳米材料）。

脂质体是另一类被广泛研究的药物传递载体，因为它们具有许多有益的特性。然而，脂质体的形态稳定性问题导致其过早爆发释放、快速全身清除和减少治疗剂量，同时产生副作用。因此，在脂质体表面修饰陶瓷或二氧化硅层，获得一种超稳定的独立杂交体，称为脂质纳米杂化载体。这些脂质纳米杂化载体可在不破坏其形态稳定性的情况下装载亲水性、疏水性和两亲性药物。此外，由于其双分子层使其比纯二氧化硅纳米颗粒更具生物相容性和可生物降解性，因此混合陶瓷体的整体硬度和密度显著降低。脂质纳米杂化载体的另一个独特优势是它们能够功能化位于外表面的硅烷醇，从而容易实现生物分子的生物偶联。

树状大分子是合成的三维聚合物组件，具有由内部腔和功能表面组成的高度分支结构。这些树状大分子通过静电和氢键与药物形成主客体复合物的能力使它们成为有前途的药物传递系统。然而，由于树状大分子的不可降解性，人们非常关注将它们与其他纳米材料结合，开发无毒的树状结构材料。因此，科研人员将无机纳米材料，如二氧化硅纳米颗粒、磁性离子和金纳米颗粒，与树状大分子偶联，得到偶联物。在最近的一项研究中，设计了二氧化硅聚酰胺胺（poly amido amine，PAMAM）树状聚合物纳米偶联物，用于花青素传递，其中评估了载药载体对神经母细胞瘤细胞的抗增殖作用，在 7 天内细胞存活率降低，突出了其抗癌潜力。此外，利用 IONPs 和 PAMAM 纳米树状大分子制备磁性树状大分子偶联物，用于传递琥珀酸甲基强的松龙及药物治疗癌症。

### 9.3.2 医学造影

磁共振成像（magnetic resonance imaging，MRI）、光学成像、正电子发射断层扫描、计算机 X 射线断层扫描、光热外差成像和超声等无创成像技术在临床诊断和治疗中发挥着至关重要的作用。无机纳米粒子由于其磁性和光学特性，为非侵入性成像应用提供了多功能试剂。这些光学性质可通过可编程分子间控制无机纳米材料的组装过程来调节。SPIONPs 可用作 MRI 造影剂，并已被用于对小鼠的许多器官进行成像，包括肠、肝和脾。近年来，利用携带肿瘤特异性靶向配体的表面功能化无机纳米颗粒已经实现了癌症成像中的成像。无机纳米颗粒显像剂可通过为外科医生提供识别肿瘤边缘进行切除手术的手段来辅助癌症治疗。

此外，研究表明，多种修饰定制的多功能杂化纳米材料通过多模态，推动了分子成像领域的创新。这些创新不仅对疾病诊断领域有重大影响，而且对生物体中复杂的生物过程的全面监测也有重大影响。在造影剂或探针的帮助下，MRI 成为监测大脑和心脏等器官状态以及评估肿瘤类型和分期最有效的工具之一。这可归因于其卓越的高分辨率能力和无与伦比的穿透深度。尽管如此，某些限制仍然存在。例如，低分子量钆螯合物，一种传统的 MRI 造影剂，倾向于在细胞外基质中积聚，潜在地破坏血脑屏障。钆螯合物的快速扩散使病变定位不精确，需重复使用高剂量来有效增强造影剂。解决 MRI 相关的这些不良反应仍是一个挑战。相比之下，术中光学成像依赖于组织固有光学特性或外源性造影剂，具有快速、低成本和高灵敏度的优点。然而，光学方法受空间分辨率和穿透深度的限制。最近，光声（photoacoustic，PA）成像已成为一种先进的技术，克服了光学成像的难题。在 PA 成像过程中，组织经历热吸收和随后的热弹性膨胀以产生声波。声波的声学信号被收集和构建，以绘制组织的光学吸收信息。鉴于每种成像方式都有不同的优点和缺点，因此，集成平台对于提高诊断准确性至关重要。这样的整合可以从不同的成像模式中获得互补的信息，有助于全面的评估。为此，需要制造支持多种特性的多功能纳米颗粒，包括磁性、电子和光学等。

### 9.3.3 医学诊断

与传统方法相比，基于纳米结构的诊断方法具有更高的灵敏度和选择性。为了诊断，可使用纳米尺度特征的量子约束效应。纳米颗粒可以嵌入其他晶体或非晶纳米级材料中，以保证更好的功能和生物利用度。对于医学应用（分子成像），这些颗粒的某些类型可以在体内用作各种成像技术的标记，如红外或核磁共振方法，以显著提高分辨率和灵敏度，从而能够早期诊断疾病并发展出更便宜的临床治疗应用。

纳米医学已成为支持肿瘤早期诊断和有效治疗的一种非常有前途的方法，并且大量不同的无机和有机多功能纳米材料已被特别设计，以满足对癌症治疗新解决方案的不断需求。纳米材料基本上作为一般的核酸、蛋白质或代谢物生物标志物传感器，无需任何先进的标本处理方法即可提供卓越的诊断性能。如今，许多纳米材料（如磁性纳米颗粒、量子点、石墨烯、集成诊断、可穿戴和植入）已被构建为癌症纳米传感器。自20世纪60年代，纳米材料开始用于癌症诊断以来，利用离子内质团进行癌症诊断是生物医学研究的新兴领域。IONPs已成功应用于肝癌影像学。目前，IONPs可通过MRI的体内技术和体外诊断实现高灵敏度的非侵入性癌症检测。例如，在肝癌诊断过程中，IONPs可以进入健康的肝库普弗细胞，但被排除在癌细胞之外，从而在图像上形成健康组织的黑暗区域和癌组织的亮点。另外，目前新型光声成像（photoacoustic imaging，PAI）是一种结合激光和超声效应的新兴前列腺癌无创成像技术。一些金属纳米粒子，如金纳米粒子，可采用基于表面等离子体共振的机理方法来增强吸收，从而进行PAI。

## 思 考 题

1. 纳米材料在生物医药中应用是因为其具有什么特点？
2. 在药物传递系统应用过程中，有机和无机纳米材料有什么不同？
3. 无机纳米材料具有什么特点，使其在医学造影中得到广泛应用？

## 参 考 文 献

[1] 张四奇. 固体储氢材料的研究综述 [J]. 材料研究与应用, 2017, 11 (4): 211-215; 223.
[2] 高金良, 袁泽明, 尚宏伟, 等. 氢储存技术及其储能应用研究进展 [J]. 金属功能材料, 2016, 23 (1): 1-11.
[3] 汪信, 刘孝恒. 纳米材料学简明教程 [M]. 北京: 化学工业出版社, 2010.
[4] 何昊东, 李子煊, 王绥萱, 等. 电解水制氢用一维铜基合金纳米催化剂研究进展 [J]. 当代化工研究, 2023 (14): 55-57.
[5] 陈瞳, 周宇昊, 张海珍, 等. 氢燃料电池发展现状和趋势 [J]. 节能, 2019, 38 (6): 158-160.
[6] 钟子浩. 浅谈锂离子电池正极材料 [J]. 中国新通信, 2018, 20 (1): 214-215.
[7] 王荣明, 潘曹峰, 耿东生, 等. 新型纳米材料与器件 [M]. 北京: 化学工业出版社, 2020.
[8] 赵峰滔, 李宣镜, 李恩泽, 等. 磁性纳米 $Fe_3O_4$ 吸附材料的制备及在废水处理中的应用 [J]. 日用化学工业, 2022, 52 (8): 882-891.
[9] 薛增泉, 张琦锋, 宋教花. 纳米电子学 [J]. 半导体学报, 2003, 24 (增刊): 17-21.
[10] 苏文静, 胡巧, 赵苗, 等. 光存储技术发展现状及展望 [J]. 光电工程, 2019, 46 (3): 4-10.
[11] 杜卫民. 纳米材料化学的理论与工程应用研究 [M]. 成都: 电子科技大学出版社, 2018.
[12] 何新智, 苗玉宾, 王礼, 等. 磁性液体密封液体技术的进展简述 [J]. 真空科学与技术学报, 2019, 39 (5): 361-366.
[13] MCNAMARAK, TOFAIL S A M, MCNAMARAK. Nanosystems: the use of nanoalloys, metallic, bimetallic, and magnetic nanoparticles in biomedical applications [J]. Physical chemistry chemical physics, 2015, 17 (42): 27981-27995.
[14] OLIVEIRA O N, IOST R M, SIQUEIRA J R, et al. Nanomaterials for diagnosis: challenges and applications in smart devices based on molecular recognition [J]. ACS applied materials and interfaces, 2014, 6 (17): 14745-14766.
[15] GAO J, KARP J M, LANGER R, et al. The future of drug delivery [J]. Chemistry of materials, 2023,

35（2）：359-363.

[16] PATRA J K, DAS G, FRACETO L F, et al. Nano based drug delivery systems: recent developments and future prospects [J]. Journal of nanobiotechnology, 2018, 16（1）：71.

[17] ZHU X, LI S. Nanomaterials in tumor immunotherapy: new strategies and challenges [J]. Molecular cancer, 2023, 22：94.

[18] HE S, WU L, LI X, et al. Metal-organic frameworks for advanced drug delivery [J]. Acta pharmaceutica sinica B, 2021, 11（8）：2362-2395.

[19] KIM C S, TONGA G Y, SOLFIELL D, et al. Inorganic nanosystems for therapeutic delivery: status and prospects [J]. Advanced drug delivery reviews, 2013, 65（1）：93-99.

[20] YANG W, LIANG H, MA S, et al. Gold nanoparticle based photothermal therapy: development and application for effective cancer treatment [J]. Sustainable materials and technologies, 2019, 22：e00109.

[21] MANATUNGA D C, GODAKANDA V U, DE SILVA R M, et al. Recent developments in the use of organic-inorganic nanohybrids for drug delivery [J]. WIREs nanomedicine and nanobiotechnology, 2019, 12（3）：e1605.

[22] ZHANG D, CHEN Y D, HAO M, et al. Putting hybrid nanomaterials to work for biomedical applications [J]. Angewandte chemie-international edition, 2024, 63（16）：e202319567.

[23] MARTINELLI C, PUCCI C, CIOFANI G. Nanostructured carriers as innovative tools for cancer diagnosis and therapy [J]. APL bioengineering, 2019, 3（1）：011502.